Hochschultext

X. Hafer, G. Sachs

Flugmechanik

Moderne Flugzeugentwurfs- und Steuerungskonzepte

Dritte Auflage

Mit 161 Abbildungen

Springer-Verlag Berlin Heidelberg GmbH

Dr.-Ing. XAVER HAFER
em. o. Professor für Flugtechnik
der Technischen Hochschule Darmstadt

Dr.-Ing. GOTTFRIED SACHS
o. Professor, Lehrstuhl für Flugmechanik und Flugregelung
der Technischen Universität München

ISBN 978-3-642-86731-6   ISBN 978-3-642-86730-9 (eBook)
DOI 10.1007/978-3-642-86730-9

Die Deutsche Bibliothek - CIP-Einheitsaufnahme
Hafer, Xafer: Flugmechanik: moderne Flugzeugentwurfs- und Steuerungskonzepte / X. Hafer; G. Sachs.
3. Aufl. - Berlin; Heidelberg; New York; London; Paris; Tokyo; Hong-Kong; Barcelona; Budapest:
Springer, 1993
ISBN 978-3-642-86731-6
NE: Sachs, Gottfried

Satz: Reproduktionsfertige Vorlagen vom Autor

62/3020 - 5 4 3 2 1 0   Gedruckt auf säurefreiem Papier

Vorwort zur dritten Auflage

Seit Erscheinen der ersten Auflage dieses Buches sind einige der beschriebenen Maßnahmen zur Verbesserung der Wirtschaftlichkeit der Flugzeuge bereits in der Praxis erfolgreich verwirklicht worden. Die Einführung der elektrischen Flugsteuerung (fly-by-wire) bei den neueren Verkehrsflugzeugen stellt eine wesentliche Voraussetzung dafür dar, zukünftig die Möglichkeiten der aktiven Steuerungstechnologie noch stärker als bisher zu nutzen.

Damit ist dieses Buch nach wie vor aktuell. Es erscheint deshalb vertretbar, den Text in der bisher vorliegenden Form zu übernehmen.

Darmstadt und München, im Juli 1992   X. Hafer   G. Sachs

Vorwort zur ersten Auflage

Der Luftverkehr erlebte in den vergangenen 20 Jahren seit der Einführung der Strahlverkehrsflugzeuge einen ungewöhnlichen Aufschwung, wie er kaum in einem anderen Wirtschaftszweig zu beobachten war. Gleichzeitig wurden die Flugzeuge ständig in ihrer Wirtschaftlichkeit, ihrem Passagierkomfort, ihrer Sicherheit und besonders auch in ihrer Lärmausbreitung verbessert. Aber auch mit der Einführung der Großraumflugzeuge und insbesondere des erfolgreichen europäischen Airbusses ist ein Ende dieser Entwicklung noch nicht abzusehen. Die Notwendigkeit zur Einsparung von Energie im Luftverkehr zwingt dazu, alle Möglichkeiten zur Verbesserung der Wirtschaftlichkeit für die zukünftige Generation der Verkehrsflugzeuge auszuschöpfen. Hierzu leistet die in

Vorbereitung befindliche Anwendung eines neuen aerodynamischen Flügel-
konzepts, des superkritischen Flügels, einen wichtigen Beitrag. Auch
die als "Aktive Steuerungstechnologie" oder "CCV-Technologie" bekannten Entwurfskonzeptionen, wie die künstliche Stabilisierung des Flugzeugs, direkte Kraftsteuerungen, aktive Steuerflächen am Flügel zur
Reduzierung der statischen und dynamischen Lasten oder auch die automatische Anpassung des Flügelprofils an den jeweiligen Optimalwert
(auch im Zusammenhang mit der vollen Ausnutzung der superkritischen
Profileigenschaften), verändern die Voraussetzungen, die bisher bei
der flugmechanischen Auslegung eines Flugzeugs zu beachten waren. Die
mit den oben genannten Stichworten zusammenhängenden Probleme wurden
zwar in vielen Symposien diskutiert, und im Fachschrifttum ist eine
sehr große Zahl von Arbeiten zu den einzelnen Fragen erschienen. Es
fehlt jedoch eine ausführliche und nachvollziehbare Behandlung dieser
neuen flugmechanischen Probleme in einer zusammenfassenden Darstellung.

Die Verfasser haben sich zur Aufgabe gestellt, mit dem vorliegenden
Buch einen Beitrag zur Schließung der offensichtlich vorhandenen Lücke
zu liefern.

Die Veröffentlichung des Buches in der einfachen Ausstattung der Reihe "Hochschultexte" des Springer Verlages wurde bewußt gewählt, um
den Preis mäßig zu halten und den interessierten Studenten der Flugtechnik den Kauf zu ermöglichen. Allerdings geht der Inhalt des Buches weit über den üblichen Vorlesungsstoff hinaus und richtet sich
insbesondere an die jüngeren Ingenieure in der Praxis, um ihnen eine
Einführung in die Probleme der flugmechanischen Auslegung der Flugzeuge neuer Technologie zu geben.

Ebenfalls aus Kostengründen wurden die Bildvorlagen und der buchfer-
tige Textsatz im Institut für Flugtechnik der Technischen Hochschule
Darmstadt hergestellt. Unser besonderer Dank gilt dabei Frau K. Timm,
die die umfangreichen Zeichen- und Schreibarbeiten mit großer Sorg-
falt ausführte.

Besonderer Wert wurde auch darauf gelegt, dem interessierten Leser
eine Auswahl des wichtigsten, in Fachzeitschriften und in Berichten
erschienenen Schrifttums anzubieten, die jedem der drei Buchteile am
Schluß angefügt ist und auf die im Text Bezug genommen wird.

Darmstadt und München, im Januar 1980   X. Hafer   G. Sachs

Inhaltsverzeichnis

Zusammenstellung der Formelgrößen

Die Bezeichnungen des Normblattes LN 9300, Blatt 1 "Flugmechanik"
gelten auch hier. Die Thematik des Buches erforderte darüber hinaus
die Einführung einer Reihe neuer Größen und auch einige Besonderhei-
ten in der Indizierung. Dabei ist die gelegentliche Benutzung ein und
desselben Symbols für verschiedene Begriffe nicht immer zu vermeiden.
Der Zusammenhang läßt jedoch stets die korrekte Bedeutung erkennen.

<u>Großbuchstaben</u>

Symbol	Bedeutung	Einheit
A	Auftrieb (ohne Index: Gesamtflugzeug)	N
A_V	Ableitung des Auftriebs nach der Geschwin- digkeit	$N\,s\,m^{-1}$
A_α	Ableitung des Auftriebs nach dem Anstell- winkel	$N\,rad^{-1}$
B	Koeffizient der charakteristischen Gleichung	
C	Koeffizient der charakteristischen Gleichung	
c_A	Auftriebsbeiwert (ohne Index: Gesamtflugzeug)	
c_{A0}	Auftriebsbeiwert des stationären Fluges	
$c_{A,0}$	Auftriebsbeiwert des minimalen, ungetrimmten Widerstands bei unsymmetrischer Polare	
$c_{A\alpha}$	Auftriebsanstieg (ohne Index: Gesamtflugzeug)	rad^{-1}
$c_{A\dot\alpha}$	Anstellwinkelgeschwindigkeit-Auftriebsderi- vativ	rad^{-1}
c_{Aq}	Nick-Auftriebsderivativ	rad^{-1}
$c_{A\eta}$	Höhenruder-Auftriebsderivativ	rad^{-1}
$c_{A\delta}$	Auftriebsderivativ der Auftriebssteuerfläche	rad^{-1}
c_l	Rollmomentenbeiwert	
$c_{l\beta}$	Schiebe-Rollmomentenderivativ	rad^{-1}

Symbol	Bedeutung	Einheit
C_{lp}	Rolldämpfungsderivativ	rad^{-1}
C_{lr}	Gier-Rollmomentenderivativ	rad^{-1}
$C_{l\zeta}$	Seitenruder-Rollmomentenderivativ	rad^{-1}
$C_{l\xi}$	Querruder-Rollmomentenderivativ	rad^{-1}
C_m	Nickmomentenbeiwert	
C_{m0}	Nullmomentenbeiwert $C_m(C_A=0)$ (ohne Index: Gesamtflugzeug)	
$C_{m\alpha}$	Anstellwinkel-Nickmomentenderivativ	rad^{-1}
$C_{m\dot{\alpha}}$	Anstellwinkeldämpfungsderivativ	rad^{-1}
C_{mq}	Nickdämpfungsderivativ	rad^{-1}
$C_{m\eta}$	Höhenruder-Nickmomentenderivativ	rad^{-1}
C_n	Giermomentenbeiwert	
$C_{n\beta}$	Schiebe-Giermomentenderivativ	rad^{-1}
C_{nr}	Gierdämpfungsderivativ	rad^{-1}
C_{np}	Roll-Giermomentenderivativ	rad^{-1}
$C_{n\zeta}$	Seitenruder-Giermomentenderivativ	rad^{-1}
$C_{n\xi}$	Querruder-Giermomentenderivativ	rad^{-1}
C_W	Widerstandsbeiwert	
C_{W0}	Nullwiderstandsbeiwert (bei $C_A = 0$)	
$C_{W,0}$	Beiwert des minimalen, ungetrimmten Widerstands bei unsymmetrischer Polare (für $C_A = C_{A,0}$)	
$(C_W)_0$	Widerstandsbeiwert des stationären Fluges	
C_{Wmin}	Getrimmter Minimalwiderstandsbeiwert	
C_{WA}	Auftriebswiderstandsbeiwert	
$C_{W\alpha}$	Widerstandsanstieg (Anstellwinkel-Widerstandsderivativ)	rad^{-1}
C_{Wi}	Beiwert des induzierten Widerstands	
$C_{W\eta}$	Höhenruder-Widerstandsderivativ	rad^{-1}
$C_{W\delta}$	Widerstandsderivativ der Auftriebssteuerfläche	rad^{-1}
C_{WInt}	Interferenz-Widerstandsbeiwert	
C_Y	Seitenkraftbeiwert	
$C_{Y\beta}$	Schiebe-Seitenkraftderivativ	rad^{-1}
C_{Yr}	Gier-Seitenkraftderivativ	rad^{-1}
$(C_{Y\beta})_{DSK}$	Schiebe-Seitenkraftderivativ infolge der Seitenkraftsteuerfläche	rad^{-1}
$C_{Y\zeta}$	Seitenruder-Seitenkraftderivativ	rad^{-1}
$C_{Y\xi}$	Querruder-Seitenkraftderivativ	rad^{-1}

Symbol	Bedeutung	Einheit
$c_{Y\delta}$	Seitenkraftderivativ der Seitenkraftsteuerfläche	rad^{-1}
D	Determinante	
D	Koeffizient der charakteristischen Gleichung	
E	Koeffizient der charakteristischen Gleichung	
F	Triebwerksschub	N
$F(x_S)$	Schwerpunktfaktor	
F_V	Ableitung des Schubs nach der Geschwindigkeit	$N\,s\,m^{-1}$
H	Flughöhe	m
I_x, I_y, I_z	Trägheitsmomente um die x-, y-, z-Achse	$kg\,m^2$
I_{xz}	Deviationsmoment	$kg\,m^2$
Im	Imaginärteil	$-\,,\;s^{-1}$
L	Rollmoment	N m
M	Machzahl	
M	Nickmoment	N m
M_B	Biegemoment	N m
M_q	Ableitung des Nickmomentes nach der Nickdrehgeschwindigkeit	$N\,m\,s\,rad^{-1}$
M_α	Ableitung des Nickmomentes nach dem Anstellwinkel	$N\,m\,rad^{-1}$
$M_{\dot{\alpha}}$	Ableitung des Nickmomentes nach der Anstellwinkelgeschwindigkeit	$N\,m\,s\,rad^{-1}$
N	Giermoment	N m
N_{FW}	Normalkraft des Hauptfahrwerks	N
Re	Realteil	$-\,,\;s^{-1}$
S	Fläche (ohne Index: Flügelfläche), Bezugsfläche	m^2
T	Zeitkonstante	s
V	Fluggeschwindigkeit, Geschwindigkeit am Boden	$m\,s^{-1}$
W	Widerstand (ohne Index: Gesamtflugzeug)	N
W_V	Ableitung des Widerstandes nach der Geschwindigkeit	$N\,s\,m^{-1}$
W_α	Ableitung des Widerstandes nach dem Anstellwinkel	$N\,rad^{-1}$
Y	Seitenkraft	N
Z	Zentrifugalkraft	N

Kleinbuchstaben

Symbol	Bedeutung	Einheit
a	Schallgeschwindigkeit	$m\ s^{-1}$
a_1	Verhältnis des Abwindgradienten zu α^*_{wA}	
a^*_1	Verhältnis der Abwindgradienten am Ort des Leitwerks zum Wert im Unendlichen	
b	Spannweite (ohne Index: Flügel)	m
b	spezifischer Kraftstoffverbrauch	$kg\ N^{-1} s^{-1}$
e	Verhältnis des induzierten Widerstands zum Minimalwert bei elliptischer Zirkukationsverteilung	
e_{rel}	Verhältniswert der Größen $e_{FR}\ \bar{q}$ zu $e_H\ \bar{q}_H$	
g	Erdbeschleunigung	$m\ s^{-2}$
i_x, i_y, i_z	Trägheitsradien, $i_k = \sqrt{I_k/m}$, $k=x,y,z$	m
k	Faktor des Auftriebswiderstands (ohne Index: Gesamtflugzeug)	
k_R	Verhältnis von Rotier- zu Minimalgeschwindigkeit	
k_L	Verhältnis des Deviationsmoments I_{xz} zu I_x	
l_μ	Bezugstiefe des Flügels	m
m	Flugzeugmasse	kg
m_B	Kraftstoffmasse	kg
$\dot{m}_B$	Kraftstoffdurchsatz	$kg\ s^{-1}$
n	Lastfaktor, allgemein	
n_V	Exponent der Geschwindigkeitsabhängigkeit des Schubes	
n_x	Lastfaktor in x-Richtung (Längsbeschleunigung)	
n_y	Lastfaktor in y-Richtung (Seitenbeschleunigung)	
n_z	Lastfaktor in z-Richtung (Normalbeschleunigung), ohne Index, sofern keine Verwechslungsmöglichkeit	
p	Rollwinkelgeschwindigkeit	$rad\ s^{-1}, °\ s^{-}$
$\bar{q}$	Staudruck ($\rho V^2/2$)	$N\ m^{-2}$
q	Nickwinkelgeschwindigkeit	$rad\ s^{-1}, °\ s^{-}$
r	Gierwinkelgeschwindigkeit	$rad\ s^{-1}, °\ s^{-}$

Symbol	Bedeutung	Einheit
r_H	Abstand des Höhenleitwerksneutralpunkts vom Schwerpunkt	m
r_H^*	Abstand der Neutralpunkte von Höhenleitwerk und Flügel-Rumpf-Anordnung	m
r_S	Abstand des Seitenleitwerksneutralpunkts vom Schwerpunkt	m
s	Halbspannweite ($s=b/2$)	m
s	Laplace Variable	
s_i	Kennzeichnung der i-ten Wurzel der charakteristischen Gleichung	
t	Zeit	s
t_A	Totzeit beim Aufbau des Abwinds am Leitwerk	s
t_{St}	Steuerzeit	s
x,y,z	Koordinaten im flugzeugfesten System	
x_{abs}	auftriebsoptimale Schwerpunktlage	m
Δx_{Amax}	auftriebsmäßig bestmöglicher Schwerpunktbereich	m
x_{FR}	Neutralpunktlage der Flügel-Rumpf-Anordnung	m
x_{FW}	horizontaler Abstand des Hauptfahrwerks vom Schwerpunkt	m
x_M	Manöverpunktlage des Flugzeugs	m
x_N	Neutralpunktlage des Flugzeugs	m
x_S	Schwerpunktlage des Flugzeugs	m
x_{opt}	widerstandsoptimale Schwerpunktlage	m
$(x_{opt})_O$	widerstandsoptimale Schwerpunktlage für $C_{m0FR}=0$	m
x_δ	Lage des Angriffspunkts des direkten Auftriebs bzw. der direkten Seitenkraft	m
$(x_\delta)_{Ref}$	Angriffspunkt bei reiner Kraftsteuerung	m
y_A	Abstand des resultierenden Auftriebs einer Flügelhälfte von der Flügelwurzel	m
z_F	vertikaler Abstand des Schubvektors vom Schwerpunkt	m
z_{FW}	vertikaler Abstand des Hauptfahrwerks vom Schwerpunkt	m
z_δ	vertikale Lage des Angriffspunkts der direkten Seitenkraft	m

Griechische Buchstaben

Symbol	Bedeutung	Einheit
α	Anstellwinkel	rad, °
α_F	Anstellung des Schubvektors gegenüber der Anströmrichtung	rad, °
α_w	Abwindwinkel am Höhenleitwerk	rad
$\bar{\alpha}_w$	mittlerer Abwindwinkel am Höhenleitwerk	rad
$\alpha_{w\infty}$	Abwindwinkel im Unendlichen	rad
$\bar{\alpha}_{w\infty}$	mittlerer Abwindwinkel im Unendlichen	rad
$\partial\bar{\alpha}_w/\partial\alpha$	Abwindgradient	
$(\bar{\alpha}_w)_0$	mittlerer Abwind am Höhenleitwerk bei Nullauftrieb	rad
$(\bar{\alpha}_w)_A$	mittlerer auftriebsproportionaler Abwind am Höhenleitwerk	rad
$(\bar{\alpha}_{w\infty})_0$	mittlerer Abwind im Unendlichen bei Nullauftrieb	rad
$(\bar{\alpha}_{w\infty})_A$	mittlerer auftriebsproportionaler Abwind im Unendlichen	rad
α_{w0}^*	$(\bar{\alpha}_{w\infty})_0$, bezogen auf $2\,k_{FR}$ $\Big\}$ für $M<1$	rad
α_{wA}^*	$(\bar{\alpha}_{w\infty})_A$, bezogen auf $2\,k_{FR}C_{AFR}$	rad
α_{w0}^*	$(\bar{\alpha}_w)_0$, bezogen auf $2\,k_{FR}$ $\Big\}$ für $M>1$	rad
α_{wA}^*	$(\bar{\alpha}_w)_A$, bezogen auf $2\,k_{FR}C_{AFR}$	rad
α_{dyn}	Zusatzanstellwinkel am Höhenleitwerk infolge Nickdrehung	rad
β	Schiebewinkel	rad
β_{DSK}	Schiebewinkel der Seitenkraftsteuerfläche	rad
β_w	Seitenwind	rad
$\bar{\beta}_w$	mittlerer Seitenwind	rad
$\partial\bar{\beta}_w/\partial\beta$	Seitenwindfaktor	
γ	Bahnneigungswinkel, Steigwinkel	rad
Δ	Kennzeichnung einer Änderung, z.B. ΔV	
δ	Steuerflächenausschlag	rad, °
δ_F	Schubhebelstellung	rad, °
ε_H	Einstellwinkel des Höhenleitwerks	rad, °
ζ	Seitenruderausschlag	rad, °
ζ	Dämpfungszahl	
η	Höhenruderausschlag	rad, °
$\eta_{B\ddot{o}}$	Böenlastabminderungsfaktor	

Symbol	Bedeutung	Einheit
η_K	Landeklappenausschlag (Hinterkantenklappe)	rad, $^\circ$
η_N	Nasenklappenausschlag (Vorderkantenklappe)	rad, $^\circ$
Θ	Nickwinkel	rad, $^\circ$
Λ	Streckung (ohne Index: Flügel)	
μ	normierte Masse der Längsbewegung	
μ_S	normierte Masse der Seitenbewegung	
μ_R	Rollreibungsbeiwert	
ξ	Querruderausschlag $(\xi_r - \xi_l)/2$	rad, $^\circ$
σ_α	Dämpfungsexponent der Anstellwinkelschwingung	$-$, s^{-1}
σ_P	Dämpfungsexponent der Bahnschwingung	$-$, s^{-1}
τ	flugmechanische Zeitgröße	s
Φ	Roll- bzw. Hängewinkel	rad, $^\circ$
χ	Kurswinkel	rad, $^\circ$
ω_α	Kreisfrequenz der Anstellwinkelschwingung	$-$, s^{-1}
ω_n	Kreisfrequenz (ungedämpft), Betrag einer komplexen Zahl	$-$, s^{-1}
ω_P	Kreisfrequenz der Bahnschwingung	$-$, s^{-1}

Indizes

Symbol	Bedeutung	
a	aerodynamisches System	
abs	absolut	
DSK	direkte Seitenkraftsteuerung	
eff	effektiv (Effektivwert)	
F	Flügel	
FR	Flügel-Rumpf-Kombination	
FW	Hauptfahrwerk	
h	hinten	
H	Höhenleitwerk	
Hor	Horizontalflug	
ik	inkompressible Vergleichsströmung	
Int	Interferenz	
krit	kritisch	
max	maximal	
min	minimal	

Symbol	Bedeutung	Einheit
N	Nennerpolynom	
0	Nullauftrieb	
0	stationärer Zustand	
opt	optimal	
rel	relativ	
R	Rollen (Drehbewegung um x-Achse)	
Ref	Referenzwert	
Roll	im Zustand des Rollens auf dem Boden	
S	Seitenleitwerk	
St	Steuerung	
stat	stationär	
Tr	Trimmzustand	
v	vorn	
Z	Zählerpolynom	

Einführung

In den letzten Jahren ist eine Auslegungskonzeption für Flugzeuge
entstanden, bei der aktive Steuersysteme einen zentralen Bestandteil
des Entwurfs bilden und Aufgaben übernehmen, die für die Funktion
des Gesamtsystems "Flugzeug" wesentlich sind. Diese Auslegungsrichtung
ist unter der Bezeichnung "aktive Steuerungstechnologie" oder auch
"CCV-Technologie" bekannt (amerikanische Bezeichnung: "Active Control
Technology" bzw. "Control Configured Vehicle").

Die Bezeichnung "Steuersystem" umfaßt in dem hier verwendeten Sinn
alle Funktionen, die zum Steuern eines Flugzeugs erforderlich sind.
Die weitergehende Bedeutung, die der Bezeichnung "aktives Steuersystem" zukommt, läßt sich in anschaulicher Weise deutlich machen, wenn
man die Entwicklung der Steuersysteme seit ihren Anfängen verfolgt.
Hierzu sind in Bild 1 die Hauptschritte dieser Entwicklung am Beispiel der Steuerung der Längsbewegung dargestellt. Teil A zeigt als
Grundstufe ein Steuersystem, das aus einer direkten mechanischen Verbindung (Gestänge oder Seile) zwischen Steuerknüppel (Steuerrad) und
Höhenruder besteht. Kennzeichnendes Merkmal dieses auch als "aerodynamische Steuerung" bezeichneten Steuersystems ist außer der genannten mechanischen Verbindung zum Ruder die Tatsache, daß die vom Piloten am Steuerknüppel aufzubringende Handkraft unmittelbar dem aerodynamischen Moment um die Ruderachse propotional ist, d.h. es erfolgt
eine Art "Kraftrückmeldung" vom Ruder zum Steuerknüppel. Der folgende
Entwicklungsschritt, der schon in den vierziger Jahren begann, ist in
den Bildteilen B_1 und B_2 dargestellt. Er bringt eine Modifikation
dieses Systems, die in einer Reduzierung der vom Piloten aufzubringenden Handkraft besteht. Dies erfolgt entweder durch aerodynamische
Entlastung, z.B. flettnergesteuerte Ruder (B_1), oder durch Hinzufü-
gung eines am Steuergestänge angreifenden hydraulischen Stellmotors
(B_2). Die Charakteristik der aerodynamischen Steuerung (direkte Verbindung zum Ruder und Kraftrückmeldung) bleibt jedoch dabei erhalten.

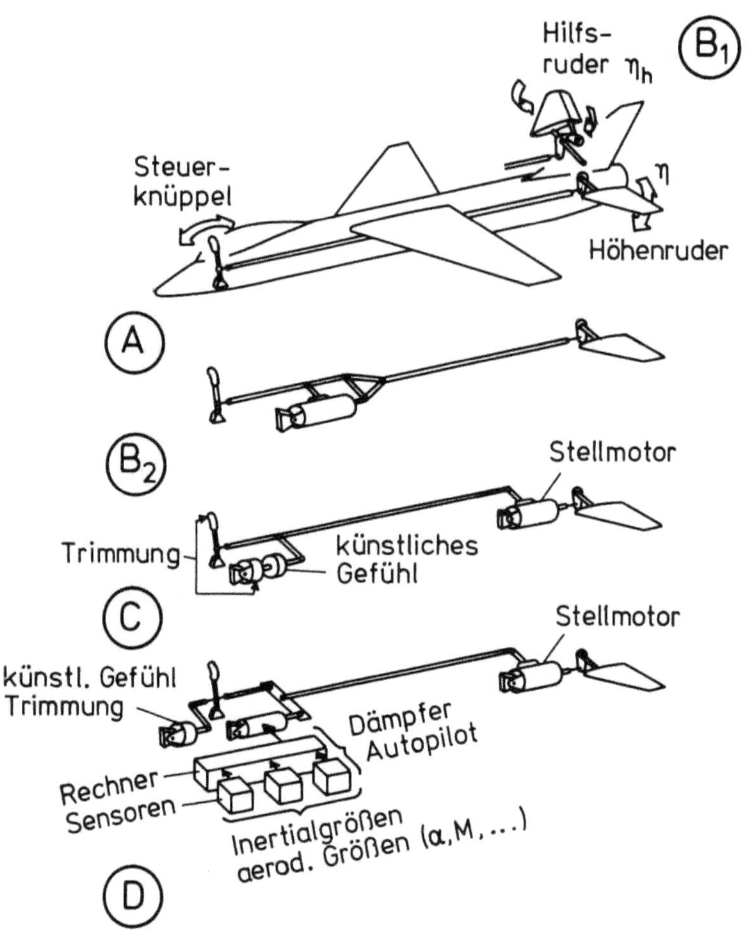

Bild 1a. Entwicklung der Steuersysteme für die Längsbewegung, nach [31]

A   Direkte mechanische Verbindung
B_1 Hilfsruderentlastung
B_2 Hydraulische Entlastung
C   Irreversible Steuerung
D   Zusätzlich Stabilisierungssystem

Eine grundsätzliche Änderung bringt dann der in Bildteil C dargestellte Entwicklungsschritt (etwa in der Zeit um 1950). Hier übernimmt ein
Servomotor allein den Ausgleich des Ruderscharniermomentes, so daß
keinerlei Kraftrückmeldung mehr zum Steuerknüppel erfolgt. Daher ist
es nunmehr notwendig, die Handkraft durch eine spezielle Einrichtung
künstlich zu erzeugen, die deshalb auch als "künstliches Gefühl" bezeichnet wird. Eine mechanische Verbindung existiert zwischen Steuer-

knüppel und dem Steuerventil des Servomotors. Aufgrund der fehlenden Kraftrückmeldung vom Ruder zum Steuerknüppel und somit der vom Ruder nicht beeinflußbaren Knüppelstellung werden diese Steuersysteme auch als "irreversible Steuerungen" bezeichnet.

Eine wesentliche Erweiterung stellt der in Bildteil D gezeigte Schritt dar, als nämlich Stabilisierungs- und Dämpfungssysteme zur Verbesserung des Eigenverhaltens des Flugzeugs eingeführt werden, um die steigenden Anforderungen zu erfüllen, die insbesondere auch mit der Ausweitung des Flugbereichs in den Überschall und in sehr große Flughöhen verbunden sind. Die Stabilisierungssysteme sind mit ihrer elektrischen Signalverarbeitung über einen Stellmotor dem übrigen Teil des Steuer-

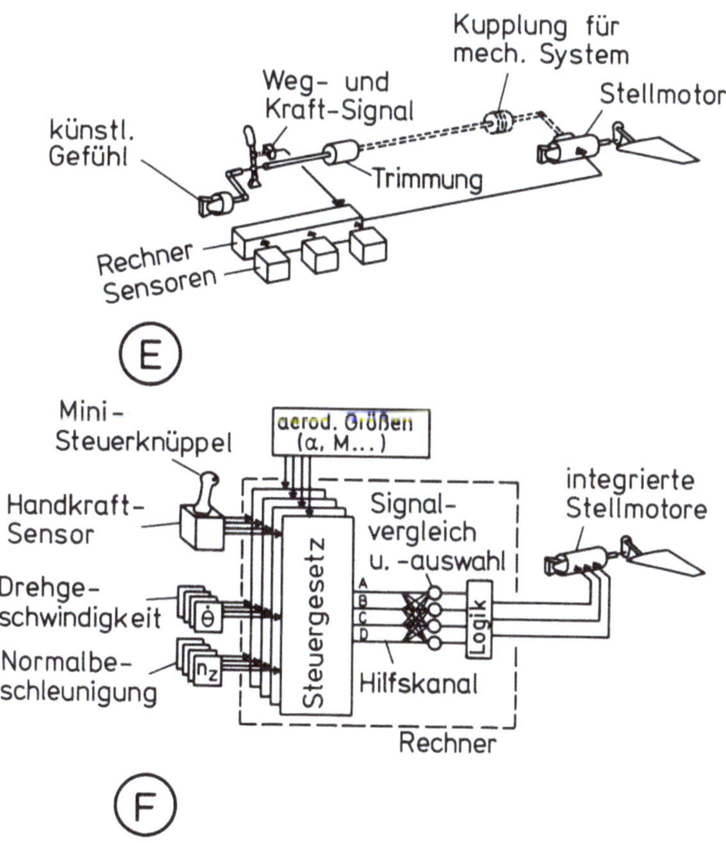

Bild 1b. Entwicklung der Steuersysteme für die Längsbewegung, nach (31)

E Elektrische Verbindung mit mechanischem Sicherheitssystem ("Fly-by-
   wire")
F Aktives Steuersystem mit Vierfach-Redundanz

systems zugeschaltet, das weiterhin eine mechanische Verbindung zwischen Steuerknüppel und Ruderstellmotor besitzt. Die Einführung der Stabilisierungssysteme bedeutet erhöhte und neuartige Anforderungen an die Zuverlässigkeit der gerätetechnischen Realisierung (Rechner, Sensoren), da ein Ausfall eine nicht zu beherrschende Gefährdung bedeuten kann. Charakteristisch ist daher im allgemeinen die begrenzte Autorität derartiger Systeme sowie die Tatsache, daß sie das Eigenverhalten des Flugzeugs mehr im Sinne einer Unterstützungsfunktion verbessern, ohne grundsätzlich die vorgegebene Dynamik zu ändern. Diese Systeme, deren Funktion einen "aktiven" Eingriff in das Eigenverhalten darstellt, kann man als eine Art Vorläufer der aktiven Steuersysteme bezeichnen.

In Bildteil E ist als weiterer Entwicklungsschritt der Übergang von dem vorhergehenden, elektro-mechanischen System zu einem Steuersystem mit reiner elektrischer Signalübertragung gezeigt, das auch unter der amerikanischen Bezeichnungsweise "Fly-by-wire"-System bekannt ist. Es hat den Vorteil eines einfachen Aufbaus und großer Flexibilität und ist in bestmöglicher Weise dem Stabilisierungssystem angepaßt. Diese Steuerungssysteme, die den Nachweis der praktischen Realisierbarkeit erbracht haben und deren Einführung in den operationellen Betrieb bereits erfolgt ist, besitzen im allgemeinen noch ein mechanisches Sicherheitssystem, das der Pilot beim Ausfall der elektrischen Übertragungskanäle in Eingriff bringen kann.

Der letzte Schritt, dargestellt in Bildteil F, bringt den Übergang zu einem aktiven Steuersystem. Hier bestimmt der Rechner die Ausschläge der Steuerflächen ohne Begrenzung der Autorität. Durch geeignete Steuer- bzw. Regelgesetze läßt sich die Dynamik des Flugzeugs in einem Maße verändern, das bisher nicht erreichbar war. Außer den konventionellen Steuerflächen (Ruder) kommen auch neuartige Steuerflächen zur Anwendung, so daß sich eine sehr weitgehende Beeinflussung der aerodynamischen Kräfte und Kraftverteilungen erzielen läßt. Dadurch wird es möglich, die Starrkörperbewegungen in einem ebenso weitgehenden Sinne zu verändern und darüber hinaus neuartige Bewegungsformen einzuführen. Entsprechendes gilt auch für die Strukturdynamik und die auf die Struktur wirkende Beanspruchung. Die Realisierbarkeit der aktiven Steuersysteme setzt die Lösung vielfältiger technologischer Einzelprobleme voraus. Dies gilt insbesondere für die in den letzten Jahren erfolgte Entwicklung leistungsfähiger Rechner, **die neben der Verarbeitung der Meßdaten zur Bestimmung der Steuersignale**

auch noch Überwachungsaufgaben zu übernehmen haben. Voraussetzung ist
außerdem der Nachweis ausreichend hoher Zuverlässigkeit des Gesamtsystems, die eine redundante Auslegung mit automatischer Fehlerken-
nung und Auswahl der richtigen Signale notwendig macht.

Die weitestgehende Beeinflußbarkeit des Flugzeugverhaltens durch das
aktive Steuerungssystem macht es möglich, die flugmechanische Auslegung primär nach Leistungsüberlegungen vorzunehmen und dabei Randbe-
dingungen fallen zu lassen, die beim klassischen Entwurf unbedingt
eingehalten werden müssen. Besonders anschaulich zeigt sich dies an
der Forderung nach Stabilität, die beim klassischen Entwurf durch die
Eigenstabilität des Flugzeugs zu gewährleisten ist, auch wenn dadurch
Flugleistungseinbußen unvermeidlich werden. So eröffnet die aktive
Steuerungstechnologie die Möglichkeit, die flugleistungsmäßig optimale Konfiguration zu entwickeln und, falls diese instabil ist, über
das aktive Steuersystem wieder ein ausreichendes Stabilitätsniveau
herbeizuführen.

Außer der erwähnten künstlichen Stabilisierung umfaßt die aktive
Steuerungstechnologie noch weitere Einzelkonzeptionen mit unterschiedlichen Aufgabenstellungen. Hierzu gibt die folgende Zusammenstellung einen Überblick:

- Künstliche Stabilität (Längs- und Seitenbewegung)
- Direkte Kraftsteuerung
- Variable Flügelwölbung
- Manöverlaststeuerung
- Böenabminderung
- Aktive Flatterunterdrückung

Zielsetzung der aktiven Steuerungstechnologie ist es, die Leistungs-
fähigkeit des Flugzeugs im weitesten Umfange zu steigern. Dies gilt
einmal für die Flugleistungen im engeren Sinne wie zum Beispiel die
Verringerung des getrimmten Widerstandes, die Erhöhung des getrimmten
Maximalauftriebs oder auch die Reduzierung des Strukturgewichts. Aber
auch die Ausweitungsmöglichkeit des Flugbereichs (flatterbedingte
Grenzen) oder auch die Verbesserung der Manövrierbarkeit durch neuartige Bewegungsformen, die mit der konventionellen Steuertechnik über
die Ruder grundsätzlich nicht erfliegbar sind, gehören dazu.

Das vorliegende Buch verfolgt das Ziel, die flugmechanischen Grundlagen darzulegen, die für einen Entwurf mit aktiven Steuersystemen maßgebend sind. Dieser Beitrag der Flugmechanik dient dazu, Aussagen sowohl über die Verbesserungsmöglichkeiten als auch Grenzen der aktiven
Steuerungstechnologie zu erhalten. Entsprechend der Themenstellung
liegt der Schwerpunkt auf denjenigen Konzeptionen, die wesentlich
flugmechanische Fragestellungen betreffen, während die anderen mehr
in kürzer gefaßter Form beschrieben werden.

Die in diesem Buch entwickelten Überlegungen gelten jedoch nicht nur
für Flugzeuge mit aktiven Steuersystemen, sondern auch für solche
Flugzeuge, die auf die Komplexität derartiger Systeme verzichten.
Dies beruht unter anderem darauf, daß die Erkenntnisse, die im Rahmen
der Untersuchungen zur aktiven Steuerungstechnologie gewonnen wurden,
zum Teil auch für die Leistungssteigerung von Flugzeugen ganz allgemein verwendbar sind. Ein Beispiel hierzu sind die Möglichkeiten zur
Verringerung des Widerstandes im ausgetrimmten Zustand unter besonderer Berücksichtigung des erzielbaren Minimalwertes, ohne auf die natürliche Stabilität verzichten zu müssen. Auch die direkte Kraftsteuerung ist in diesem Zusammenhang zu nennen.

1 Entwurfsmerkmale von Flugzeugen natürlicher und künstlicher Stabilität

1.1 Überblick

Bei Flugzeugen natürlicher Stabilität hat das Höhenleitwerk die
Aufgabe, die zum Steuern und Stabilisieren notwendigen Momente
aufzubringen. Dementsprechend sind die Forderungen nach ausreichenden Steuerungs- und Stabilisierungsmomenten unter Beachtung
des für unterschiedliche Beladungsfälle benötigten Schwerpunktbereichs für die Leitwerksbemessung bestimmend. Durch die Forderung
nach natürlicher Stabilität eines Flugzeugs kann ein Teil des möglichen Auftriebsbereichs des Leitwerks nicht zum Steuern genutzt werden. Dies erkennt man z.B. daran, daß zum Steuern das Ruder oder bei
ruderlosem Höhenleitwerk die Flosse vorwiegend zur Erzeugung negativen Leitwerkauftriebs (d.h. in Richtung "Ziehen") ausgeschlagen wird.
Wenn es gelingen würde, die Stabilität des Flugzeugs mit anderen Mit-
teln zu erreichen, wäre eine symmetrische Ausnutzung des Leitwerks
zur Momentensteuerung und damit eine beträchtliche Verringerung der
erforderlichen Leitwerksfläche erreichbar. Außerdem kann das Leitwerk
zur Widerstandsoptimierung beitragen. Die dadurch mögliche Verringerung des Flugzeug-Gesamtwiderstandes ist für die Verbesserung der
Wirtschaftlichkeit von großem Interesse.

Der Verzicht auf natürliche Stabilität eines Flugzeugs erfordert besondere Maßnahmen. Durch den Einbau genügend zuverlässiger Regler
wird erreicht, das dynamische Verhalten des Flugzeugs so zu gestalten,
daß es in bestmöglicher Weise dem Piloten angepaßt ist und gegebenenfalls von dem gewohnten Verhalten konventioneller Flugzeuge abweicht.
Mit den heute verfügbaren elektronischen Bausteinen hoher Zuverlässigkeit sind von der Lösung dieser Aufgabe keine grundsätzlichen Probleme zu erwarten. Diese rein regelungstechnischen bzw. elektronischen Aspekte bedürfen einer gesonderten Behandlung und liegen außerhalb des hier behandelten Themas.

Im folgenden werden die flugmechanischen Grundlagen der künstlichen
Stabilisierung betrachtet. Zunächst steht die Frage im Vordergrund,
wie die Bemessung des Höhenleitwerks für ein von der Auslegung her
instabiles Flugzeug zu erfolgen hat. Hierbei wird zwischen den durch
das Leitwerk bereitzustellenden Steuermomenten unter voller Ausnutzung des gesamten Arbeitsbereichs des Leitwerks sowie den dynamisch
aufzubringenden Rückführmomenten zur künstlichen Stabilisierung zu
unterscheiden sein. Die Größe der dynamischen Rückführmomente hängt
sicherlich auch von der Qualität der Regelung und der im System auftretenden Stellzeiten, Totzeiten und Verzögerungen ab.

Zur Verdeutlichung der unterschiedlichen Höhenleitwerksauslegung bei
natürlicher und künstlicher Stabilisierung des Flugzeugs wird der Zusammenhang zwischen Leitwerksgröße und Schwerpunktwanderung zunächst
für konventionelle Flugzeuge behandelt und danach für die von der
Auslegung her instabilen Flugzeuge untersucht.

1.2 Leitwerksauslegung

1.2.1 Leitwerksauslegung bei natürlicher Stabilität

Für die Leitwerksauslegung bei natürlich stabilen Flugzeugen sind
die folgenden beiden Kriterien maßgebend:

- Die äußerste rückwärtige Schwerpunktlage ist durch die Forderung
  nach einem Mindestmaß an natürlicher Stabilität bestimmt. Dies entspricht einer Stabilitätsforderung.

- Die vorderste Schwerpunktlage ist durch die Aussteuerung des kritischen Falles - d.h. des Falles mit dem größten Bedarf an Steuermomenten - bestimmt. Dies entspricht einer Steuerungsforderung.

Stabilitätsgrenze

Ausgangspunkt für die Bestimmung der natürlichen Stabilitätsgrenze
ist die Momentenbilanz um den Schwerpunkt, die sich unter Außerachtlassung des Widerstandseinflusses in der folgenden Form schreibt
(vgl. hierzu auch die Darstellung von Bild 1.2.1)

$$M = A_{FR}(x_S - x_{FR})\cos\alpha + M_{0FR} - A_H r_H \cos(\alpha - \bar{\alpha}_w) = 0 \, . \qquad (1.2.1)$$

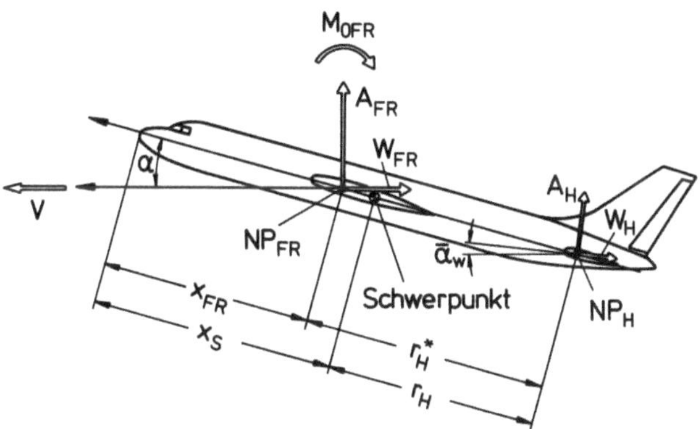

Bild 1.2.1. Kräfte und Momente der Längsbewegung

Der Übergang auf die Beiwertschreibweise liefert mit

$$A_{FR} = C_{AFR}\overline{q}\, S,$$
$$A_H = C_{AH}\overline{q}_H S_H, \qquad (1.2.2)$$
$$M_{OFR} = C_{mOFR}\overline{q}\, S\, l_\mu$$

sowie dem Staudruck

$$\overline{q} = (\rho/2)V^2$$

unter der Voraussetzung

$$\cos\alpha \approx 1 \quad \text{und} \quad \cos(\alpha - \overline{\alpha}_w) \approx 1$$

den folgenden Ausdruck

$$C_m = C_{AFR}\,\frac{x_S - x_{FR}}{l_\mu} + C_{mOFR} - C_{AH}\,\frac{\overline{q}_H S_H}{\overline{q}\, S}\,\frac{r_H}{l_\mu} = 0. \qquad (1.2.3)$$

Die für die Stabilität maßgebliche Momentencharakteristik wird durch
die Momentenänderungen bestimmt, die bei Anstellwinkeländerungen gegenüber dem Gleichgewichtszustand von (1.2.3) auftreten. Zählt man
den Anstellwinkel α von der Nullauftriebsrichtung der Flügel-Rumpf-
Kombination aus, so schreibt sich zunächst für die Teilauftriebsbei-
werte

$$C_{AFR} = (C_{A\alpha})_{FR}\,\alpha\,,$$

$$C_{AH} = (C_{A\alpha})_H\left\{\left(1 - \frac{\partial\bar{\alpha}_w}{\partial\alpha}\right)\alpha - \bar{\alpha}_{w0} + \varepsilon_H + \frac{\partial\alpha_H}{\partial\eta}\eta\right\}\,. \qquad (1.2.4)$$

Der Leitwerksterm berücksichtigt dabei die um den örtlichen Abwind

$$\bar{\alpha}_w = \bar{\alpha}_{w0} + \frac{\partial\bar{\alpha}_w}{\partial\alpha}\alpha$$

geänderte effektive Anströmrichtung am Leitwerk sowie den Einstell-
und/oder Ruderwinkel $\varepsilon_H + (\partial\alpha_H/\partial\eta)\eta$, d.h. es gilt (vgl. hierzu auch
Bild 1.2.2)

$$\alpha_H = \alpha - \bar{\alpha}_w + \varepsilon_H + \frac{\partial\alpha_H}{\partial\eta}\eta\,.$$

Die anstellwinkelbedingten Momentenänderungen ergeben sich aus der
Ableitung von (1.2.3) nach α unter Berücksichtigung von (1.2.4) zu

$$C_{m\alpha} = (C_{A\alpha})_{FR}\,\frac{x_S - x_{FR}}{l_\mu} - \left(1 - \frac{\partial\bar{\alpha}_w}{\partial\alpha}\right)(C_{A\alpha})_H\,\frac{\bar{q}_H S_H}{\bar{q}\,S}\,\frac{r_H}{l_\mu}\,. \qquad (1.2.5)$$

Die geeignete Größe zur Kennzeichnung der statischen Stabilität ist
der Neutralpunkt des Gesamtflugzeugs, der den Angriffspunkt der Auftriebsänderungen infolge von Anstellwinkeländerungen darstellt. Er
ergibt sich aus (1.2.5) als die Schwerpunktlage, bei der $C_{m\alpha}=0$ wird,
d.h. es gilt $x_N=(x_S)_{C_{m\alpha}=0}$. Damit geht (1.2.5) über in

$$C_{m\alpha} = 0 = (C_{A\alpha})_{FR}\,\frac{x_N - x_{FR}}{l_\mu} - \left(1 - \frac{\partial\bar{\alpha}_w}{\partial\alpha}\right)(C_{A\alpha})_H\,\frac{\bar{q}_H S_H}{\bar{q}\,S}\,\frac{r_H}{l_\mu}\,. \qquad (1.2.6)$$

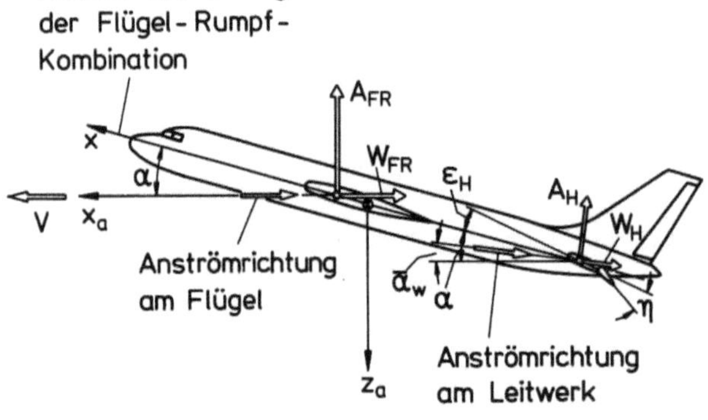

Bild 1.2.2. Anströmrichtung von Flügel und Höhenleitwerk

Eine weitere Umformung ist zweckmäßig, um den sich mit der Schwerpunktlage ändernden Leitwerkshebelarm r_H zu ersetzen. Hierfür eignet sich der konstante Abstand r_H^* zwischen den Neutralpunkten der Flügel-Rumpf-Kombination und des Leitwerks (vgl. auch Bild 1.2.1), für den gilt

$$r_H^* = r_H + x_S - x_{FR} \, . \hspace{3cm} (1.2.7)$$

Berücksichtigt man dies in (1.2.6), so erhält man die folgende Beziehung zwischen erforderlicher Leitwerksfläche und Neutralpunktlage

$$\frac{S_H}{S} = \frac{(C_{A\alpha})_{FR}/(C_{A\alpha})_H}{(1 - \partial\bar{\alpha}_w/\partial\alpha)\,\bar{q}_H/\bar{q}} \; \frac{x_N - x_{FR}}{r_H^* - (x_N - x_{FR})} \, . \hspace{1cm} (1.2.8)$$

Ein Beispiel für den Verlauf der Stabilitätsgrenze ist in Bild 1.2.3 dargestellt. Die Lage der Grenze hängt, wie aus (1.2.8) deutlich wird, von dem Auftriebsverhältnis $(C_{A\alpha})_{FR}/(C_{A\alpha})_H$ ab, das im wesentlichen durch die Geometrie (insbesondere Streckung, Pfeilung und Zuspitzung) von Flügel und Leitwerk bestimmt ist. Ferner ist sie eine Funktion des örtlichen Abwindgradienten, der von der Flügelstreckung und der Lage des Leitwerks relativ zum Flügel abhängt (vgl. hierzu auch Bild 1.2.3).

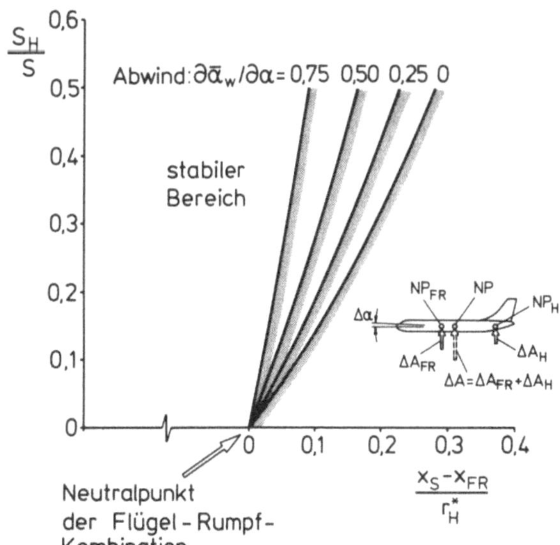

Bild 1.2.3. Verlauf der natürlichen Stabilitätsgrenze, abhängig von der bezogenen Leitwerksfläche und dem Abwindgradienten ($\Lambda=7,5$; $\Lambda_H=3,75$)

Im Fall des Fluges bei hohen Unterschallmachzahlen ist die Verschiebung der Neutralpunktlage zu berücksichtigen und der hier auftretende
ungünstigste Wert einzusetzen.

Steuergrenze

Die vordere Begrenzung des nutzbaren Schwerpunktbereichs ergibt sich
aus der Steuerungsforderung, wonach das Leitwerk so ausgelegt sein
muß, damit im gesamten Flugbereich ausreichende Steuermomente zur Ge-
währleistung des Momentengleichgewichts

$$\Sigma M = 0$$

zur Verfügung stehen. Hierbei sind die kritischen Fälle zu untersuchen, d.h. diejenigen Konfigurationen der Flügel-Rumpf-Kombination,
bei denen der Steuermomentenbedarf am größten ist. Dazu zählen nicht
nur die Steuermomente im engeren Sinne (z.B. zur Änderung von Gleich-
gewichtszuständen), sondern der gesamte, häufig auch als Trimmoment
bezeichnete Momentenbedarf unter Einbeziehung insbesondere der Lande-
klappenstellungen und machzahlbedingter Auswirkungen im Transschall-
bereich. Zur Behandlung der angesprochenen Fragen kann man wieder von
dem Gleichgewichtszustand nach (1.2.3) ausgehen. Mit dieser Beziehung
gilt unter Berücksichtigung von r_H^* nach (1.2.7) für die Zuordnung von
Leitwerksfläche und Schwerpunktlage

$$\frac{S_H}{S} = \frac{C_{AFR}}{C_{AH}} \, \frac{\bar{q}}{\bar{q}_H} \, \frac{x_S - x_{FR} + l_\mu C_{m0FR}/C_{AFR}}{r_H^* - (x_S - x_{FR})} \, . \qquad (1.2.9)$$

Zur Erzeugung der Steuermomente kann das Leitwerk sowohl positiven
wie negativen Auftrieb erbringen, wobei es innerhalb des folgenden
Bereichs arbeiten kann

$$-(C_{AH})_{min} \leqq C_{AH} \leqq (C_{AH})_{max} \, .$$

Hierbei ist $(C_{AH})_{min}$ im Sinne einer Betragsbildung als nach unten
gerichtete Kraft positiv definiert.

Für die Aussteuerung der vordersten Schwerpunktlage ist der negative
Extremwert $-(C_{AH})_{min}$ maßgebend, da - wie etwa aus (1.2.9) hervorgeht
- der Schwerpunkt um so weiter nach vorn verschoben werden kann, je
größer die negativen Werte von C_{AH} sind. Den kritischen Fall stellt
die Hochauftriebskonfiguration des Flugzeugs mit ausgefahrenen Klap-

pen dar. Dies beruht sowohl darauf, daß hier der erzielbare C_{AFR}-
Wert am größten ist, als auch darauf, daß das Nullmoment der Flügel-
Rumpf-Anordnung den größten negativen Wert annimmt. Beide Effekte wir-
ken im Hinblick auf den Bedarf an Leitwerksfläche in die gleiche
Richtung. Damit ergibt sich aus (1.2.9) für die Zuordnung von Leit-
werksfläche und vorderster Schwerpunktlage x_{Sv}

$$\frac{S_H}{S} = - \frac{(C_{AFR})_{max}}{(C_{AH})_{min}} \frac{\bar{q}}{\bar{q}_H} \frac{x_{Sv} - x_{FR} + 1_\mu C_{mOFR}/(C_{AFR})_{max}}{r_H^* - (x_{Sv} - x_{FR})} \ . \qquad (1.2.10)$$

Ein Beispiel für den Verlauf dieser Grenze ist in Bild 1.2.4 dargestellt. Zum Vergleich ist dort auch gezeigt, wie sich der η_K-Einfluß
(über $(C_{AFR})_{max}$ und C_{mOFR}) auswirkt.

Berücksichtigt man nun die Steuergrenze als Begrenzung der vorderen
Schwerpunktlage und die Neutralpunktlage für die Begrenzung der hinteren Schwerpunktlage, so ergibt sich daraus der steuerungs- und sta-
bilitätsmäßig mögliche Schwerpunktbereich. Dies ist in Bild 1.2.5 er-

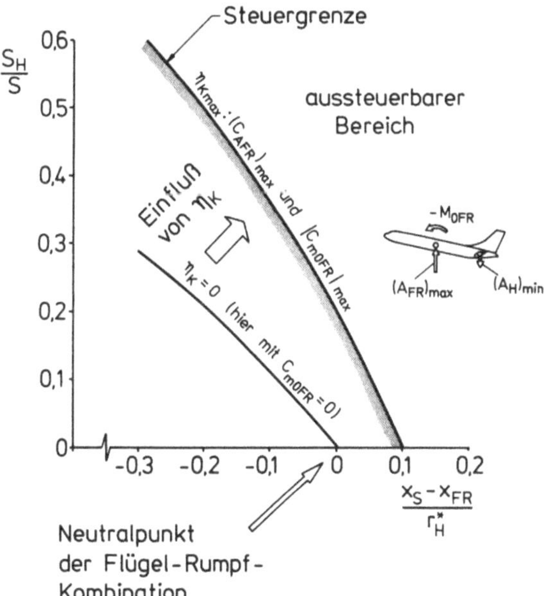

Bild 1.2.4. Verlauf der Steuergrenze, abhängig von der bezogenen Leitwerksfläche und dem Klappenwinkel η_K
η_{Kmax} : $(1_\mu/r_H^*)\, C_{mOFR}/(C_{AFR})_{max} = -0,1; \ (C_{AFR})_{max}/(C_{AH})_{min} = 2$
$\eta_K = 0$: $C_{mOFR} = 0; \ (C_{AFR})_{max}/(C_{AH})_{min} = 1,25$

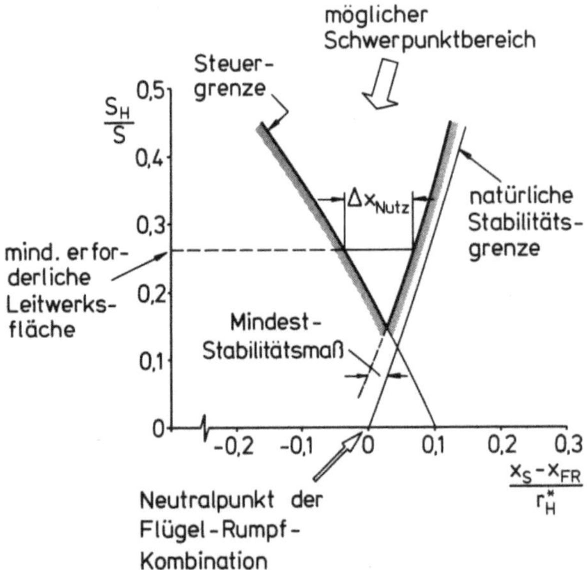

Bild 1.2.5. Zulässiger Schwerpunktbereich bei natürlicher Stabilität, abhängig von der bezogenen Leitwerksfläche (Daten wie Bild 1.2.3 und 1.2.4; $\partial\bar{\alpha}_w/\partial\alpha$=0,5; l_μ/r_H^*=0,5)

läutert, das zusammenfassend die Ergebnisse von Bild 1.2.3 und 1.2.4 zeigt. Außerdem ist dabei noch ein Mindest-Stabilitätsmaß berücksichtigt, dessen Zweck es ist, das unmittelbare Erreichen der Stabilitätsgrenze im praktischen Flugbetrieb zu vermeiden. Die Darstellung von Bild 1.2.5 macht weiterhin deutlich, daß die Forderung nach einem bestimmten nutzbaren Schwerpunktbereich von der Größe Δx_{Nutz} die mindestens notwendige Leitwerksfläche festlegt.

1.2.2 Leitwerksauslegung bei Verzicht auf natürliche Stabilität

Stationäres Momentengleichgewicht

Bei Verzicht auf die natürliche Stabilität ist die in Bild 1.2.5 dargestellte hintere Begrenzung gegenstandslos. Daraus folgt, daß der nutzbare Schwerpunktbereich nach hinten verschoben werden kann, bis er eine neue Grenze erreicht. Diese neue Grenze ergibt sich - ähnlich wie die vordere Begrenzung - aus Steuerungsanforderungen. Hier müssen jedoch sowohl statische als auch dynamische Steuerungsanforderungen berücksichtigt werden. Zunächst seien die statischen Aspekte behandelt, die unmittelbar den Überlegungen für die vordere Steuergrenze entsprechen. Ausgangspunkt ist auch hier wieder das statische Momentengleichgewicht

$$\Sigma M = 0,$$

das nun mit dem Maximalwert $(C_{AH})_{max}$ des Leitwerksauftriebs ausgesteuert wird. Dies wird aus (1.2.9) deutlich, wonach - bei gegebenen Werten für S_H und C_{mOFR} - x_S um so größer sein kann, je größer C_{AH} ist. Hierbei ist noch zu berücksichtigen, daß im Nenner die Differenz x_S-x_{FR} klein gegenüber r_H^* ist. Für die steuerungsmäßig mögliche hinterste Schwerpunktlage ist nun jedoch nicht nur die Hochauftriebskonfiguration mit ausgefahrenen Klappen, sondern auch die Reiseflugkonfiguration mit eingefahrenen Klappen zu betrachten. Dies ergibt sich aus der relativen Zuordnung der Bereiche, die jeweils für die Reiseflug- und Hochauftriebskonfiguration steuerungsmäßig möglich sind. Dazu ist eine anschauliche Darstellung in Bild 1.2.6 gegeben. Das Bild macht deutlich, daß die hintere Steuergrenze zunächst (d.h. bei kleinen S_H-Werten) durch die Reiseflugkonfiguration bestimmt ist. Erst bei größeren S_H-Werten ist die Hochauftriebskonfiguration für die Festlegung der Grenze maßgebend. Der Grund hierfür ist, daß - im Gegensatz zur vorderen Steuergrenze - das Nullmoment C_{mOFR} und der Maximalauftrieb $(C_{AFR})_{max}$ nun unterschiedliche Auswirkungen haben.

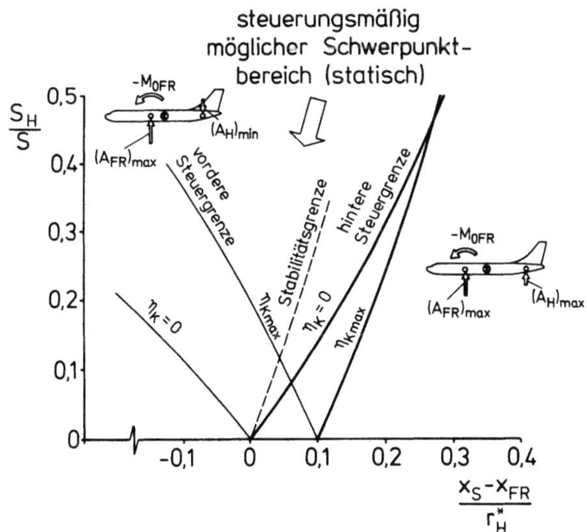

Bild 1.2.6. Steuerungsmäßig möglicher Schwerpunktbereich bei Verzicht auf natürliche Stabilität, abhängig von der bezogenen Leitwerksfläche (Daten wie Bild 1.2.4; $(C_{AH})_{max}=(C_{AH})_{min}$)

Für die Zuordnung von Leitwerksfläche und hinterster Schwerpunktlage x_{Sh} ergibt sich aus (1.2.9) mit den für jede Konfiguration einzusetzenden Werten von $(C_{AFR})_{max}$ und C_{mOFR}

$$\frac{S_H}{S} = \frac{(C_{AFR})_{max}}{(C_{AH})_{max}} \frac{\bar{q}}{\bar{q}_H} \frac{x_{Sh} - x_{FR} + 1_\mu C_{mOFR}/(C_{AFR})_{max}}{r_H^* - (x_{Sh} - x_{FR})} \quad . \qquad (1.2.11)$$

Eine zusätzliche Ausweitung des steuerungsmäßig zulässigen Schwerpunktbereichs nach hinten ist möglich, wenn man eine verfeinerte Betrachtung durchführt und fordert, daß der maximale Gesamtauftrieb an der hinteren Steuergrenze nicht größer zu sein braucht als an der vorderen und einen bestimmten Mindestwert $(C_{Amax})_0$ nicht unterschreitet. Ausgangspunkt hierfür ist die Überlegung, daß die vordere Steuergrenze diesen Mindestwert $(C_{Amax})_0$ festlegt, da hier der Gesamt-

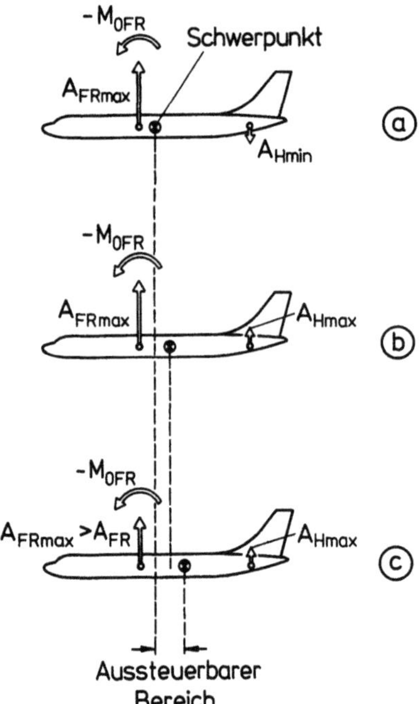

Bild 1.2.7. Aussteuerbarer Maximalauftrieb in Abhängigkeit von der Schwerpunktlage

a) vordere Steuergrenze: $(A_{max})_0 = A_{FRmax} - A_{Hmin}$

b) hintere Steuergrenze nach (1.2.11): $A_{max} = A_{FRmax} + A_{Hmax} > (A_{max})_0$

c) hintere Steuergrenze nach (1.2.14): $A_{max} = A_{FR} + A_{Hmax} = (A_{max})_0$

auftrieb mit dem (negativen) Minimalwert des Leitwerksauftriebs ge-
bildet wird, d.h. es gilt (mit $\cos\bar{\alpha}_w \approx 1$ und $|W_H\sin\bar{\alpha}_w| << |A_H\cos\bar{\alpha}_w|$)

$$(C_{Amax})_0 = (C_{AFR})_{max} - \frac{\bar{q}_H S_H}{\bar{q} S}(C_{AH})_{min} \ . \qquad (1.2.12)$$

Läßt man nun den Schwerpunkt nach hinten wandern, so muß das Leitwerk
seinen Auftrieb in positiver Richtung ändern, damit weiterhin Momentengleichgewicht vorhanden ist. Die positive Änderung des Leitwerksauftriebs hat zur Folge, daß der Gesamtauftrieb ansteigt. Dies ist so
lange möglich, bis das Leitwerk seinen Maximalwert $(C_{AH})_{max}$ erreicht,
der die hintere Steuergrenze gemäß (1.2.11) festlegt. Die anschauliche Darstellung dieses Sachverhalts zeigt Bild 1.2.7. Wandert der
Schwerpunkt nun noch weiter nach hinten, so bleibt das Leitwerk konstant auf seinem Maximalwert, da eine Steigerung nicht mehr möglich
ist. Damit kann hier nur noch ein Flügel-Rumpf-Auftrieb ausgesteuert
werden, der kleiner ist als der Maximalwert $(C_{AFR})_{max}$. Trotzdem
bleibt der C_{Amax}-Wert des Gesamtflugzeugs zunächst weiter über dem
geforderten Mindestwert $(C_{Amax})_0$. Dies ist in Bild 1.2.8 näher erläutert. Damit kann dieser zusätzliche Schwerpunktbereich ebenfalls noch
genutzt werden. Die aus der geschilderten Überlegung resultierende
Verschiebung der hinteren Steuergrenze ist dann durch diejenige
Schwerpunktlage bestimmt, bei der gerade wieder der Wert $(C_{Amax})_0$

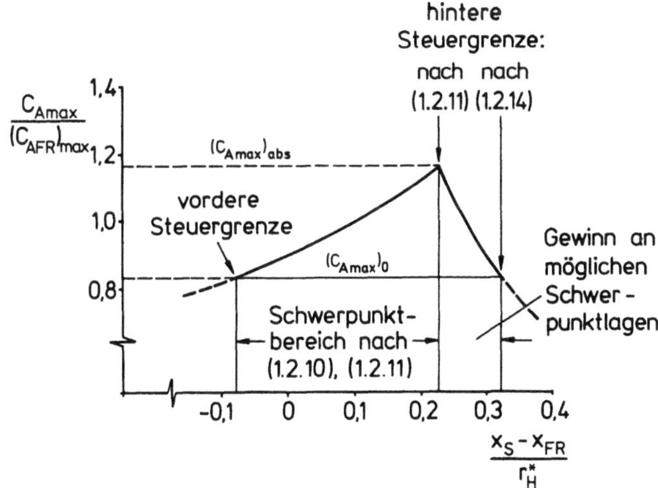

Bild 1.2.8. Erweiterung des aussteuerbaren Schwerpunktbereichs durch
volle Ausnutzung des Leitwerksauftriebs (Daten wie Bild 1.2.6;
$S_H/S = 1/3$)

erreicht wird. Dies bedeutet, daß der Auftriebsbeiwert der Flügel-
Rumpf-Kombination, der an der hinteren Steuergrenze gerade noch ausgesteuert werden kann, durch die folgende Beziehung festgelegt wird

$$(C_{Amax})_0 = C_{AFR} + \frac{\overline{q}_H S_H}{\overline{q}\, S}(C_{AH})_{max}\ .$$

Durch Gleichsetzen mit (1.2.12) errechnet sich der Wert von C_{AFR} zu

$$C_{AFR} = (C_{AFR})_{max} - \frac{\overline{q}_H S_H}{\overline{q}\, S}(C_{AH})_{max}\left(1 + \frac{(C_{AH})_{min}}{(C_{AH})_{max}}\right)\ . \tag{1.2.13}$$

Berücksichtigt man dies in (1.2.3), so erhält man für die Zuordnung
von Leitwerksfläche und hinterster Schwerpunktlage

$$\frac{S_H}{S} = \frac{(C_{AFR})_{max}}{(C_{AH})_{max}}\ \frac{\overline{q}}{\overline{q}_H}\ \frac{x_{Sh} - x_{FR} + 1_\mu C_{mOFR}/(C_{AFR})_{max}}{r_H^* + (x_{Sh} - x_{FR})(C_{AH})_{min}/(C_{AH})_{max}}\ . \tag{1.2.14}$$

Bild 1.2.9 zeigt in der Darstellung der bezogenen Höhenleitwerksflä-
che abhängig von der Schwerpunktlage die durch die beschriebene verfeinerte Auftriebsbetrachtung gewonnene Ausweitung des steuerungsmäs-
sig zulässigen Schwerpunktbereichs.

Bei den vorstehenden Betrachtungen zum Momentengleichgewicht war vorausgesetzt worden, daß das aerodynamisch instabile Flugzeug durch

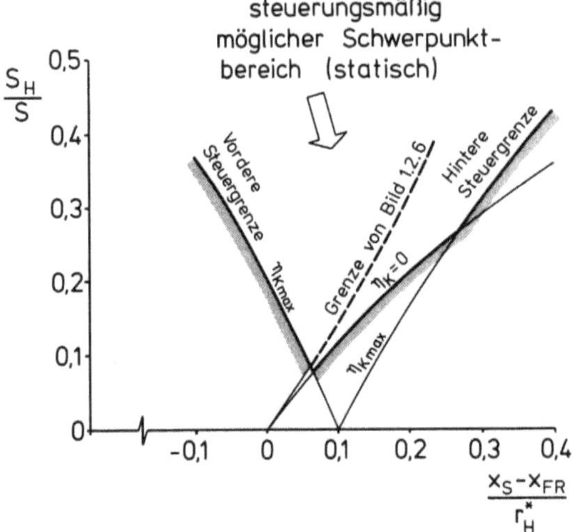

Bild 1.2.9. Steuerungsmäßig möglicher Schwerpunktbereich unter voller
Ausnutzung des Leitwerksauftriebs, abhängig von der bezogenen Leitwerksfläche (Daten wie Bild 1.2.6)

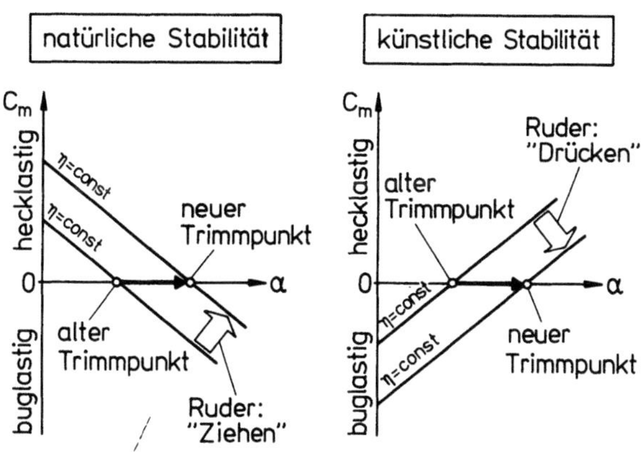

Bild 1.2.10. Erforderlicher Ruderausschlag zur Änderung des Trimm-
punkts bei einem Flugzeug mit natürlicher bzw. künstlicher Stabilität

künstlich erzeugte, der Anstellwinkeländerung entgegenwirkende Rückstellmomente stabilisiert wird, so daß es stabile Trimmpunkte wie ein
aerodynamisch stabiles Flugzeug aufweist. Aber auch unter dieser Voraussetzung besitzt das künstlich stabilisierte Flugzeug in bezug auf
die Herstellung des Momentengleichgewichts bzw. die Herbeiführung der
Änderung des Trimmzustandes anders geartete Steuerungsmerkmale als
ein Flugzeug natürlicher Stabilität. Eine stationäre Anstellwinkelvergrößerung erfordert nämlich bei künstlicher Stabilität eine Ruderbetätigung in Richtung "Drücken", während eine Verkleinerung der An-
stellung durch "Ziehen" erreicht wird (vgl. hierzu auch Bild 1.2.10
mit dem dort ebenfalls dargestellten Verlauf bei natürlicher Stabilität). Dieses geänderte Verhalten bei künstlicher Stabilität kennzeichnet die Zuordnung von Anstellwinkel und Ruderausschlag im stationären
Zustand. Bei dynamischen Steuerbetätigungen, insbesondere in der Ein-
leitphase, ist auch beim Flugzeug künstlicher Stabilität die übliche
Zuordnung von Ruderausschlag und Bewegungsänderung vorhanden (z.B.
"Ziehen" des Ruders zur Einleitung einer Anstellwinkelvergrößerung).

Manöverforderungen

Die bisherige Betrachtung war mit den Forderungen befaßt, die sich
aus dem stationären Momentengleichgewicht im Sinne eines getrimmten
(momentenfreien) Zustandes ergeben. Darüber hinaus sind auch noch Anforderungen an das dynamische Verhalten des Flugzeugs zu stellen, um
ein bestimmtes Mindestmaß an Manövrierbarkeit zur Änderung der Längs-

neigung bzw. des Anstellwinkels zu gewährleisten. Dies gilt sowohl
für die vordere wie auch die hintere Steuergrenze. Die hintere Steuergrenze stellt jedoch insofern einen wichtigeren Fall dar, als hier
- bei alleiniger Zugrundelegung des bisher betrachteten statischen
Momentengleichgewichts - das Flugzeug nicht mehr von dem maximal möglichen Anstellwinkel zu kleineren Werten zurückgeführt werden kann.
Dies ist in Bild 1.2.11 erläutert, wo qualitativ der Momentenverlauf
bei der steuerungsmäßig vordersten Schwerpunktlage als Beispiel für
natürliche Stabilität und bei der hintersten Schwerpunktlage als Beispiel für ein natürlich instabiles Flugzeug, d.h. für künstliche Stabilität, gezeigt ist. Bei dem im linken Bildteil dargestellten Flugzeug natürlicher Stabilität tritt - ausgehend vom Trimmpunkt bei maximalem Anstellwinkel - selbsttätig eine Verringerung des Anstellwinkels ein, wenn das Ruder in Richtung "Drücken" betätigt wird. Hierbei
ist die Bewegungsrichtung des Ruders für den dynamischen Einleitvorgang die gleiche wie für den stationären Zustand, wobei zur Vergrößerung der Beschleunigung im Einleitvorgang die gesamte Differenz zwischen "Max. Drücken" und "Max. Ziehen" zur Verfügung steht. Bei
künstlicher Stabilität (rechter Bildteil) ist dagegen das zur Einleitung erforderliche Steuermoment überhaupt nicht verfügbar, so daß der
Anstellwinkel nicht zu kleineren Werten zurückgeführt werden kann.

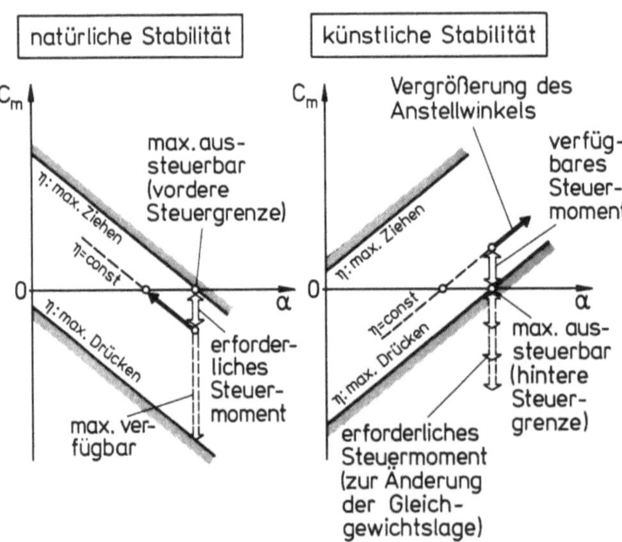

Bild 1.2.11. Rückführmöglichkeit bei maximalem Anstellwinkel und
alleiniger Berücksichtigung der statischen Steuergrenzen

Daher muß hier ein zusätzliches Steuermoment bereitgestellt werden,
das über das Leitwerksmoment zur Aussteuerung des statischen Momentengleichgewichts hinausgeht. Diese Forderung läßt sich über ein Mindestmaß an erforderlicher Nickbeschleunigungsfähigkeit $\dot{q}_{erf}$ erfassen,
die an der hinteren Steuergrenze unbedingt vorhanden sein muß. Darüber
hinaus ist bei künstlicher Stabilität zusätzlich noch ein bestimmtes
Maß an Leitwerksmomenten zum Stabilisieren und Ausgleich von Störungen erforderlich. Dieser Anteil kann über eine entsprechende Erhöhung
von $\dot{q}_{erf}$ für die hier vorzunehmende Auslegungsbetrachtung mit berücksichtigt werden. Die Größe der benötigten Nickbeschleunigung in dem
als kritisch anzusehenden Langsamflug könnte zum Beispiel nach den
Erfahrungen mit Senkrechtstartflugzeugen bemessen werden, für die
sich Angaben im AGARD Report 577 (46) sowie in den Spezifikationen
MIL-F-83300 (4, 47) finden (vgl. in diesem Zusammenhang auch (44)).

Zur Berücksichtigung des Steuermoments für $\dot{q}_{erf}$ ist es notwendig, die
Ausgangsgleichung (1.2.1) bzw. (1.2.3) für das Nickmoment um den
Drehträgheitsterm $m\, i_y^2 \dot{q}_{erf}$ zu erweitern. Damit gilt

$$m\, i_y^2 \dot{q}_{erf} = \left[C_{AFR}\frac{x_{Sh}-x_{FR}}{l_\mu} + C_{mOFR} - \frac{\bar{q}_H S_H}{\bar{q}\, S}(C_{AH})_{max}\frac{r_H^* - (x_{Sh}-x_{FR})}{l_\mu} \right]\bar{q}_{min} S\, l_\mu \, .$$

$$(1.2.15)$$

Da dies für die hintere Steuergrenze x_{Sh} zu betrachten ist, wurde für
den Leitwerksauftrieb der Maximalwert $(C_{AH})_{max}$ gesetzt. Der Flügel-
Rumpf-Auftrieb C_{AFR} berechnet sich aus (1.2.13). Den kritischen Fall
(im Sinne des größten Flächenbedarfs S_H/S) stellt der Langsamflug mit
kleinstem Staudruck dar:

$$\bar{q}_{min} = \frac{mg}{C_{Amax} S} \, .$$

Hierbei ist für C_{Amax} der Wert $(C_{Amax})_0$ an der hinteren Steuergrenze
zu nehmen, d.h. es gilt

$$C_{Amax} = (C_{Amax})_0 \, .$$

Mit (1.2.12) wird dann

$$\bar{q}_{min} = \frac{mg/S}{(C_{AFR})_{max} - (C_{AH})_{min}(\bar{q}_H/\bar{q})\, S_H/S} \, . \qquad (1.2.16)$$

Berücksichtigt man diesen Ausdruck sowie die Beziehung (1.2.13) für
C_{AFR} in (1.2.15), so erhält man nach einiger Zwischenrechnung

$$\frac{S_H}{S} = \frac{(C_{AFR})_{max}}{(C_{AH})_{max}} \, \frac{\bar{q}}{\bar{q}_H} \, \frac{\bar{x}_{Sh} - x_{FR} + l_\mu C_{mOFR} / (C_{AFR})_{max}}{r_H^* + (\bar{x}_{Sh} - x_{FR}) (C_{AH})_{min} / (C_{AH})_{max}} \; . \qquad (1.2.17)$$

Darin stellt $\bar{x}_{Sh}$ eine Art modifizierte Schwerpunktlage dar, die eine Verschiebung nach vorn um

$$\Delta x_{Sh} = \frac{i_y^2}{g} |\dot{q}_{erf}| \qquad (1.2.18)$$

gegenüber der Schwerpunktlage x_{Sh} des statischen Momentengleichgewichts bedeutet, d.h. es gilt

$$\bar{x}_{Sh} = x_{Sh} - \Delta x_{Sh} \; . \qquad (1.2.19)$$

Der Vergleich von (1.2.17) mit dem Ausdruck (1.2.14) für das statische Momentengleichgewicht zeigt nun, daß beide Beziehungen den gleichen Aufbau haben. Damit ist die Berücksichtigung von $\dot{q}_{erf}$ formal auf den Fall des statischen Momentengleichgewichts zurückgeführt, so daß die dort entwickelten Überlegungen auch hier gelten. Der Kurvenverlauf zur Erfassung der Forderung nach $\dot{q}_{erf}$ ist demnach identisch mit dem des statischen Momentengleichgewichts, wobei nur die Lage der hinteren Steuergrenze um den Wert von Δx_{Sh} gemäß (1.2.18) parallel nach vorn zu verschieben ist. Dieser Verschiebung nach vorn entspricht - wie in Bild 1.2.12 erläutert - eine Einengung des nutzbaren S_H-x_S-Bereichs.

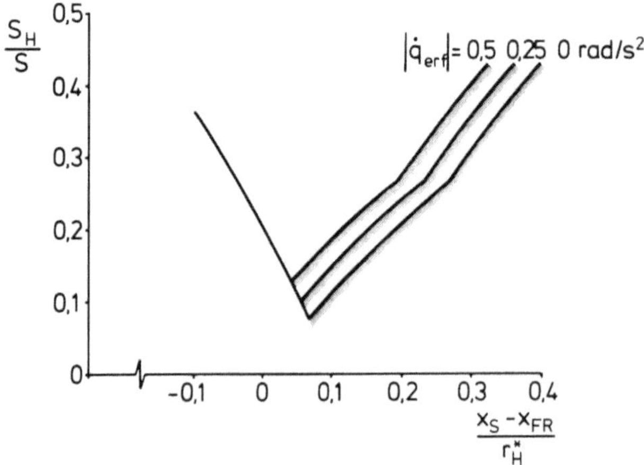

Bild 1.2.12. Einfluß der Forderung nach Nickbeschleunigungsfähigkeit auf die hintere Steuergrenze, abhängig von der bezogenen Leitwerksfläche (Daten wie Bild 1.2.6; $i_y^2/r_H^* = 1,5$ m)

Ähnlich wie an der hinteren Steuergrenze kann man auch an der vorderen Steuergrenze die Forderung nach einer bestimmten Nickbeschleunigungsfähigkeit aufstellen, die als Reserve zum Einleiten von Manövern verfügbar sein muß. Hier gelten sinngemäß die gleichen Überlegungen für die erforderliche Zusatz-Leitwerksfläche wie bei der hinteren Steuergrenze, wobei nun zu berücksichtigen ist, daß der Leitwerksauftrieb durch den Minimalwert $(C_{AH})_{min}$ gegeben ist. Damit gilt in Analogie zu (1.2.17)

$$\frac{S_H}{S} = - \frac{(C_{AFR})_{max}}{(C_{AH})_{min}} \frac{\bar{q}}{\bar{q}_H} \frac{\bar{x}_{Sv} - x_{FR} + l_\mu C_{mOFR}/(C_{AFR})_{max}}{r_H^* - (\bar{x}_{Sv} - x_{FR})} \; . \qquad (1.2.20)$$

Hier stellt

$$\bar{x}_{Sv} = x_{Sv} + \Delta x_{Sv} \qquad (1.2.21)$$

die entsprechend (1.2.19) modifizierte vordere Steuergrenze dar, die um

$$\Delta x_{Sv} = \frac{i_y^2}{g} |\dot{q}_{erf}| \qquad (1.2.22)$$

nach hinten verschoben wird. Diese Verschiebung der vorderen Steuergrenze nach hinten führt wiederum zu einer Einengung des nutzbaren S_H-x_S-Bereichs.

Besondere Probleme bei Überschallflugzeugen

Bei Überschallflugzeugen liegt eine besondere Problematik dadurch vor, daß der Neutralpunkt der Flügel-Rumpf-Kombination und (als weniger wichtiger Effekt) der Leitwerksneutralpunkt beim Übergang vom Unter- zum Überschall nach hinten wandern. Ein Beispiel dafür ist in Bild 1.2.13 dargestellt. Dies hat, wie aus dem Term x_{FR} in (1.2.10) und (1.2.14) hervorgeht, unmittelbar Konsequenzen für die Zuordnung der erforderlichen Leitwerksfläche zum zulässigen Schwerpunktbereich. Wendet man diese Beziehungen getrennt für den Unterschall- und Überschallbereich mit den jeweils gültigen Wertekombinationen an, so erhält man zwei steuerungsmäßig zulässige Bereiche. Dies ist an einem Beispiel in Bild 1.2.14 dargestellt. Daraus geht hervor, daß sich der nutzbare Bereich aus der Überlappung der beiden Einzelbereiche zusammensetzt. Für die hintere Steuergrenze ist dabei der Unterschall be-

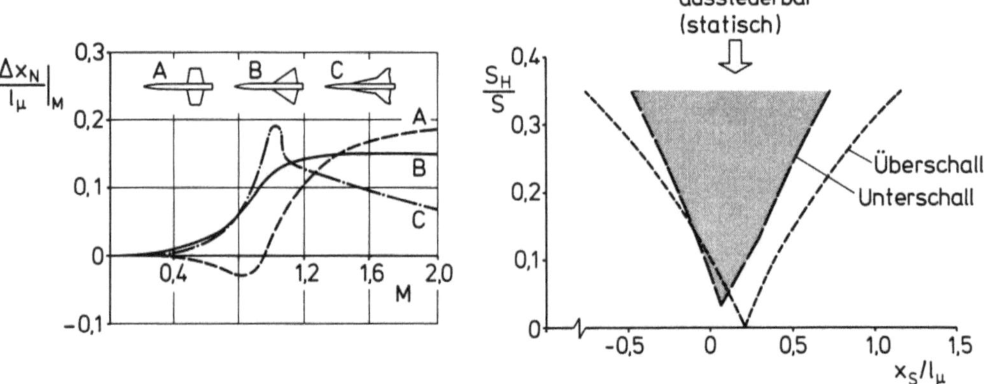

Bild 1.2.13. Einfluß der Machzahl auf die Wanderung des Flügel-Rumpf-Neutralpunkts für Flügel verschiedener Umrißform, nach (11, 13)

Bild 1.2.14. Unterschall- und Überschall-Steuergrenzen

stimmend, da die im Überschall maßgebende Grenze aufgrund der Wanderung des Flügel-Rumpf-Neutralpunktes nach hinten verschoben ist. Die vordere Steuergrenze ist durch die Hochauftriebskonfiguration des Unterschalls bzw. die Reiseflugkonfiguration des Überschalls festgelegt. Hier sind die Unterschiede weniger stark ausgeprägt, da in der Reiseflugkonfiguration - wie vorn dargelegt - der Bedarf an Leitwerksfläche reduziert ist und somit die machzahlbedingte Verschiebung des Flügel-Rumpf-Neutralpunktes geringere Auswirkungen hat.

1.2.3 Zusätzliche Bedingungen für die Leitwerksauslegung

Ergänzend zu den Betrachtungen in den Abschnitten 1.2.1 und 1.2.2 werden im folgenden weitere Einflüsse behandelt, die unter bestimmten Bedingungen für die Leitwerksauslegung maßgebend werden können.

Schubeinfluß

Schubmomente beeinflussen den Nickmomentenhaushalt und daher auch den Bedarf an den vom Leitwerk aufzubringeneden Steuermomenten. Bei tiefliegendem Triebwerk entsteht ein hecklastiges Schubmoment, zu dessen Ausgleich ein buglastiges (aerodynamisches) Steuermoment erforderlich ist. Dies führt zu einer Modifikation der hinteren Steuergrenze, die sich auf ähnliche Weise erfassen läßt wie die in Abschnitt 1.2.2 betrachtete Nickbeschleunigungsfähigkeit $\dot{q}_{erf}$. Hierzu ist es notwendig, in (1.2.15) den Drehträgheitsterm $-m\,i_y^2\,\dot{q}_{erf}$ durch das Schubmoment

$$M_F = F\,z_F \qquad\qquad (1.2.23)$$

zu ersetzen. Die so entstandene, neue Beziehung stellt dann das Momentengleichgewicht beim Vorhandensein eines Schubmomentes dar. Daraus ergibt sich nun analog zu (1.2.17) der folgende Ausdruck für die erforderliche Leitwerksfläche

$$\frac{S_H}{S} = \frac{(C_{AFR})_{max}}{(C_{AH})_{max}} \frac{\bar{q}}{\bar{q}_H} \frac{\bar{x}_{Sh} - x_{FR} + l_\mu C_{m0FR}/(C_{AFR})_{max}}{r_H^* + (\bar{x}_{Sh} - x_{FR})(C_{AH})_{min}/(C_{AH})_{max}} \quad . \qquad (1.2.24)$$

Auch hier stellt $\bar{x}_{Sh}$ eine "modifizierte" Schwerpunktlage

$$\bar{x}_{Sh} = x_{Sh} - \Delta x_{Sh} \qquad\qquad (1.2.25)$$

dar, die über

$$\Delta x_{Sh} = z_F F/(mg) \qquad\qquad (1.2.26)$$

den Schubmomenteneinfluß erfaßt. Dieses Ergebnis bedeutet, daß die hintere Steuergrenze parallel zu verschieben ist und daß sich an ihrem Verlauf sonst nichts gegenüber dem rein aerodynamisch bedingten Fall ändert. Wegen der hier betrachteten Tieflage des Triebwerks ($z_F > 0$) erfolgt – wie auch anschaulich aus der hecklastigen Wirkungsrichtung des Triebwerksmomentes hervorgeht – die Verschiebung der hinteren Steuergrenze nach vorn. Ein Beispiel hierzu ist in Bild 1.2.15 bei dem als kritischen Fall anzusehenden Maximalschub F_{max} dargestellt. Im Hinblick auf die vordere Steuergrenze bleibt festzustellen, daß auch hier das Schubmoment zu einer Verschiebung nach vorn führt und insofern eine Entlastung bedeuten würde. Da jedoch auch der Flug mit geringem Schub bzw. mit Nullschub ausgesteuert werden muß, kann eine derartige Entlastung nicht genutzt werden. Damit bestimmt das rein aerodynamisch bedingte Momentengleichgewicht als der am stärksten restriktive Fall weiterhin die vordere Steuergrenze.

Die Hochlage des Triebwerks ergibt ein buglastiges Schubmoment, dessen Auswirkungen sich sinngemäß auf die gleiche Weise erfassen lassen wie in dem obigen Fall der Triebwerkstieflage. Wegen der buglastigen Wirkungsrichtung des Schubmomentes ist nunmehr eine Modifikation der

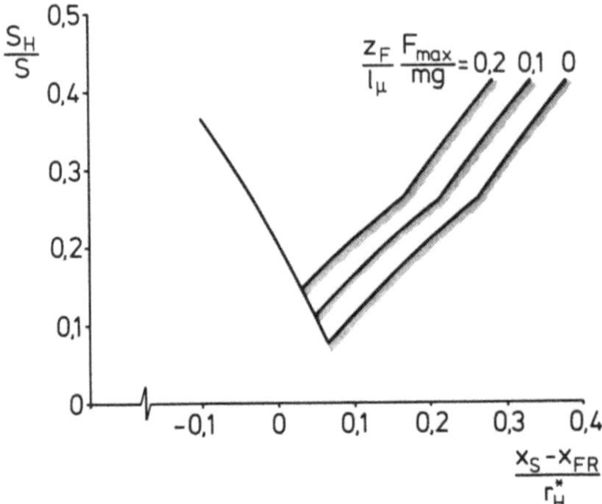

Bild 1.2.15. Einfluß des Schubmomentes auf die hintere Steuergrenze,
abhängig von der bezogenen Leitwerksfläche (Daten wie Bild 1.2.6)

vorderen Steuergrenze erforderlich. Hierfür ergibt sich in Analogie
zu (1.2.20) bis (1.2.22) eine Parallelverschiebung der vorderen Steuergrenze nach hinten um

$$\Delta x_{Sv} = -z_F F/(mg) \; .$$

(1.2.27)

Häufig treten Interferenzeinflüsse durch den Triebwerks- (bzw.
Schrauben-)strahl auf, die eine Änderung der Neutralpunktlage mit der
Schubhebelstellung bewirken. Maßgebend für die Leitwerksauslegung bei
Flugzeugen natürlicher Stabilität nach (1.2.8) ist die Schubhebel-
stellung, bei der die vorderste Neutralpunktlage auftritt.

Bodeneffekt

Der Bodeneffekt kennzeichnet die Änderung der Umströmung des Flugzeugs beim Flug in Bodennähe. Dies ergibt sowohl eine Beeinflussung
von Widerstand und Auftrieb wie auch des Moments, so daß daraus der
Bedarf an Steuermomenten des Leitwerks erhöht werden kann. Da der Flug
in Bodennähe Teil eines jeden Start- bzw. Landevorgangs ist und damit
unmittelbar den Flug mit C_{Amax} betrifft, müssen die daraus resultierenden Forderungen gegebenenfalls mit bei der Erstellung der Steuergrenzen berücksichtigt werden.

Rotieren beim Start von Bugradflugzeugen

Als Rotieren bezeichnet man beim Start-Rollvorgang von Bugradflugzeu-
gen die Nick-Drehbewegung um das Hauptfahrwerk zur Vergrößerung des
Anstellwinkels auf den Wert beim Abheben. Die für die Nick-Drehbewegung erforderlichen Momente müssen vom Leitwerk aufgebracht werden
und können daher für die Dimensionierung der Leitwerksfläche bestimmend sein. Maßgebend ist die Momentenbilanz zu Beginn des Rotiervor-
gangs, da hier der größte Bedarf an Leitwerkssteuermomenten vorhanden
ist.

Im Augenblick des Rotierbeginns, der bei einer bestimmten, als Ro-
tiergeschwindigkeit V_R bezeichneten Geschwindigkeit erfolgt, erhält
man mit den Bezeichnungen nach Bild 1.2.16 für die Momentenbilanz um
den Flugzeugschwerpunkt (unter der vereinfachenden Annahme, daß
Schub und Widerstand im Schwerpunkt angreifen):

$$(A_{FR})_{Roll}(x_S-x_{FR})+M_{0FR}-N_{FW}(x_{FW}-x_S+\mu_R z_{FW})+A_{Hmin}\left(r_H^*-(x_S-x_{FR})\right) = 0 \; .$$

$$(1.2.28)$$

Dabei stellt $(A_{FR})_{Roll}=(C_{AFR})_{Roll}S\,\bar{q}_R$ den Auftrieb der Flügel-Rumpf-
Anordnung mit dem Auftriebsbeiwert des Start-Rollvorgangs $(C_{AFR})_{Roll}$
dar, der mit Rücksicht auf geringen Widerstand und geringe Rollrei-
bungskräfte während des beschleunigten Rollvorgangs gewählt wird.

Das bahnsenkrechte Kräftegleichgewicht liefert folgende Beziehung für
die Auflagekraft am Hauptfahrwerk

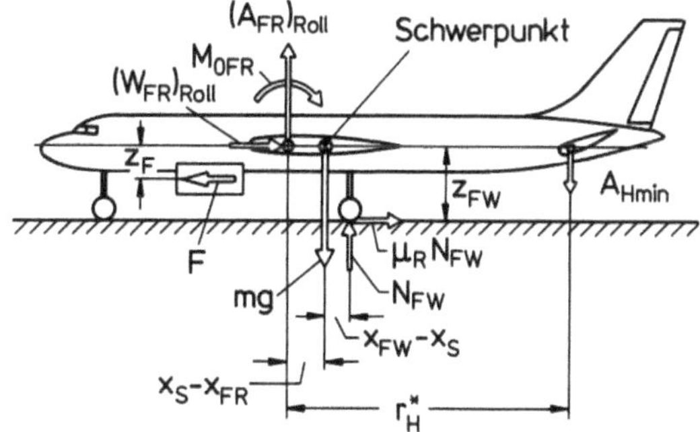

Bild 1.2.16. Bezeichnungen zur Bestimmung der Momentenbilanz beim
Rotieren

$$N_{FW} = mg - \left((A_{FR})_{Roll} - A_{Hmin} \right) \cdot \tag{1.2.29}$$

Eingesetzt in (1.2.28), wird mit der Abkürzung $\Delta x_{FW} = x_{FW} - x_S + \mu_R z_{FW}$

$$(A_{FR})_{Roll}(x_S - x_{FR} + \Delta x_{FW}) + M_{0FR} - mg\,\Delta x_{FW} + A_{Hmin}(r_H^* - x_S + x_{FR} - \Delta x_{FW}) = 0. \tag{1.2.30}$$

Für die weiteren Betrachtungen sei vorausgesetzt, daß die Rotierge-
schwindigkeit um den Faktor k_R größer als die Minimalgeschwindigkeit
V_S sei, d.h. es gilt

$$V_R = k_R V_S \cdot \tag{1.2.31}$$

Dann wird wegen $mg = C_{Amax} S \frac{\rho}{2} V_S^2$ mit C_{Amax} als dem maximalen Auftriebsbeiwert der Startkonfiguration

$$mg = \frac{C_{Amax}}{k_R^2}\, \bar{q}_R S \cdot \tag{1.2.32}$$

Setzt man (1.2.32) in (1.2.30) ein und dividiert durch $\bar{q}_R S$, so erhält
man für die Momentenbilanz in Beiwertform

$$(C_{AFR})_{Roll}(x_S - x_{FR} + \Delta x_{FW}) + C_{m0FR}\frac{1}{\mu} - \frac{C_{Amax}}{k_R^2}\Delta x_{FW} + (C_{AH})_{min}\frac{\bar{q}_H}{\bar{q}_R}\frac{S_H}{S}(r_H^* - x_S + x_{FR} - \Delta x_{FW}) =$$

$$\tag{1.2.33}$$

Berücksichtigt man nun die an der vorderen Steuergrenze gültige Beziehung

$$C_{Amax} = (C_{AFR})_{max} - (C_{AH})_{min}\frac{\bar{q}_H}{\bar{q}_R}\frac{S_H}{S} \, ,$$

so läßt sich die für das Rotieren erforderliche Leitwerksfläche folgendermaßen darstellen

$$\frac{S_H}{S} = \frac{(C_{AFR})_{max}}{(C_{AH})_{min}}\frac{\bar{q}_R}{\bar{q}_H}\;\frac{\dfrac{\Delta x_{FW}}{k_R^2} - (x_S - x_{FR} + \Delta x_{FW})\dfrac{(C_{AFR})_{Roll}}{(C_{AFR})_{max}} - \dfrac{1}{\mu}\dfrac{C_{m0FR}}{(C_{AFR})_{max}}}{r_H^* - (x_S - x_{FR}) - \Delta x_{FW}(1 - 1/k_R^2)} \cdot$$

$$\tag{1.2.34}$$

Diese Beziehung macht deutlich, daß die zum Rotieren benötigte Leitwerksfläche um so größer ist, je geringer der Auftriebsbeiwert
$(C_{AFR})_{Roll}$ während des Rollvorgangs ist. Dieser Auftriebsbeiwert ist

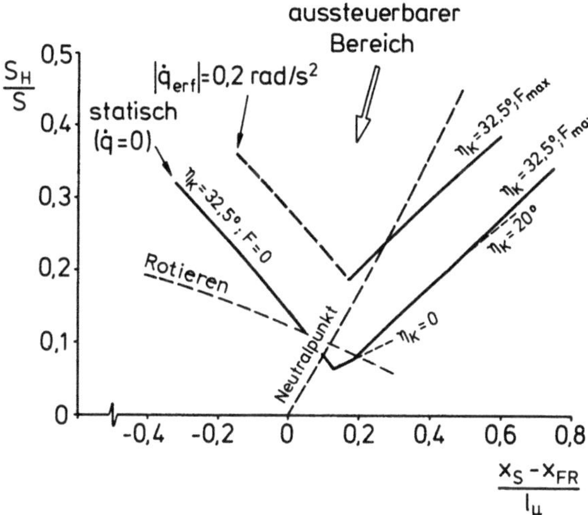

Bild 1.2.17. Einfluß der Steuerungs- und Rotierbarkeitsforderungen
auf die Steuergrenze für ein Unterschall-Verkehrsflugzeug, abhängig
von der bezogenen Leitwerksfläche

jedoch festgelegt, und zwar dadurch, daß die bestmögliche Beschleunigung während des Rollvorgangs erreicht wird, (3). Ungünstig wirkt
sich insbesondere eine Vergrößerung des Abstands zwischen Hauptfahrwerk und Schwerpunkt Δx_{FW} aus.

Ergänzend sei erwähnt, daß auch beim Rotieren der Schub zu berücksichtigen ist, sofern er eine Hochlage relativ zum Schwerpunkt aufweist. Dies gilt insbesondere auch deshalb, weil der Startvorgang mit
Maximalschub erfolgt. Bei einer Tieflage des Triebwerks unterstützt
demgegenüber der Schub das Leitwerkssteuermoment. Ein Beispiel für
den Einfluß der Rotierforderungen auf die erforderliche Leitwerksfläche ist in Bild 1.2.17 gezeigt. Darüber hinaus macht dieses Bild zusammenfassend auch die anderen Steuerforderungen deutlich, die die
Auslegung des Leitwerks eines Unterschall-Transportflugzeuges bestimmen.

Schwerpunktbegrenzung durch die Lage des Hauptfahrwerks

Bei Transportflugzeugen wird häufig das Hauptfahrwerk im Bereich von
Flügelkasten und Rumpf angeordnet, da dies sowohl aus aerodynamischer
Sicht (kein Zusatzwiderstand durch spezielle Fahrwerksverkleidungen
am Rumpf) oder auch aus Gründen der besseren Raumausnutzung des Rump-

fes zweckmäßig ist. In diesen Fällen bestimmt die geometrische Zuordnung des Flügelmittelteils zum Rumpf die Lage des Hauptfahrwerks. Bei dieser Wahl des Anbringungsortes muß gewährleistet sein, daß das Hauptfahrwerk einen bestimmten Mindestabstand zum Schwerpunkt nicht unterschreitet, da das Bugradfahrwerk für eine ausreichende Stabilität der Rollbewegung am Boden nicht zu stark entlastet werden darf. Man rechnet für die Bugradbelastung mit einem Mindestwert von etwa 4 % des Gesamtgewichts. Die Erzielung dieser Bugradbelastung bei Berücksichtigung des oben geschilderten Anbringungsortes des Hauptfahrwerks kann zu Schwierigkeiten führen, wenn der Schwerpunkt wie bei dem Verzicht auf Eigenstabilität sehr weit hinten liegen soll (vgl. hierzu auch (16, 32, 43)). Hierbei ist insbesondere auch das hecklastige Moment tiefliegender Triebwerke zu berücksichtigen, das mit dem Vollschub der Startkonfiguration als dem kritischen Fall eine weitere Verschiebung der Hauptfahrwerkslage nach hinten erforderlich macht.

1.3 Getrimmter Widerstand

1.3.1 Allgemeines

Die bisherigen Betrachtungen führten zur Ermittlung des zulässigen Schwerpunktbereichs und zeigten die unterschiedlichen Verhältnisse für Flugzeugkonfigurationen mit natürlicher und künstlicher Stabilität auf. Die Frage stellt sich nun, welche Möglichkeiten sich aus dem Verzicht auf natürliche Stabilität für die Verbesserung der Flugleistungen ergeben und wie der leistungsoptimale Schwerpunktbereich dem durch Steuerungsanforderungen bedingten angepaßt werden kann. Hierbei interessiert als erstes die Verringerung des Widerstandes. Die folgenden Fragen sind dabei von vorrangiger Bedeutung:

- Minimalwiderstand des Gesamtflugzeugs im ausgetrimmten Zustand

- Widerstandsoptimale Schwerpunktlage (als die dem getrimmten Minimalwiderstand zugeordnete Schwerpunktlage)

- Widerstandszunahme bei (den im praktischen Betrieb unvermeidlichen) Abweichungen der tatsächlichen von der widerstandsoptimalen Schwerpunktlage

Ziel wird es hierbei sein, die maßgeblichen Einflußgrößen in expliziter Form darzustellen und damit einen besseren Einblick in die Zusammenhänge zur Bewertung eines Entwurfs zu erreichen. Eine Zusammenstellung von Untersuchungen über den getrimmten Widerstand und über Verbesserungsmöglichkeiten ist unter (1, 9, 10, 12, 14, 16-27, 29-31, 34-39, 42, 45) angegeben.

1.3.2 Getrimmter Widerstand des Gesamtflugzeugs

Ausgangspunkt der Untersuchung ist die Widerstandsbilanz. Sie kann in der folgenden Form dargestellt werden

$$C_W = C_{W,OFR} + k_{FR}(C_{AFR} - C_{A,OFR})^2 + \frac{\overline{q}_H}{\overline{q}} \frac{S_H}{S} (C_{WOH} + k_H C_{AH}^2) + C_{WInt} \;.$$

$$(1.3.1)$$

Darin stellt der Term C_{WInt} den Interferenzwiderstand zwischen der Flügel-Rumpf-Kombination und dem Leitwerk dar, der durch die gegenseitige Induktionswirkungen der beiderseitigen Zirkulationsverteilungen entsteht. Wie in Anhang A 1 hergeleitet ist, kann er für den Unterschallbereich in der folgenden Form dargestellt werden:

$$C_{WInt} = \frac{\overline{q}_H}{\overline{q}} \frac{S_H}{S} \overline{\alpha}_{w\infty} C_{AH} \qquad (M < 1) \;. \qquad (1.3.2)$$

Der Term $\overline{\alpha}_{w\infty}$ stellt darin den Abwind dar, der vom Flügel im <u>Unendlichen</u> induziert wird. Im Überschallbereich ist eine andere Beziehung gültig. Hier können sich Störungen nicht nach vorn ausbreiten, so daß das Leitwerk keine Rückwirkung auf den Flügel hat. Dementsprechend ist dann der <u>örtliche</u> Abwindwinkel $\overline{\alpha}_w$ wirksam (vgl. auch hierzu Anhang A 1), so daß gilt

$$C_{WInt} = \frac{\overline{q}_H}{\overline{q}} \frac{S_H}{S} \overline{\alpha}_w C_{AH} \qquad (M > 1) \;. \qquad (1.3.3)$$

Für die weitere Behandlung sei vorausgesetzt, daß der Abwind aus zwei Anteilen besteht, von denen der eine konstant ist und der andere eine linear von C_{AFR} abhängige Funktion darstellt. Daraus ergibt sich

$$\overline{\alpha}_{w\infty} = (\overline{\alpha}_{w\infty})_0 + (\overline{\alpha}_{w\infty})_A \;, \qquad (1.3.4)$$

wobei mit dem als konstant anzusehenden Gradienten $\partial\overline{\alpha}_w/\partial C_{AFR}$ gilt

$$(\overline{\alpha}_{w\infty})_A = \frac{\partial \overline{\alpha}_{w\infty}}{\partial C_{AFR}}\, C_{AFR} \cdot \qquad (1.3.5)$$

Der Nullabwind $(\overline{\alpha}_{w\infty})_0$ kann zum Beispiel durch eine Verwindung des
Flügels entstehen. Dies läßt sich anschaulich dadurch erklären, daß
bei verschwindendem Gesamtauftrieb der Innenteil des Flügels einen
positiven Auftrieb und der Außenteil einen negativen Auftrieb hat.

Im Überschallbereich gelte sinngemäß die gleiche Aufteilung für den
örtlichen Abwindwinkel, so daß

$$\overline{\alpha}_w = (\overline{\alpha}_w)_0 + (\overline{\alpha}_w)_A \cdot \qquad (1.3.6)$$

Dem Widerstandsanteil der Flügel-Rumpf-Kombination in (1.3.1) liegt
ein unsymmetrischer Verlauf zugrunde, bei dem der Term $C_{A,0FR}$ den
Auftriebsbeiwert beim Minimum der Widerstandspolaren kennzeichnet.
Dies ist in Bild 1.3.1 erläutert. Die Unsymmetrie ist eine Folge der
Wölbung des Flügelprofils sowie der Verwindung. Dem Verlauf des Pro-
filwiderstands liegt hier ein quadratischer Ansatz in Abhängigkeit
vom Auftriebsbeiwert zugrunde.

Die Kernfrage im Hinblick auf die Widerstandsbilanz besteht nun darin,
wie der Auftrieb auf Flügel und Leitwerk zu verteilen ist (d.h. wie
groß C_{AFR} und C_{AH} zu wählen sind), damit der Gesamtwiderstand zu einem Minimum wird. Hierbei sind zwei Bedingungen zu berücksichtigen.
Erstens ist von dem Gleichgewicht der bahnnormalen Kräfte auszugehen,
d.h. mit Rücksicht auf das Fluggewicht von einem festen Wert des Ge-

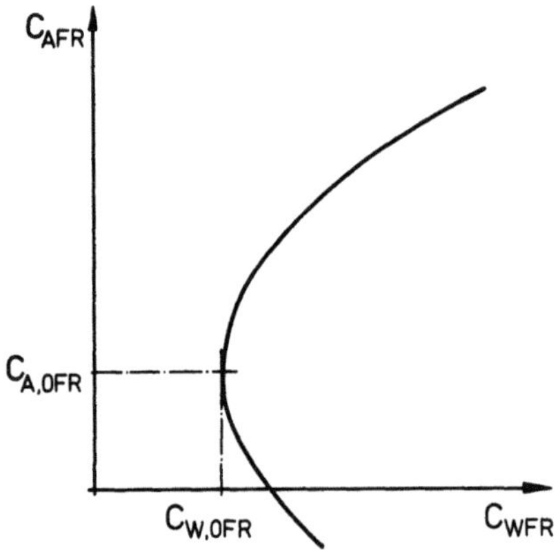

Bild 1.3.1. Unsymmetrische Flugzeugpolare

samtauftriebs. Zweitens ist zu fordern, daß das Flugzeug sich im Momentengleichgewicht $\Sigma M = 0$ befindet, d.h. in einem ausgetrimmten Zustand. Diese beiden Bedingungen müssen in die Widerstandsbilanz (1.3.1) eingearbeitet werden. Die erste Bedingung kann in der folgenden Form dargestellt werden (mit $\cos\bar{\alpha}_w \approx 1$ und $|W_H \sin\bar{\alpha}_w| << |A_H \cos\bar{\alpha}_w|$)

$$A = A_{FR} + A_H = \text{const}$$

oder nach Übergang auf die Beiwertschreibweise (mit $A_{FR} = C_{AFR}\,\bar{q}\,S$ und $A_H = C_{AH}\bar{q}_H S_H$)

$$C_A = C_{AFR} + \frac{\bar{q}_H}{\bar{q}}\,\frac{S_H}{S}\,C_{AH} = \text{const} . \qquad (1.3.7)$$

Die zweite Bedingung stellt das Momentengleichgewicht gemäß (1.2.1) bzw. (1.2.3) dar, das unter Verwendung von r_H^* nach (1.2.7) folgendermaßen lautet

$$C_m = C_A \frac{x_S - x_{FR}}{l_\mu} + C_{m0FR} - C_{AH} \frac{\bar{q}_H}{\bar{q}}\,\frac{S_H}{S}\,\frac{r_H^*}{l_\mu} = 0 . \qquad (1.3.8)$$

Aus (1.3.7) und (1.3.8) lassen sich C_{AFR} und C_{AH} in einfacher Weise als Funktionen von C_A ausdrücken. Mit dem Schwerpunktfaktor

$$F(x_S) = \frac{x_S - x_{FR}}{r_H^*} + \frac{C_{m0FR}}{C_A}\,\frac{l_\mu}{r_H^*} \qquad (1.3.9)$$

folgt:

$$C_{AFR} = \left(1 - F(x_S)\right)C_A ,$$

$$\qquad (1.3.10)$$

$$C_{AH} = F(x_S)\,\frac{\bar{q}}{\bar{q}_H}\,\frac{S}{S_H}\,C_A .$$

Bevor nun die Teilauftriebe C_{AFR} und C_{AH} in der Widerstandsgleichung (1.3.1) eliminiert werden, ist es zweckmäßig, die folgenden reduzierten Abwindfaktoren einzuführen

$$\alpha_{wA}^* = \frac{(\bar{\alpha}_{w\infty})_A}{2k_{FR}C_{AFR}} = \frac{\partial\bar{\alpha}_{w\infty}/\partial C_{AFR}}{2k_{FR}} , \qquad (1.3.11a)$$

$$\alpha_{w0}^* = \frac{(\bar{\alpha}_{w\infty})_0}{2k_{FR}} . \qquad (1.3.11b)$$

Die Definition (1.3.11a) wurde gewählt, damit der Abwindterm α_{wA}^* –
wegen des konstanten Gradienten $\partial\bar{\alpha}_{w\infty}/\partial C_{AFR}=$const – nun eine Konstante
darstellt und damit ebenso behandelt werden kann wie der ohnehin aus
Konstanten bestehende Term α_{w0}^*. Entsprechendes gilt auch für den
Überschallbereich, bei dem die reduzierten Abwindfaktoren mit dem
örtlichen Abwindwinkel gebildet werden. Hier erhält man mit (1.3.6)

$$\alpha_{wA}^* = \frac{(\bar{\alpha}_w)_A}{2k_{FR}C_{AFR}} = \frac{\partial\bar{\alpha}_w/\partial C_{AFR}}{2k_{FR}} \, , \tag{1.3.11c}$$

$$\alpha_{w0}^* = \frac{(\bar{\alpha}_w)_0}{2k_{FR}} \, . \tag{1.3.11d}$$

Mit den so definierten reduzierten Abwindfaktoren ist es auch möglich,
den Interferenzwiderstand in einer Form auszudrücken, die sowohl für
den Unterschall- als auch für den Überschallbereich verwendbar ist.
Mit (1.3.2) bzw. (1.3.3) gilt dann

$$C_{WInt} = 2 \, \frac{\bar{q}_H}{\bar{q}} \, \frac{S_H}{S} \, k_{FR}C_{AH}\left(\alpha_{w0}^* + \alpha_{wA}^*C_{AFR}\right) \, . \tag{1.3.12}$$

Ersetzt man C_{AH} und C_{AFR} durch C_A gemäß (1.3.10), so folgt

$$C_{WInt} = 2k_{FR}\left\{\alpha_{w0}^* + C_A\alpha_{wA}^*(1 - F(x_S))\right\} F(x_S)C_A \, . \tag{1.3.13}$$

Für den Gesamtwiderstand liefert dann (1.3.1) unter Verwendung von
(1.3.10) und (1.3.13)

$$C_W = C_{W,0} + k_{FR}C_A^2\left(1 - F(x_S) - C_{A,0FR}/C_A\right)^2 + \frac{\bar{q}}{\bar{q}_H} \, \frac{S}{S_H} \, C_A^2 k_H F^2(x_S)$$

$$+ 2k_{FR}C_A F(x_S)\left(\alpha_{w0}^* + \alpha_{wA}^*C_A(1 - F(x_S))\right) \, , \tag{1.3.14}$$

mit

$$C_{W,0} = C_{W,0FR} + \frac{\bar{q}_H}{\bar{q}} \, \frac{S_H}{S} \, C_{W0H} \, . \tag{1.3.15}$$

1.3.3 Getrimmter Minimalwiderstand

Beziehung für den getrimmten Minimalwiderstand

Die Beziehung (1.3.14) stellt den getrimmten (d.h. momentenfreien)
Widerstand des Flugzeugs in Abhängigkeit von der Schwerpunktlage dar.
Der Gesamtauftrieb $A=C_A\,\overline{q}\,S$ ist hierbei konstant, da die Herleitung
unter der Bedingung C_A=const erfolgte und die Bezugsfläche S einen
festen Wert darstellt. Der Aufbau der Beziehung (1.3.14) zeigt nun,
daß der getrimmte Widerstand quadratisch von der Schwerpunktlage abhängt. Dies ist an einem Beispiel in Bild 1.3.2 veranschaulicht. Das
Bild macht deutlich, daß im ersten Teil des gezeigten Schwerpunktbereichs der Widerstand bei einer Rückverlegung des Schwerpunktes abnimmt, bis das Minimum des getrimmten Widerstandes erreicht wird. Danach tritt wieder eine Zunahme ein. Besonders wichtig ist das Minimum
des getrimmten Widerstandes und die zugeordnete, als widerstandsopti-
mal bezeichnete Schwerpunktlage. Das Minimum ergibt sich bei Verwendung des oben eingeführten Schwerpunktfaktors aus

$$\frac{dC_W}{dx_S} = \frac{dC_W}{dF(x_S)}\,\frac{dF(x_S)}{dx_S} = 0 \ .$$

Die Auswertung dieser Beziehung liefert

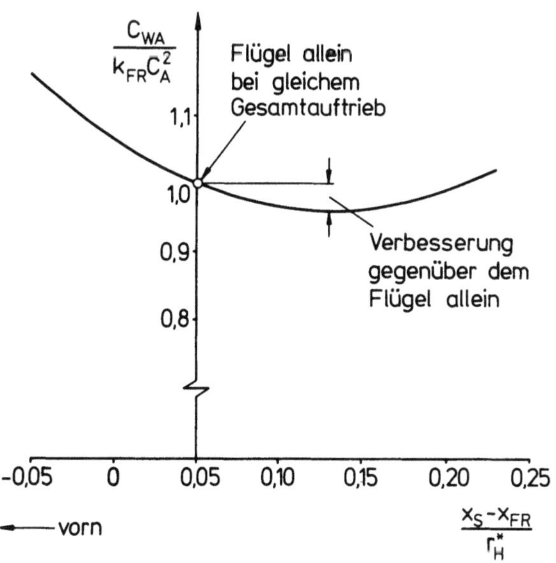

Bild 1.3.2. Abhängigkeit des getrimmten Widerstandes von der Schwerpunktlage (α_{wA}^*=0,5; b_H/b=0,4; α_{wO}^*=0; $C_{A,OFR}$=0)

$$F(x_S)\Big|_{C_{Wmin}} = \frac{1 - \alpha_{wA}^* - (C_{A,OFR} + \alpha_{w0}^*)/C_A}{1 + (\overline{q}/\overline{q}_H)(S/S_H)k_H/k_{FR} - 2\alpha_{wA}^*} \quad . \tag{1.3.16}$$

Setzt man diese Beziehung in (1.3.14) ein, so erhält man den getrimmten Minimalwiderstand, der sich in der folgenden Form darstellen läßt

$$C_{Wmin} = C_{W,0} + (C_{WA})_{min} \tag{1.3.17a}$$

mit dem Minimalwert für den auftriebsabhängigen Widerstand

$$(C_{WA})_{min} = k_{FR}C_A^2 \left\{ \left(1 - \frac{C_{A,OFR}}{C_A}\right)^2 - \frac{\left(1 - \alpha_{wA}^* - (C_{A,OFR} + \alpha_{w0}^*)/C_A\right)^2}{1 + (\overline{q}/\overline{q}_H)(S/S_H)k_H/k_{FR} - 2\alpha_{wA}^*} \right\} \quad .$$

$$\tag{1.3.17b}$$

Eine weitere Umformung von (1.3.17b) für den Unterschall ist möglich, wenn man die im folgenden angegebenen Beziehungen verwendet. Für die Widerstandsfaktoren k_{FR} und k_H gilt

$$k_{FR} = \frac{1}{\pi e_{FR}\Lambda} \quad ,$$

$$\tag{1.3.18}$$

$$k_H = \frac{1}{\pi e_H \Lambda_H} \quad .$$

Die Wirksamkeitsfaktoren e_{FR} und e_H kennzeichnen darin die Abweichungen von dem möglichen Minimalwert, der sich bei elliptischer Auftriebsverteilung mit $e_{FR}=1$ und $e_H=1$ ergibt[1]. Definiert man

$$e_{rel} = \frac{\overline{q}}{\overline{q}_H} \frac{e_{FR}}{e_H} \quad , \tag{1.3.19}$$

so vereinfacht sich mit $\Lambda = b^2/S$ und $\Lambda_H = b_H^2/S_H$ der im Nenner von (1.3.17b) auftretende Ausdruck zu

$$\frac{\overline{q}}{\overline{q}_H} \frac{S}{S_H} \frac{k_H}{k_{FR}} = e_{rel}\left(\frac{b}{b_H}\right)^2 \quad . \tag{1.3.20}$$

Damit läßt sich der auftriebsabhängige Minimalwiderstand des ausgetrimmten Zustands in der folgenden Form darstellen:

---

[1] Die Wirksamkeitsfaktoren e_{FR} und e_H hängen eng mit der von Glauert, (8), S. 137 angegebenen Größe δ zusammen: $e=1/(1+\delta)$

$$(C_{WA})_{min} = k_{FR}C_A^2 \left\{ \left(1 - \frac{C_{A,OFR}}{C_A}\right)^2 - \frac{\left(1 - \alpha_{wA}^* - (C_{A,OFR} + \alpha_{w0}^*)/C_A\right)^2}{1 + e_{rel}(b/b_H)^2 - 2\alpha_{wA}^*} \right\} \; .$$

$$(1.3.21)$$

Als erstes zeigt nun (1.3.21), daß der auftriebsabhängige Minimalwiderstand der Kombination aus Flügel und Leitwerk kleiner ist als
der auftriebsabhängige Widerstand einer Konfiguration, die aus dem
Flügel allein (d.h. ohne Leitwerk) besteht und den gleichen Gesamtauftrieb erzeugt[2]. In der Beziehung von (1.3.21) äußert sich dies
darin, daß der zweite Teil des Klammerausdrucks nicht negativ sein
kann, da der Zähler quadratisch und der Nenner für alle praktisch
interessierenden Fälle positiv ist. Als Beispiel hierfür ist in
Bild 1.3.3 der Verlauf des auftriebsabhängigen Minimalwiderstandes

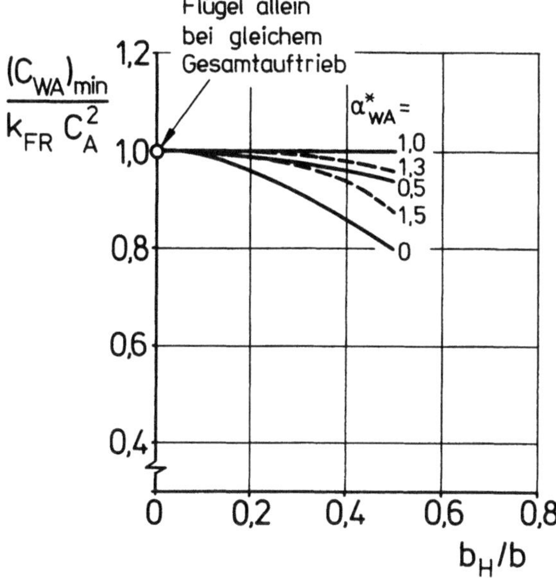

Bild 1.3.3. Auftriebsabhängiger Minimalwiderstand, abhängig von dem
Abwindfaktor α_{wA}^* und der Leitwerksspannweite b_H/b ($\alpha_{w0}^*=0$; $C_{A,OFR}=0$)

---

[2] Dieses Ergebnis entspricht unmittelbar dem Ergebnis der Tragflügeltheorie von Prandtl [33], angewandt auf Doppeldeckeranordnungen.
Danach hat - für einen gegebenen Auftrieb - ein Doppeldecker einen
kleineren induzierten Widerstand als ein Eindecker gleicher Spannweite. Dem Doppeldecker entspricht hier die Konfiguration aus Flügel und Leitwerk.

in Abhängigkeit von der Leitwerksspannweite dargestellt. Daraus geht
hervor, daß der auftriebsabhängige Minimalwiderstand um so kleiner
ist, je größer die Leitwerksspannweite b_H ist. Die Beziehung von
(1.3.21) macht deutlich, daß - in bezug auf eine Bewertung der einzelnen Leitwerksparameter - bei Unterschallgeschwindigkeiten nur die
Leitwerksspannweite und, bedingt durch den Abwindeinfluß, auch die
Leitwerkshochlage eine Rolle spielen. Hervorzuheben ist dabei, daß
im Unterschallbereich die Leitwerksrücklage <u>keinen</u> Einfluß auf den
auftriebsabhängigen Minimalwiderstand hat, da hier die Abwindfakto-
ren α^*_{wA} und α^*_{w0} den Abwindverhältnissen im Unendlichen entsprechen
und nicht dem örtlichen Abwind. Nur im Überschallflug ist ein Einfluß
der Leitwerksrücklage vorhanden, da nunmehr die Abwindfaktoren α^*_{wA}
und α^*_{w0} den örtlichen Abwind beschreiben.

Als eine weitere Haupteinflußgröße für den auftriebsabhängigen Minimalwiderstand ist - wie ebenfalls aus Bild 1.3.3 deutlich wird - der
Abwind anzusehen. Dabei ist bemerkenswert, daß das Leitwerk nicht nur
für kleine Abwindfaktoren α^*_{w0} und α^*_{wA}, sondern auch für große Werte
eine Verbesserung in gleicher Größenordnung gegenüber dem für sich
allein betrachteten Flügel bringt. Die Verbesserungen sind um so
größer, je mehr α^*_{wA} von dem aus (1.3.21) folgenden Wert

$$\alpha^*_{wA} = 1 - \frac{c_{A,0FR} + \alpha^*_{w0}}{c_A} \qquad (1.3.22a)$$

abweicht.

Dieses Ergebnis läßt für den wichtigen Sonderfall des unverwundenen
Flügels mit symmetrischem Profil, d.h. für

$$c_{A,0FR} = 0 \quad \text{und} \quad \alpha^*_{w0} = 0 \, ,$$

eine interessante Deutung zu. Hier reduziert sich nämlich der Wert
von (1.3.22a) auf

$$\alpha^*_{wA} = 1 \, . \qquad (1.3.22b)$$

Dieser Wert kennzeichnet bei einer Konfiguration, bei der Flügel und
Leitwerk koplanar (relativ zur Wirbelschleppe) angeordnet sind, den
Fall der elliptischen Zirkulationsverteilung. Hier gilt nämlich für
den Abwind

$$(\overline{\alpha}_{w\infty})_A = \frac{2C_{AFR}}{\pi \Lambda}$$

sowie

$$k_{FR,Ell} = \frac{1}{\pi \Lambda} \; ,$$

so daß sich mit $\alpha^*_{wA}=(\overline{\alpha}_{w\infty})_A/(2k_{FR}C_{AFR})$ der obengenannte Wert von

$$\alpha^*_{wA} = 1$$

ergibt. In diesem Fall ist es nicht möglich, durch Hinzufügen des Leitwerks eine Verbesserung zu erzielen (vgl. auch die Darstellung von Bild 1.3.3). Es sei jedoch hervorgehoben, daß dies nur bei koplanarer Anordnung gilt. Hat das Leitwerk eine Hoch- oder Tieflage relativ zur Wirbelschleppe, so gilt auch bei elliptischer Flügel-Zirkulationsverteilung $\alpha^*_{wA}\neq 1$. Daher kann hier das Leitwerk wiederum zu einer Verbesserung führen.

Ergänzend sei zu Bild 1.3.3 erwähnt, daß der dort verwendete Bezugswert $k_{FR}C_A^2$ den auftriebsabhängigen Widerstand des Flügels für den Fall darstellt, bei dem der Flügel allein den gleichen Gesamtauftrieb erzeugt wie die Kombination aus Flügel und Leitwerk. In diesem Fall gilt nämlich $C_{AFR}=C_A$ und damit $C_{WA}=k_{FR}C_A^2$.

Optimaler Leitwerksauftrieb

Der durch (1.3.22a) beschriebene Wert $\alpha^*_{wA}=1-(C_{A,0FR}+\alpha^*_{w0})/C_A$, bei dem die induzierte Widerstandscharakteristik durch Hinzufügen des Leitwerks nicht verbessert werden kann, stellt auch das Kriterium dar, ob das Leitwerk einen positiven oder negativen Auftrieb erzeugen muß, damit es in optimaler Weise zur Gesamt-Widerstandsbilanz beiträgt. Dies wird durch den optimalen Wert A_{Hopt} des Leitwerksauftriebs deutlich, der sich ebenfalls aus der Minimalbedingung $dC_W/dx_S=0$ bzw. $dC_W/dF(x_S)=0$ und damit aus $F(x_S)\big|_{C_{Wmin}}$ ergibt. Berücksichtigt man diesen Wert in (1.3.10), so erhält man mit $A_H=C_{AH}\overline{q}_H S_H$ und $A=C_A\overline{q}\,S$ die folgende Beziehung für den optimalen Leitwerksauftrieb (Unterschall):

$$\frac{A_{Hopt}}{A} = F(x_S)\bigg|_{C_{Wmin}} = \frac{1 - \alpha^*_{wA} - (C_{A,0FR} + \alpha^*_{w0})/C_A}{1 + e_{rel}(b/b_H)^2 - 2\alpha^*_{wA}} \; . \qquad (1.3.23)$$

Der Verlauf des optimalen Leitwerksauftriebs ist am Beispiel des oben
behandelten Sonderfalles $\alpha^*_{w0}=0$ und $C_{A,0FR}=0$ in Bild 1.3.4 dargestellt.
Daraus wird deutlich, daß bei kleinen Abwindfaktoren $\alpha^*_{wA}<1$ das Leitwerk einen positiven Auftrieb erzeugen muß, während bei großen Abwindfaktoren $\alpha^*_{wA}>1$ ein negativer Auftrieb am Leitwerk erforderlich
ist. Hierbei zeigt sich, daß das Leitwerk um so stärker belastet wer-
den muß, je mehr der Abwind von $\alpha^*_{wA}=1$ (bzw. von $\alpha^*_{wA}=1-(C_{A,0FR}+\alpha^*_{w0})/C_A)$
abweicht und/oder je größer die Leitwerksspannweite ist.

Die Tatsache, daß ein negativer Leitwerksauftrieb eine Verringerung
der Gesamtwiderstandsbilanz ermöglicht, bedarf einer besonderen Erläuterung. Dies gilt insbesondere deshalb, weil der negative Leitwerksauftrieb - zur Konstanthaltung eines bestimmten Gesamtauftriebs -
dazu führt, daß der Flügel einen gleich großen Zusatzauftrieb erzeugen muß, der zu einer Vergrößerung des Flügelwiderstandes führt. Eine
anschauliche Erläuterung der Frage, weshalb trotzdem der Gesamtwiderstand verringert wird, ist anhand der Darstellung von Bild 1.3.5 möglich. Dort ist gezeigt, daß der Auftriebsvektor des Leitwerks, der
senkrecht auf der örtlichen Anströmrichung steht, um den Abwindwinkel
geneigt ist, so daß er eine Komponente in Flugrichtung liefert. Diese
Komponente wirkt bei negativem Leitwerksauftrieb nach vorn, d.h. sie
ist dem Widerstand entgegengerichtet. Aus der Darstellung von Bild
1.3.5 wird unmittelbar deutlich, daß - für einen vorgegebenen Leitwerksauftrieb - diese Komponente um so größer ist, je größer der Abwindwinkel ist. Sie überwiegt die Widerstandszunahme des Flügels,

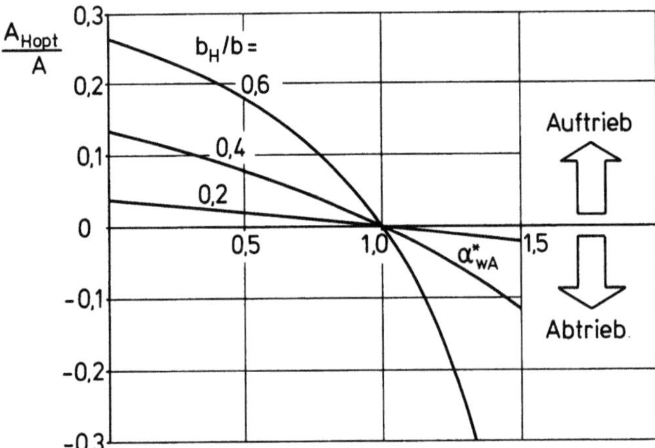

Bild 1.3.4. Optimaler Leitwerksauftrieb, abhängig vom Abwindfaktor
α^*_{wA} und der bezogenen Leitwerksspannweite b_H/b ($\alpha^*_{w0}=0$; $C_{A,0FR}=0$)

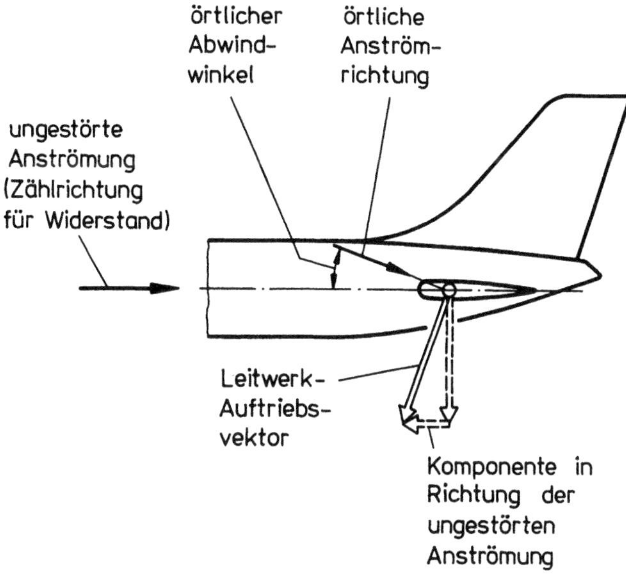

Bild 1.3.5. Erläuterung zur Widerstandsverminderung durch negativen Leitwerksauftrieb

wenn der Abwind den oben beschriebenen Wert $\alpha^*_{wA}=1-(C_{A,0FR}+\alpha^*_{w0})/C_A$ übersteigt. Dies bedeutet dann, daß der negative Leitwerksauftrieb eine Verringerung des Gesamtwiderstandes ermöglicht.

Eine Deutung aus anderer Sicht ist mit Hilfe des Munkschen Verschiebungsatzes möglich. Dieser sagt aus, daß der induzierte Widerstand unabhängig ist von der Zirkulationsverteilung in Längsrichtung. Wendet man diesen Satz auf die Verteilung der Zirkulation - d.h. des Auftriebs - auf Flügel und Leitwerk bei koplanarer Anordnung an, so kann man die folgenden, im Bild 1.3.6 gezeigten Fälle unterscheiden. Ausgangspunkt ist der Fall elliptischer Zirkulationsverteilung des Flügels (oberer Bildteil). Dies stellt die bestmögliche Verteilung dar, die den kleinsten induzierten Widerstand ergibt. Eine Belastung des Leitwerks mit positivem oder negativem Auftrieb würde diese bestmögliche Verteilung stören, da man aufgrund des Munkschen Verschiebungssatzes die Leitwerkszirkulation zum Flügel hin verschieben kann. Daraus folgt unmittelbar, daß hier das Leitwerk keinen Auftrieb haben darf. Dies entspricht, wie bereits in (1.3.22b) gezeigt, dem Wert $\alpha^*_{wA}=1$. Im unteren Teil des Bildes 1.3.6 sind außerdem die Fälle gezeigt, bei denen die Flügelzirkulation vom Idealwert der elliptischen Verteilung abweicht. Der Fall $\alpha^*_{wA}<1$ entspricht einer Verteilung, die

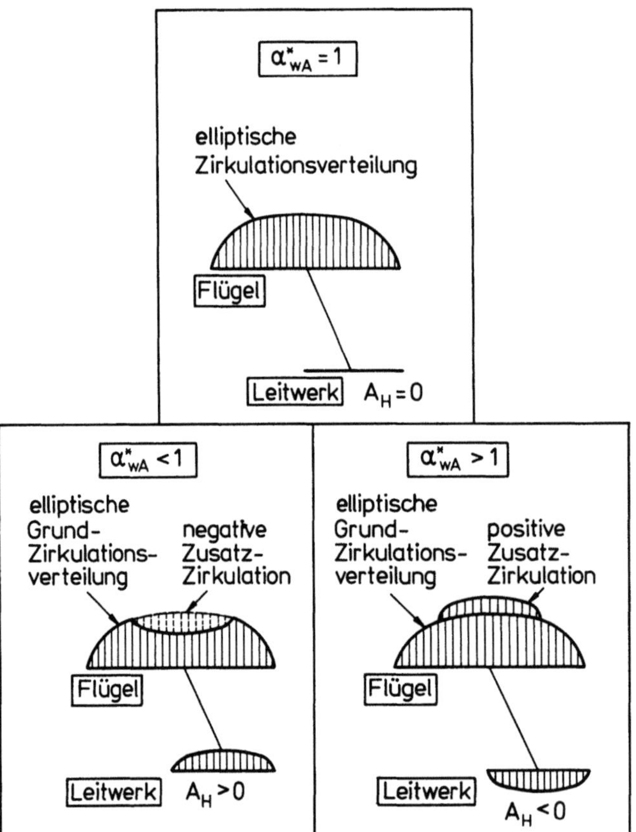

Bild 1.3.6. Erläuterung zur Anwendung des Munkschen Verschiebungssatzes auf die optimale Zirkulationsverteilung von Flügel und Leitwerk

im Bereich in der Flügelmitte etwas abgeschwächt ist (hier dargestellt
als eine Überlagerung der elliptischen Grund-Zirkulationsverteilung
mit einer negativen Zusatz-Zirkulation). Die optimale Zirkulationsverteilung des Leitwerks muß nun gerade so sein, daß sie den durch die
negative Zusatz-Zirkulation verursachten Einbruch der Flügelzirkulation derart ergänzt, daß wieder die elliptische Gesamtverteilung erreicht wird. Die Darstellung von Bild 1.3.6 macht unmittelbar deutlich,
daß hierzu ein positiver Leitwerksauftrieb erforderlich ist. Umgekehrt
liegen die Verhältnisse in dem Fall $\alpha^{*}_{wA} > 1$, der im rechten unteren Bildteil gezeigt ist. Dieser Fall entspricht einer Konzentration der Zirkulationsverteilung zur Mitte hin (hier wiederum dargestellt als eine
Überlagerung der elliptischen Grundverteilung mit einer Zusatz-Zirkulation, die nunmehr positiv ist). Hier ist zur Kompensation der un-

günstigen Zusatz-Zirkulation ein negativer Leitwerksauftrieb notwendig,
der dann den Idealwert der elliptischen Gesamtverteilung wiederher-
stellt. In diesem Fall ist es also möglich, mit negativem Leitwerksauftrieb den Widerstand des Gesamtflugzeugs zu verringern.

Änderung der Flügelfläche

Bei der bisherigen Behandlung des getrimmten Minimalwiderstandes wurde die Flügelfläche S als konstant vorausgesetzt. Im Rahmen der gesamten Themenstellung interessiert jedoch auch noch die Frage, wie
sich der getrimmte Minimalwiderstand bei Änderung der Flügelfläche S
unter Konstanthaltung der Gesamtfläche $S_{ges}=S+S_H$ von Flügel und Leitwerk verhält. Zur Behandlung dieses Falles ist es zweckmäßig, von der
Beiwertschreibweise abzugehen und unmittelbar den Widerstand zu untersuchen, damit Mißverständnisse infolge Änderung der Bezugsfläche S
(als der Flügelfläche) vermieden werden. Als Nebenbedingung ist - wie
bisher - zu fordern, daß der Gesamtauftrieb $A=A_{FR}+A_H$ bei Änderung der
Flächen von Flügel oder Leitwerk konstant bleibt. Hierfür gilt unter
Einbeziehung des Manöverflugs (mit n>1)

$$A = C_A \bar{q} \, S = n \, mg \; .$$

Führt man als Abkürzung die Größe

$$K_n = n^2 \, \frac{(mg)^2}{\pi e_{FR} \bar{q}^2}$$

ein, so läßt sich mit (1.3.21) der getrimmte Minimalwiderstand folgendermaßen darstellen:

$$\frac{W_{min}}{\bar{q}} = C_{WOFR}S + C_{WOH}S_H + \frac{K_n}{b^2}\left(1 - \frac{(1 - \alpha^*_{wA})^2}{1 + e_{rel}(b/b_H)^2 - 2\alpha^*_{wA}}\right) \; . \quad (1.3.24)$$

Hierbei wurde zur Vereinfachung vorausgesetzt, daß $\alpha^*_{w0}=0$ und $C_{A,0FR}=0$
sowie $\bar{q}_H/\bar{q}=1$ gilt. Man erkennt aus der Beziehung (1.3.24), daß die
Größen der Flächen von Flügel und Leitwerk nur den Nullwiderstand beeinflussen, der durch die Terme $C_{WOFR}S+C_{WOH}S_H$ gebildet wird. Für den
auftriebsabhängigen Minimalwiderstand sind jedoch nicht die Flächen
selbst, sondern die Spannweiten maßgebend. Im Hinblick auf den auftriebsabhängigen Minimalwiderstand können damit bei einer Änderung
von Flügel- bzw. Leitwerksfläche die folgenden Fälle unterschieden
werden, für die ein Beispiel in Bild 1.3.7 dargestellt ist:

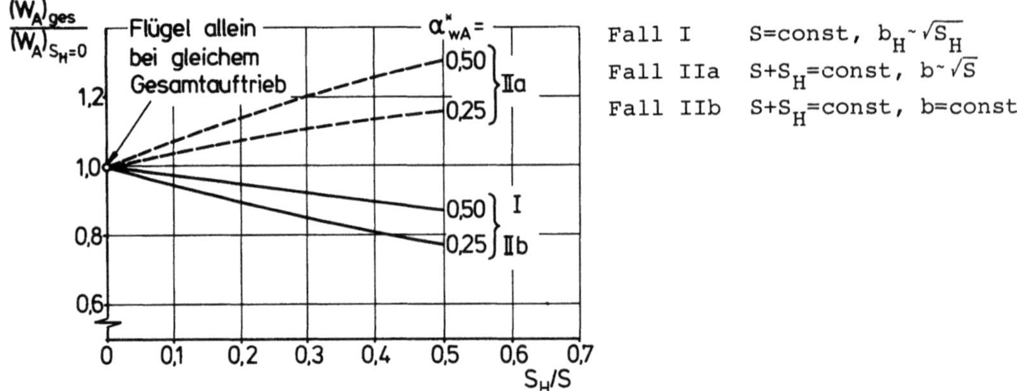

Bild 1.3.7. Induzierter Minimalwiderstand, abhängig vom Flächenverhältnis S_H/S

I)   Konstante Flügelgeometrie, variable Leitwerksgeometrie (bisher
      behandelter Fall):

      Hier tritt eine Widerstandsverringerung mit Vergrößerung der
      Leitwerksspannweite ein. Dies ist in Bild 1.3.7 als Fall I erläutert, wobei die Zunahme der Leitwerksspannweite proportional
      zur Wurzel aus der Leitwerksflächenvergrößerung gesetzt wurde.

IIa) Konstante Gesamtfläche – Reduktion der Flügelspannweite mit Verkleinerung der Flügelfläche:

      Hier tritt eine Vergrößerung des Widerstandes mit Vergrößerung
      der Leitwerksfläche ein. Die Ursache dafür ist in der mit der
      Vergrößerung der Leitwerksfläche einhergehenden Verringerung der
      Flügelspannweite zu sehen. Dies macht insbesondere auch der Vergleich mit dem nun folgenden Fall IIb deutlich.

IIb) Konstante Gesamtfläche – Konstanthaltung der Flügelspannweite
      bei Verkleinerung der Flügelfläche:

      Hier tritt eine Verringerung des Widerstandes ein. Bei der in
      Bild 1.3.7 vorausgesetzten gleichen Änderung von Flügel- und
      Leitwerksstreckung entspricht die Widerstandsverringerung dem
      Verlauf von Fall I.

Im Hinblick auf den minimalen Gesamtwiderstand, bestehend aus Nullwiderstand und auftriebsabhängigem Minimalwiderstand, erhält man damit
folgendes Ergebnis: Geht man in den Fällen IIa und IIb vereinfachend
davon aus, daß der Einfluß der Reynolds-Zahl auf die Terme $C_{WOFR}S$ und
$C_{WOH}S_H$ bei einer Änderung der Flächen S und S_H (bzw. der Flügel- und
Leitwerkstiefen) außer Betracht bleiben kann, so bedeutet dies, daß
hier der Nullwiderstand $W_O/\bar{q}=C_{WOFR}S+C_{WOH}S_H$ als konstant angesehen werden
kann. Damit ändert sich in den Fällen IIa und IIb der Gesamtwider-
stand in gleicher Weise wie der auftriebsabhängige Minimalwiderstand.
Im Fall I führt die Zunahme der Leitwerksfläche (bei Konstanthaltung
der Flügelfläche) zu einer Vergrößerung des Nullwiderstandes. Der
auftriebsabhängige Minimalwiderstand wird verringert. Jedoch hängt
das Ausmaß dieser Verringerung vom Auftriebsbeiwert C_A ab, der quadratisch in den auftriebsabhängigen Minimalwert eingeht. Dies hat zur
Folge, daß - wie an einem Beispiel in Bild 1.3.8 dargestellt ist -
bei kleineren C_A-Werten die Erhöhung des Nullwiderstandes überwiegt,
während bei größeren C_A-Werten die Verringerung des auftriebsabhängigen Minimalwiderstandes zu einer Verringerung des Gesamtwiderstandes
führen kann.

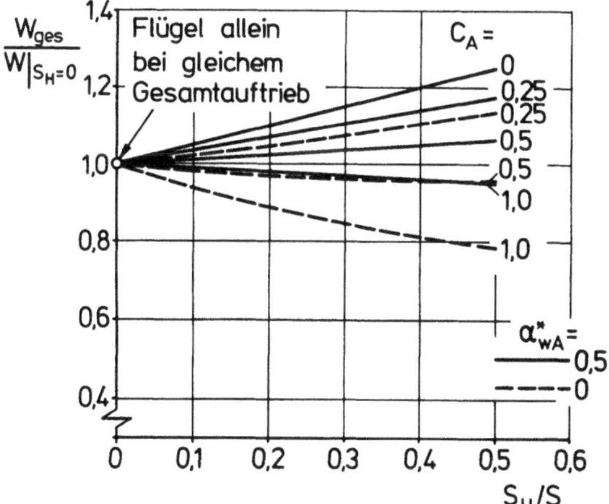

Bild 1.3.8. Abhängigkeit des minimalen Gesamtwiderstands vom Flächenverhältnis S_H/S (C_{WOH}=0,008; C_{WOFR}=0,016; Λ_H=Λ=5)

1.3.4 Widerstandsoptimale Schwerpunktlage

<u>Grundbeziehungen</u>

Diejenige Schwerpunktlage, bei der der Minimalwiderstand im ausgetrimmten (d.h. momentenfreien) Zustand erreicht wird, stellt die widerstandsoptimale Schwerpunktlage x_{opt} dar. Sie ergibt sich aus (1.3.9) unter Verwendung der Beziehung für $F(x_S)\big|_{C_{Wmin}}$ gemäß (1.3.16) und kann in der folgenden Form geschrieben werden:

$$\frac{x_{opt}}{l_\mu} = \frac{(x_{opt})_0}{l_\mu} - \frac{C_{mOFR}}{C_A} . \qquad (1.3.25a)$$

Der erste Term auf der rechten Seite kennzeichnet den nullmomentenfreien Fall $C_{mOFR}=0$. Hierfür gilt

$$(x_{opt})_0 = x_{FR} + \frac{1 - \alpha_{wA}^* - (C_{A,OFR} + \alpha_{w0}^*)/C_A}{1 + (\overline{q}/\overline{q}_H)(S/S_H)k_H/k_{FR} - 2\alpha_{wA}^*} \, r_H^* . \qquad (1.3.25b)$$

Für den Unterschall läßt sich dieser Term unter Berücksichtigung von (1.3.20) umformen zu

$$(x_{opt})_0 = x_{FR} + \frac{1 - \alpha_{wA}^* - (C_{A,OFR} + \alpha_{w0}^*)/C_A}{1 + e_{rel}(b/b_H)^2 - 2\alpha_{wA}^*} \, r_H^* . \qquad (1.3.25c)$$

Der Term $(x_{opt})_0$ zeigt, daß der Abwindwinkel einen maßgeblichen Einfluß ausübt. Dies ist in Bild 1.3.9 erläutert. Mit Zunahme des Abwindwinkels wandert die widerstandsoptimale Schwerpunktlage nach vorn. Für

$$\alpha_{wA}^* = 1 - \frac{C_{A,OFR} + \alpha_{w0}^*}{C_A}$$

fällt sie mit dem Neutralpunkt der Flügel-Rumpf-Kombination zusammen. Dieser Wert reduziert sich auf $\alpha_{wA}^*=1$ für den vorn behandelten Sonderfall der koplanaren Flügel-Leitwerk-Anordnung mit elliptischer Zirkulationsverteilung des Flügels.

Der zweite Term, der gemäß (1.3.25a) die widerstandsoptimale Schwerpunktlage beeinflußt, hängt vom Nullmoment C_{mOFR} der Flügel-Rumpf-Kombination bezogen auf den Auftriebsbeiwert C_A ab. Hierbei verschieben negative Werte des Nullmomentes die widerstandsoptimale Schwerpunktlage nach hinten, während es bei positiven Werten umgekehrt ist.

Ein Beispiel für die Wirkung der üblicherweise negativen Nullmomente
ist ebenfalls in Bild 1.3.9 enthalten.

Eine weitere Beeinflussung der widerstandsoptimalen Schwerpunktlage
ergibt sich für den Fall, daß der Schubvektor nicht durch den Schwerpunkt geht. Dies läßt sich durch die folgende Modifikation des Nullmomentes erfassen

$$C_{mOFR}^{*} = C_{mOFR} + \Delta C_{mF} \; .$$

Der Term ΔC_{mF} berücksichtigt darin den Beitrag des Schubmomentes

$$M_F = F z_F$$

gemäß der Beziehung

$$\Delta C_{mF} = \frac{F}{\bar{q}S} \frac{z_F}{l_\mu} \; . \tag{1.3.26}$$

Berücksichtigt man die Widerstandsgleichung $W=F=C_W \bar{q} S$, so erhält man

$$\Delta C_{mF} = C_W \frac{z_F}{l_\mu} \; . \tag{1.3.27}$$

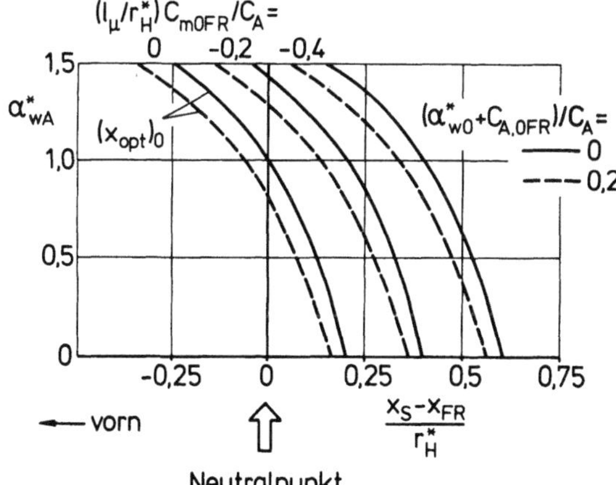

Bild 1.3.9. Abhängigkeit der widerstandsoptimalen Schwerpunktlage vom
Abwindfaktor α_{wA}^{*} und vom Nullmoment

Die widerstandsoptimale Schwerpunktlage läßt sich nunmehr in der folgenden Form darstellen

$$\frac{x_{opt}}{l_\mu} = \frac{(x_{opt})_0}{l_\mu} - \frac{C^*_{mOFR}}{C_A} \qquad\qquad (1.3.28)$$

mit der unveränderten Beziehung für $(x_{opt})_0$ im nullmomentenfreien
Fall nach (1.3.25b). Damit ergibt sich unter Berücksichtigung von
(1.3.27) für die Änderung der widerstandsoptimalen Schwerpunktlage
infolge des Schubmomentes

$$x_{opt} - (x_{opt})_{z_F=0} = -z_F C_W/C_A \quad . \qquad\qquad (1.3.29)$$

Diese Beziehung macht deutlich, daß sich bei einer Tieflage des
Triebwerks ($z_F>0$) ein negativer Wert für die Differenz $x_{opt}-(x_{opt})_{z_F=0}$
ergibt, d.h. es tritt hier eine Verschiebung der widerstandsoptimalen
Schwerpunktlage nach vorn ein. Bei einer Hochlage des Triebwerks ist
es umgekehrt. Der Betrag der Verschiebung ist jeweils proportional
zur Gleitzahl C_W/C_A.

Für Entwurfsüberlegungen ist es wichtig zu untersuchen, inwieweit
sich die widerstandsoptimale Schwerpunktlage mit dem Flugzustand (Geschwindigkeit, Höhe, Lastfaktor) ändern kann und welche Entwurfsparameter hierfür maßgebend sind. Die Klärung dieser Frage ist mit den
Beziehungen (1.3.25a,b) möglich. Danach ist der Einfluß des Abwindfaktors α^*_{wA} unabhängig von C_A. Dies entspricht einem konstanten Beitrag, der sich nicht mit dem Flugzustand ändert. Demgegenüber hängt
der Einfluß von α^*_{w0}, $C_{A,OFR}$ und C_{mOFR} vom Flugzustand ab, da diese
Größen in den Beziehungen (1.3.25a,b) durch C_A dividiert werden.
Hierbei ist insbesondere die Änderung des Einflusses von C_{mOFR} zu
berücksichtigen. Für die Verschiebung der widerstandsoptimalen
Schwerpunktlage mit dem Flugzustand ($C_{A1,2}$) gilt am Beispiel des
Nullmomentes (vgl. (1.3.25a)):

$$(x_{opt})_{C_{A2}} - (x_{opt})_{C_{A1}} = -(\rho_2 V_2^2 - \rho_1 V_1^2)\,\frac{S\,l_\mu}{2mg}\,C_{mOFR} \quad .$$

Daraus wird deutlich, daß für negative Werte von C_{mOFR} die widerstandsoptimale Schwerpunktlage nach hinten wandert, wenn die Geschwindigkeit vergrößert und/oder die Höhe verringert wird. Auch der
Lastfaktor beeinflußt beim Vorhandensein eines Nullmomentes $C_{mOFR}\neq0$
die widerstandsoptimale Schwerpunktlage. Hierfür gilt mit $C_A=2n\,mg/$
$(\rho V^2 S)$:

$$(x_{opt})_{n>1} - (x_{opt})_{n=1} = \frac{n-1}{n}\ \frac{\rho V^2 S\ l_\mu}{2mg}\ C_{mOFR} \cdot$$

Diese Beziehung zeigt, daß die Zunahme des Lastfaktors die Wirkung von C_{mOFR} abschwächt. Für negative Werte von C_{mOFR} bedeutet dies, daß im Kurven- bzw. Manöverflug eine Verschiebung der widerstandsoptimalen Schwerpunktlage nach vorn eintritt. Darüber hinaus ist ein gewisser Effekt auch noch aufgrund des Nickdämpfungsmomentes C_{mq} im Manöverflug möglich. Dies ist in Anhang A 2 näher erläutert.

Eine gesonderte Betrachtung erfordert der Flug mit Überschallgeschwindigkeit. Hier treten, wie aus (1.3.25b) ersichtlich ist, aus zusätzlichen Gründen Verschiebungen der widerstandsoptimalen Schwerpunktlage auf. Einmal ist beim Übergang vom Unterschall- zum Überschallflug zu berücksichtigen, daß im Unterschall der Abwind im Unendlichen für den Interferenzwiderstand bestimmend ist, während im Überschall der örtliche Abwind am Leitwerk maßgeblich ist (vgl. hierzu auch (1.3.2) und (1.3.3)). Außerdem sind die Änderungen des Abwindwinkels und der Widerstandsfaktoren k_H und k_{FR} mit der Machzahl zu berücksichtigen. Ein Beispiel für die Änderung des Abwindes im Überschallbereich ist in Bild 1.3.10 dargestellt.

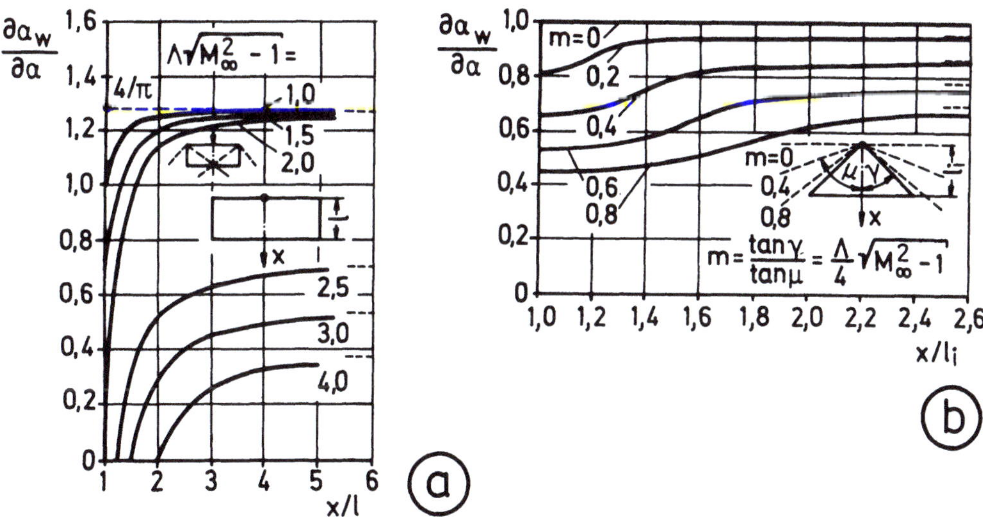

Bild 1.3.10. Einfluß der Machzahl auf den örtlichen Abwind im Überschallbereich, nach (41)

a) Abwind hinter einem Rechteckflügel

b) Abwind hinter einem Deltaflügel

Weiterhin spielen die kompressibilitätsbedingten Verschiebungen des
Neutralpunktes x_{FR} der Flügel-Rumpf-Kombination eine wichtige Rolle.
Sie haben nach (1.3.25b) gleichartige Verschiebungen der widerstands-
optimalen Schwerpunktlage zur Folge. Wie aus Bild 1.2.13 ersichtlich
ist, treten besonders große Änderungen beim Übergang vom Unter- zum
Überschall ein.

Abweichungen_von_der_widerstandsoptimalen_Schwerpunktlage

Aus den vorangegangenen Überlegungen folgt, daß die widerstandsoptimale Schwerpunktlage nicht als eine konstante Größe angesehen werden
kann, sondern daß man ihre Änderungen in Betracht ziehen und bei der
Leitwerksauslegung berücksichtigen muß. Darüber hinaus ist noch zu
beachten, daß auch eine Änderung der tatsächlichen Schwerpunktlage
durch unterschiedliche Beladungsfälle nicht zu vermeiden ist. Von
dieser Sicht her ist nicht nur der getrimmte Minimalwiderstand von
Bedeutung, sondern auch die Widerstandszunahme bei Abweichungen der
tatsächlichen Schwerpunktlage vom Optimalwert. Insbesondere kommt es
auf die Kenntnis derjenigen Entwurfsparameter an, mit denen es möglich ist, diese Art von Widerstandszunahme klein zu halten.

Wie in (1.3.14) gezeigt wurde, stellt der getrimmte Widerstand eine
quadratische Funktion in Abhängigkeit von der Schwerpunktlage dar.
Geht man nun von der widerstandsoptimalen Schwerpunktlage x_{opt} mit
dem zugehörigen Minimalwert C_{Wmin} aus, so kann man den getrimmten
Widerstand C_W in folgender Form als Funktion der Schwerpunktlage
schreiben

$$C_W = C_{Wmin} + C_1 (x_S - x_{opt})^2 \ . \qquad\qquad (1.3.30)$$

Die Konstante C_1 errechnet sich aus der Beziehung

$$C_1 = \frac{1}{2} \left. \frac{\partial^2 C_W}{\partial x_S^2} \right|_{x_S = x_{opt}} \ .$$

Hierfür erhält man aus (1.3.14) unter Berücksichtigung von (1.3.9)

$$C_1 = k_{FR} C_A^2 \left(1 + \frac{\bar{q}}{\bar{q}_H} \frac{S}{S_H} \frac{k_H}{k_{FR}} - 2\alpha_{wA}^* \right) \left(\frac{1}{r_H^*} \right)^2 \ .$$

Damit kann die Widerstandszunahme $\Delta C_W = C_W - C_{Wmin}$ bei einer Abweichung um $\Delta x_S = x_S - x_{opt}$ von der optimalen Schwerpunktlage in der folgenden Form dargstellt werden:

$$\Delta C_W = k_{FR} C_A^2 \left(1 + \frac{\bar{q}}{\bar{q}_H} \frac{S}{S_H} \frac{k_H}{k_{FR}} - 2\alpha_{wA}^* \right) \left(\frac{\Delta x_S}{r_H^*} \right)^2 . \qquad (1.3.31a)$$

Für den Unterschall läßt sich dieser Ausdruck unter Berücksichtigung von (1.3.20) umformen zu

$$\Delta C_W = k_{FR} C_A^2 \left(1 + e_{rel} \left(\frac{b}{b_H} \right)^2 - 2\alpha_{wA}^* \right) \left(\frac{\Delta x_S}{r_H^*} \right)^2 . \qquad (1.3.31b)$$

Diese Beziehung sagt aus, daß im Unterschall die Leitwerksspannweite als entscheidender Parameter anzusehen ist, mit dem es möglich ist,

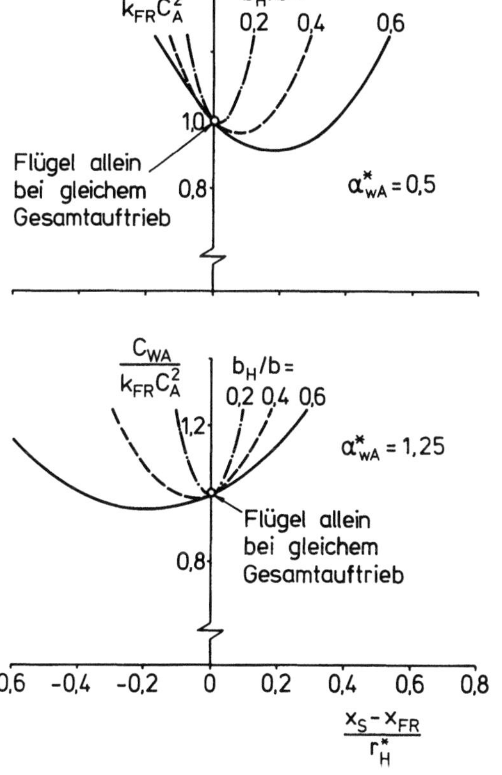

Bild 1.3.11. Einfluß der Leitwerksspannweite auf die Widerstandsänderung infolge einer Schwerpunktverschiebung $(C_{A,OFR} + \alpha_{wO}^* = 0)$

die Widerstandszunahmen klein zu halten. Dies bedeutet, daß der Widerstand bei einer gegebenen Abweichung von der optimalen Schwerpunktlage um so weniger zunimmt, je größer die Leitwerksspannweite ist. Ein Beispiel hierfür ist in Bild 1.3.11 dargestellt, das den Verlauf des auftriebsabhängigen Widerstandes C_{WA} im ausgetrimmten Zustand als Funktion der Schwerpunktlage zeigt.

Weiter geht aus Bild 1.3.11 das bereits vorn hergeleitete Ergebnis hervor, daß der auftriebsabhängige Minimalwiderstand mit Vergrößerung der Leitwerksspannweite abnimmt. Hierbei zeigt sich, daß die zu einer größeren Spannweite gehörende Kurve des auftriebsabhängigen Widerstandes unterhalb der Kurve bei kleinerer Leitwerksspannweite verläuft. Dies bedeutet, daß bei <u>allen</u> Schwerpunktlagen die größere Leitwerksspannweite günstiger ist (sogar dort, wo die Kurve für die kleinere Leitwerksspannweite ihr Minimum hat). Ergänzend sei in bezug auf Bild 1.3.11 noch bemerkt, daß sich alle Kurven in einem Punkt berühren. Dies ist der Punkt, in dem das Leitwerk ohne Auftrieb ist ($C_{AH}=0$) und der somit den Widerstand des für sich allein betrachteten Flügels bei gleichem Gesamtauftrieb angibt.

Neben der Leitwerksspannweite spielt, wie aus (1.3.31) hervorgeht, der auftriebsabhängige Abwindfaktor α_{wA}^{*} noch eine gewisse Rolle für die schwerpunktbedingten Widerstandszunahmen. Hier ist er jedoch erheblich weniger einflußreich als bei der widerstandsoptimalen Schwerpunktlage. Die übrigen Parameter (α_{w0}^{*}, $C_{A,0FR}$ und C_{m0FR}) haben keinerlei Einfluß mehr.

1.3.5 Zuordnung von widerstandsoptimaler Schwerpunktlage und natürlicher Stabilitätsgrenze

<u>Inkompressible Strömung</u>

Die hier zu behandelnde Zuordnung von widerstandsoptimaler Schwerpunktlage und natürlicher Stabilitätsgrenze ist unter zweierlei Gesichtspunkten von Interesse. Erstens ist zu klären, ob die widerstandsoptimale Schwerpunktlage im stabilen Bereich liegen kann. In diesem Fall wäre eine Nutzung des getrimmten Minimalwiderstandes auch bei natürlich stabilen Flugzeugen zu erreichen. Zweitens ist zu untersuchen, welche Konfigurationsmerkmale die Ursache dafür sind, daß die Realisierung des getrimmten Minimalwiderstandes nur unter teilweisem oder vollständigem Verzicht auf die natürliche Stabilität möglich ist.

Die Grenze der natürlichen Stabilität ist erreicht, wenn Schwerpunkt und Neutralpunkt zusammenfallen. Für den Neutralpunkt gilt nach (1.2.6) mit $x_N = (x_S)_{C_{m\alpha}=0}$

$$\frac{x_N - x_{FR}}{r_H} = \left(1 - \frac{\partial \bar{\alpha}_w}{\partial \alpha}\right) \frac{(C_{A\alpha})_H}{(C_{A\alpha})_{FR}} \frac{\bar{q}_H}{\bar{q}} \frac{S_H}{S} .$$

Mit $r_H^* = r_H + x_S - x_{FR}$ und $x_S = x_N$ läßt sich dieser Ausdruck in eine Form überführen, die für die folgende Betrachtung besser geeignet ist:

$$\frac{x_N - x_{FR}}{r_H^*} = \frac{1 - \partial \bar{\alpha}_w/\partial \alpha}{1 + (\bar{q}/\bar{q}_H)(S/S_H)(C_{A\alpha})_{FR}/(C_{A\alpha})_H - \partial \bar{\alpha}_w/\partial \alpha} . \tag{1.3.32}$$

Zur weiteren Umformung werden die folgenden Beziehungen für den Auftriebsanstieg benötigt, die für elliptische Zirkulationsverteilungen hergeleitet wurden, näherungsweise auch in davon abweichenden Fällen angewandt werden können (vgl. zum Beispiel auch [41]):

$$(C_{A\alpha})_{FR} = 2\pi \frac{\Lambda}{\sqrt{\Lambda^2 + 4} + 2} , \tag{1.3.33a}$$

$$(C_{A\alpha})_H = 2\pi \frac{\Lambda_H}{\sqrt{\Lambda_H^2 + 4} + 2} . \tag{1.3.33b}$$

Der örtliche Abwindwinkel $\bar{\alpha}_w$ bzw. $\partial \bar{\alpha}_w/\partial \alpha$ ist mit dem Abwindwinkel $\bar{\alpha}_{w\infty}$ im Unendlichen über einen (die geometrische Lage des Leitwerks relativ zum Flügel kennzeichnenden) Faktor a_1^* verknüpft, so daß gilt

$$\frac{\partial \bar{\alpha}_w}{\partial \alpha} = a_1^* \frac{\partial \bar{\alpha}_{w\infty}}{\partial \alpha} .$$

Ein Beispiel hierfür ist in Bild 1.3.12 gezeigt. Daraus geht hervor, daß man bei den üblichen Leitwerksrücklagen den Faktor a_1^* folgendermaßen eingrenzen kann

$$1 < a_1^* < 2 .$$

Berücksichtigt man die Beziehung $\alpha_{wA}^* = (\partial \bar{\alpha}_{w\infty}/\partial C_{AFR})/(2k_{FR})$ und verwendet (1.3.33a) für $(C_{A\alpha})_{FR}$ sowie die Relation $k_{FR} = 1/(\pi e_{FR}\Lambda)$, so kann man mit

$$a_1 = 2k_{FR}(C_{A\alpha})_{FR} a_1^* \tag{1.3.34a}$$

bzw. mit

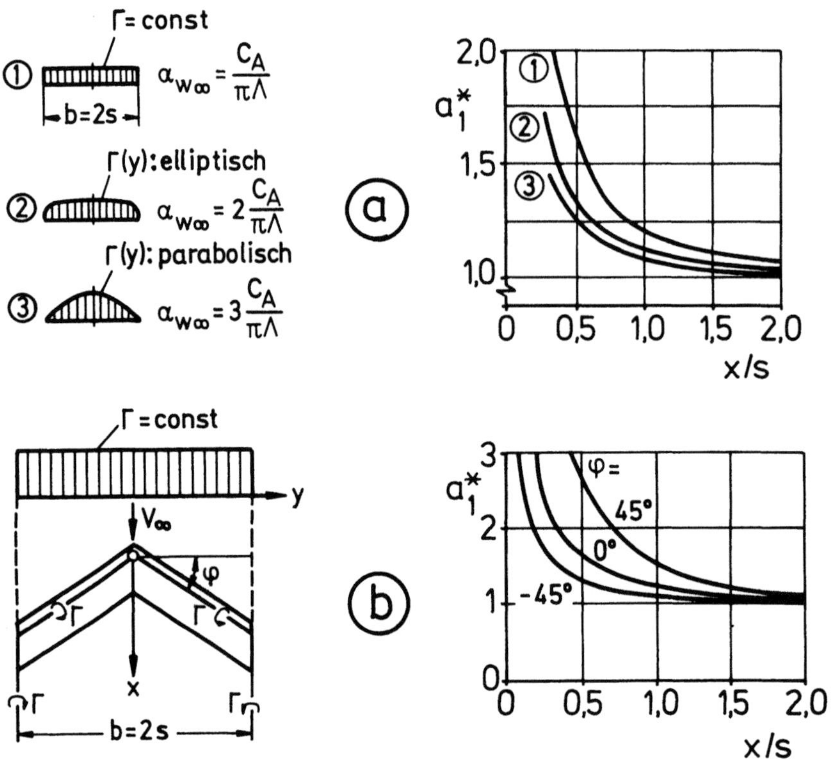

Bild 1.3.12. Verhältnis des örtlichen Abwindwinkels auf der Mittel-
ebene zum Wert im Unendlichen (Γ:Zirkulation), nach (41)

a) Ungepfeilter Flügel

b) Pfeilflügel

$$a_1 = \frac{4/e_{FR}}{\sqrt{\Lambda^2 + 4} + 2}\, a_1^* \qquad\qquad (1.3.34b)$$

für die Zuordnung zwischen dem örtlichen Abwind $\partial\bar{\alpha}_w/\partial\alpha$ am Leitwerk
und dem Abwind α_{wA}^* im Unendlichen schreiben

$$\frac{\partial\bar{\alpha}_w}{\partial\alpha} = a_1\alpha_{wA}^* \, . \qquad\qquad (1.3.35)$$

Damit kann die Neutralpunktlage folgendermaßen dargestellt werden
(mit $\bar{q}_H = \bar{q}$):

$$\frac{x_N - x_{FR}}{r_H^*} = \frac{1 - a_1 \alpha_{wA}^*}{1 + \dfrac{\sqrt{\Lambda_H^2 + 4} + 2}{\sqrt{\Lambda^2 + 4} + 2}\left(\dfrac{b}{b_H}\right)^2 - a_1 \alpha_{wA}^*} \, . \qquad (1.3.36)$$

In dieser Form ist nun ein Vergleich mit der widerstandsoptimalen Schwerpunktlage unmittelbar möglich. Zunächst sei der Fall betrachtet, bei dem die Leitwerksstreckung Λ_H gleich der Flügelstreckung Λ ist. Hier reduziert sich (1.3.36) auf:

$$\left(\frac{x_N - x_{FR}}{r_H^*}\right)_{\Lambda_H = \Lambda} = \frac{1 - a_1 \alpha_{wA}^*}{1 + (b/b_H)^2 - a_1 \alpha_{wA}^*} \, .$$

Der Vergleich mit der optimalen Schwerpunktlage nach (1.3.25c), die mit $\alpha_{w0}^* = 0$, $C_{A,0FR} = 0$ und $e_{rel} = 1$ in der Form

$$\frac{(x_{opt})_0 - x_{FR}}{r_H^*} = \frac{1 - \alpha_{wA}^*}{1 + (b/b_H)^2 - 2\alpha_{wA}^*}$$

geschrieben werden kann, zeigt, daß $(x_{opt})_0$ vor dem Neutralpunkt liegt, falls

$$a_1 < \frac{1 - (b_H/b)^2}{1 - \alpha_{wA}^* (b_H/b)^2} \qquad (1.3.37)$$

gilt. Ein Beispiel hierfür ist in Bild 1.3.13 gezeigt. Geht man nun zu dem allgemeineren Fall unterschiedlicher Flügel- und Leitwerksstreckungen über und setzt dabei die übliche Relation

$$\Lambda_H < \Lambda$$

voraus, so macht (1.3.36) deutlich, daß eine Verschiebung des Neutralpunktes nach hinten eintritt, während die widerstandsoptimale Schwerpunktlage hiervon nicht verändert wird. Dies bedeutet, daß die widerstandsoptimale Schwerpunktlage $(x_{opt})_0$ noch weiter vor dem Neutralpunkt im stabilen Bereich liegt (vgl. auch Bild 1.3.13). Unter Berücksichtigung dieses Sachverhaltes kann man davon ausgehen, daß die Bedingung (1.3.37) näherungsweise auf $a_1 < 1$ abgeschwächt werden kann.

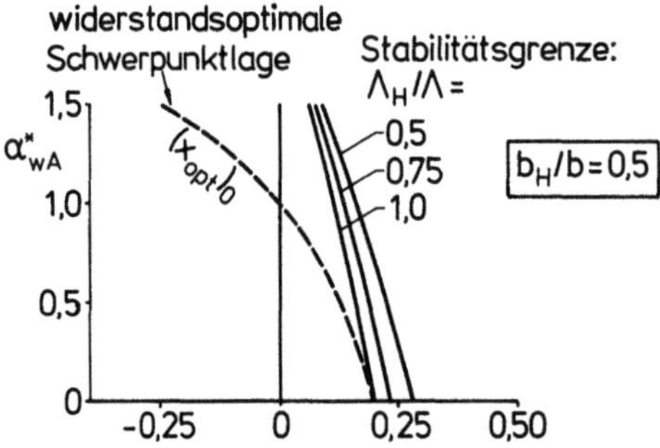

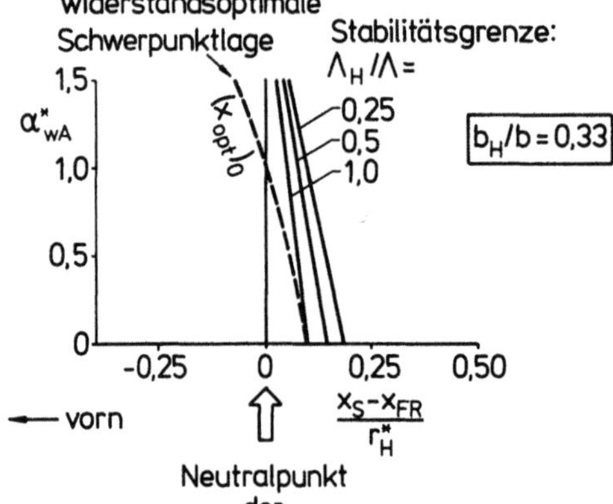

Bild 1.3.13. Zuordnung der widerstandsoptimalen Schwerpunktlage zur Stabilitätsgrenze $(a_1 = 0,5; \Lambda = 7,5)$

Die bisherige Untersuchung zeigt, daß die Größe a_1 darüber entscheidet, ob die widerstandsoptimale Schwerpunktlage $(x_{opt})_0$ des nullmomentenfreien Falles $(C_{m0FR} = 0)$ stabil ist oder nicht. Untersucht man nun den möglichen Wertebereich von a_1, so ergibt sich der in Bild 1.3.14 dargestellte Zusammenhang. Daraus geht hervor, daß der normalerweise vorhandene Wertebereich von a_1 durch die beiden Kurven für $a^*_1 = 1$ und $a^*_2 = 2$ begrenzt wird. Der Wert $a^*_1 = 1$ als untere Grenze entspricht dem Fall großer Leitwerksrücklagen (vgl. hierzu auch Bild 1.3.12). Hier ist die Bedingung $a_1 < 1$ bei allen Flügelstreckungen erfüllt. Dies bedeutet, daß hier $(x_{opt})_0$ praktisch bei allen Flügelstreckungen im stabilen Bereich liegt. Der als obere Grenze angenommene Wert $a^*_1 = 2$ entspricht dem Fall kleiner Leitwerksrücklagen. Hier ist die Bedingung $a_1 < 1$ nur für Flügelstreckungen erfüllt, die größer

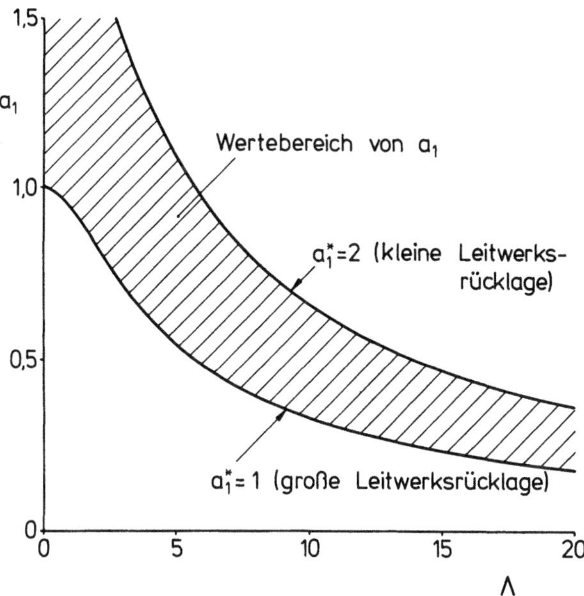

Bild 1.3.14. Wertebereich von a_1, abhängig von der Flügelstreckung und der Leitwerksrücklage

sind als etwa $\Lambda=5\div6$. Daraus folgt, daß bei kleineren Leitwerksrücklagen Instabilität möglich ist. Diese für $(x_{opt})_0$ entwickelten Aussagen bleiben auch beim Vorhandensein der Größen α^*_{w0} und $C_{A,OFR}$ gültig, wenn man die normalerweise existierende Relation $\alpha^*_{w0}+C_{A,OFR}>0$ voraussetzt. In diesem Fall wird $(x_{opt})_0$ nämlich nach vorn in Richtung größerer Stabilität verschoben, während der von α^*_{w0} und $C_{A,OFR}$ unabhängige Neutralpunkt seine Lage nicht ändert. Zusammenfassend läßt sich damit für den nullmomentenfreien Fall sagen, daß sich die widerstandsoptimale Schwerpunktlage weitgehend im stabilen Bereich befindet und nur für die Kombination kleiner Flügelstreckung und kleiner Leitwerksrücklage in den instabilen Bereich gerät.

Es bleibt nun noch der Einfluß des Nullmomentes C_{mOFR} der Flügel-Rumpf-Kombination zu untersuchen. Das Nullmoment führt, wie vorn dargelegt, bei den normalerweise negativen Werten zu einer Verschiebung der widerstandsoptimalen Schwerpunktlage nach hinten. Die Neutralpunktlage ist demgegenüber vom Nullmoment C_{mOFR} unabhängig. Daraus folgt, daß negative Nullmomente die widerstandsoptimalen Schwerpunkte destabilisieren bzw. in den instabilen Bereich verschieben. Ein Bei-

spiel hierfür ist in Bild 1.3.15 dargestellt. Dieses Bild macht insbesondere auch deutlich, daß große negative Nullmomente bzw. kleine
Abwindfaktoren die Ursache dafür sind, daß sich die widerstandsoptimale Schwerpunktlage im instabilen Bereich befindet. Dabei ist besonders wichtig, daß der Einfluß von C_{m0FR} gemäß (1.3.25a) mit der Verringerung von C_A größer wird.

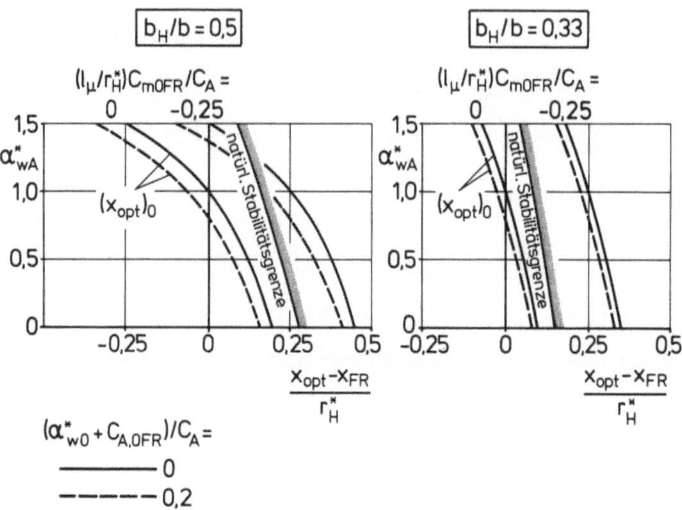

Bild 1.3.15. Einfluß des Nullmomentes der Flügel-Rumpf-Anordnung C_{m0FR}
auf die Zuordnung von widerstandsoptimaler Schwerpunktlage und Stabilitätsgrenze (a_1=0,5; Λ=7,5; Λ_H/Λ=0,5)

Kompressibilitätseinfluß im Unterschall

Die bisherige Untersuchung war mit den Verhältnissen bei inkompressibler Strömung befaßt. Die Erweiterung der Betrachtungen auf den Bereich höherer Unterschallmachzahlen erfolgt unter Zugrundelegung der
Gültigkeit der Prandtl-Glauert-Regel. Für die Umrechnung der für die
nullmomentenfreie Konfiguration zu berücksichtigenden Größen kann
man von den folgenden Beziehungen des inkompressiblen Vergleichsfalls
(Index "ik") unter Anwendung der II. Fassung der Prandtl-Glauert-Regel nach (41) ausgehen:

$$C_A = (C_A)_{ik}/\sqrt{1 - M^2} \, ,$$

$$C_{WA} = (C_{WA})_{ik}/\sqrt{1 - M^2} \ ,$$

$$(C_{WA})_{ik} = (C_A)^2_{ik}/(\pi\, e\, \Lambda_{ik}) \ , \qquad (1.3.38)$$

$$\Lambda = \Lambda_{ik}/\sqrt{1 - M^2} \ .$$

Aus diesen Beziehungen, die jeweils auf die Flügel-Rumpf-Kombination
und auf das Leitwerk anzuwenden sind, und der Abwindcharakteristik im
Unendlichen, [41], S. 404ff, folgt, daß der Abwindfaktor

$$\alpha^*_{wA} = \frac{\partial\bar{\alpha}_{w\infty}/\partial C_{AFR}}{2k_{FR}} \neq f(M) \qquad (1.3.39)$$

eine konstante Größe darstellt. Berücksichtigt man dies in (1.3.25b),
so folgt bei festem $C_{A,0FR}/C_A$ und α^*_{w0}/C_A-Verhältnis

$$\frac{(x_{opt})_0 - x_{FR}}{r^*_H} \neq f(M) \ . \qquad (1.3.40)$$

Dieses Ergebnis sagt aus, daß der auf r^*_H bezogene, relative Abstand
zwischen der widerstandsoptimalen Schwerpunktlage $(x_{opt})_0$ und dem
Neutralpunkt x_{FR} der Flügel-Rumpf-Kombination nicht von der Machzahl
abhängt, so daß die Zuordnung dieser beiden Größen konstant bleibt.
Bei einer häufig nur geringfügigen Änderung von r^*_H bedeutet dies, daß
auch der absolute Abstand näherungsweise konstant ist. Daraus folgt,
daß sich die widerstandsoptimale Schwerpunktlage in praktisch gleicher Weise bei Machzahländerungen verschiebt wie der Neutralpunkt der
Flügel-Rumpf-Kombination. Ihre Änderung gegenüber der Stabilitätsgrenze ist daher durch die machzahlabhängige Verschiebung des Flügel-
Rumpf-Neutralpunktes gegenüber dem Neutralpunkt des Gesamtflugzeugs
bestimmt. Deren Verschiebung wird nun maßgeblich vom örtlichen Abwind
$\bar{\alpha}_w$ am Leitwerk und seiner Abhängigkeit von der Machzahl beeinflußt.
Dies macht die Ausgangsform von (1.2.6)

$$\frac{x_N - x_{FR}}{r_H} = \left(1 - \frac{\partial\bar{\alpha}_w}{\partial\alpha}\right) \frac{(C_{A\alpha})_H}{(C_{A\alpha})_{FR}} \frac{\bar{q}_H}{\bar{q}} \frac{S_H}{S}$$

unmittelbar deutlich. Eine Zunahme des Abwindgradienten $\partial\bar{\alpha}_w/\partial\alpha$ wirkt
im Sinne einer Annäherung von x_N und x_{FR}. Dies gilt - wegen der fe-
sten Relation zwischen x_{FR} und $(x_{opt})_0$ - dann auch für $(x_{opt})_0$. Ein
Beispiel hierzu ist in Bild 1.3.16 dargestellt.

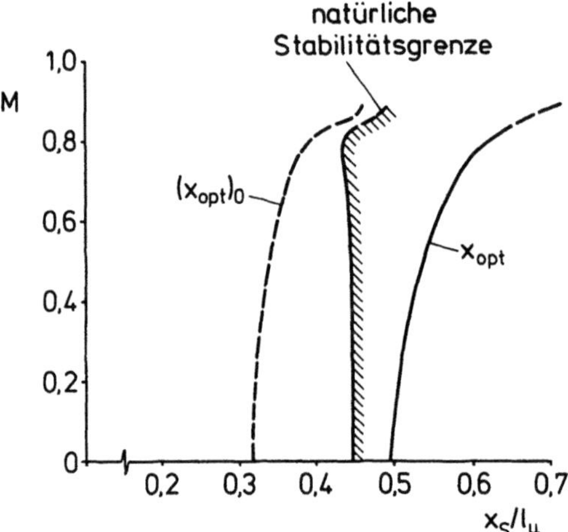

Bild 1.3.16. Einfluß der Machzahl auf den Neutralpunkt und die widerstandsoptimale Schwerpunktlage eines Unterschall-Transportflugzeugs

Im Gegensatz zu der von der Machzahl nicht beeinflußten Zuordnung
zwischen $(x_{opt})_0$ und x_{FR} ändert sich der Beitrag zur widerstandsoptimalen Schwerpunktlage, der durch das Nullmoment C_{mOFR} entsteht.
Hierbei kann man entsprechend der Prandtl-Glauert-Regel die folgende Abhängigkeit des Nullmomentes von der Machzahl zugrunde legen:

$$C_{mOFR} = (C_{mOFR})_{ik}/\sqrt{1 - M^2} \ . \tag{1.3.41}$$

Geht man im weiteren von einem Flug bei konstantem Staudruck und damit bei konstantem C_A aus, so ist der Einfluß von C_{mOFR} um so stärker, je größer die Machzahl ist. Dies macht die folgende, unter Berücksichtigung von (1.3.25a) und (1.3.41) sich ergebende Beziehung
deutlich

$$x_{opt} - (x_{opt})_0 = \frac{\left(x_{opt} - (x_{opt})_0\right)_{ik}}{\sqrt{1 - M^2}} \ . \tag{1.3.42}$$

Die üblicherweise negativen Werte von C_{mOFR} wirken damit im Sinne
einer Verschiebung der widerstandsoptimalen Schwerpunktlage nach
hinten mit Zunahme der Machzahl. Dadurch wird der ohnehin destabilisierende Einfluß von C_{mOFR} noch verstärkt. Ein Beispiel hierzu ist
ebenfalls in Bild 1.3.16 enthalten

<u>Überschall</u>

Auch im Überschall ist eine gesonderte Betrachtung erforderlich. Dies beruht darauf, daß hier der örtliche Abwind für die widerstandsoptimale Schwerpunktlage maßgebend ist und nicht mehr der Abwind im Unendlichen. Außerdem sind die für den Überschall spezifischen Merkmale der aerodynamischen Größen zu berücksichtigen.

Wie in Abschnitt 1.3.4 bereits diskutiert, ist im Überschall die widerstandsoptimale Schwerpunktlage eine von der Machzahl abhängige Größe. Auch ihre Zuordnung zum Neutralpunkt der Flügel-Rumpf-Kombination ist nicht mehr konstant. Ursache hierfür ist, wie aus der Beziehung (vgl. hierzu auch (1.3.25b) mit $C_{A,0FR}=0$ und $\alpha^*_{w0}=0$)

$$\frac{(x_{opt})_0 - x_{FR}}{r^*_H} = \frac{1 - \alpha^*_{wA}}{1 + (\overline{q}/\overline{q}_H)(S/S_H)k_H/k_{FR} - 2\alpha^*_{wA}} \qquad (1.3.43)$$

hervorgeht, insbesondere die Tatsache, daß der örtliche Abwind $\overline{\alpha}_w=\overline{\alpha}_w(M)$ bzw. der Abwindfaktor

$$\alpha^*_{wA} = \frac{\partial\overline{\alpha}_w/\partial\alpha}{2k_{FR}(C_{A\alpha})_{FR}} = f(M)$$

eine Funktion der Machzahl darstellt.

Besonders einfache Verhältnisse ergeben sich für Flügel-Leitwerk-Kombinationen mit Überschallvorderkanten. Hier gilt nämlich, [41]

$$k_{FR} = 1/(C_{A\alpha})_{FR} \; ,$$
$$k_H = 1/(C_{A\alpha})_H \cdot \qquad (1.3.44)$$

Damit schreibt sich

$$\alpha^*_{wA} = \frac{1}{2}\frac{\partial\overline{\alpha}_w}{\partial\alpha} \cdot \qquad (1.3.45)$$

Berücksichtigt man nun (1.3.44) und (1.3.45) in der Beziehung für den Neutralpunkt (vgl. hierzu (1.3.32) als die sowohl für den Unter- als auch Überschall gültige Form), so erhält man

$$\frac{x_N - x_{FR}}{r^*_H} = \frac{1 - 2\alpha^*_{wA}}{1 + (\overline{q}/\overline{q}_H)(S/S_H)k_H/k_{FR} - 2\alpha^*_{wA}} \cdot \qquad (1.3.46)$$

Der Vergleich mit der Beziehung für $(x_{opt})_0$ nach (1.3.43) liefert

$$(x_{opt})_0 - x_N \geqq 0 \ .$$

Aus diesem Ergebnis folgt, daß sich die widerstandsoptimale Schwerpunktlage hinter dem Neutralpunkt und damit im instabilen Bereich befindet. Im günstigsten Fall kann sie die Stabilitätsgrenze erreichen, da im Überschall Strömungsgebiete ohne Abwind möglich sind (d.h. es gilt dort $\bar{\alpha}_w=0$ bzw. $\alpha^*_{wA}=0$). Somit besteht ein deutlicher Unterschied zu den Verhältnissen im Unterschall und damit in den Realisierungsmöglichkeiten des getrimmten Minimalwiderstandes ohne Verzicht auf natürliche Stabilität. In Bild 1.3.17 ist hierzu ein Beispiel gezeigt, dem eine Deltaflügel-Konfiguration zugrunde liegt. Dieses Beispiel dient außerdem auch dazu, noch einen weiteren Unterschied zwischen Unter- und Überschall deutlich zu machen. Aus dem Kurvenverlauf von Bild 1.3.17 folgt nämlich, daß das Instabilitätsmaß von $(x_{opt})_0$ bei einer Vergrößerung der Leitwerksrücklage erheblich anwächst. Diese überproportionale Zunahme beruht auf der für den Überschall typischen Eigenschaft, wonach der Abwind $\bar{\alpha}_w$ bzw. α^*_{wA} mit Vergrößerung des Abstands zum Flügel anwächst. Demgegenüber übt im Unterschall die Vergrößerung der Leitwerksrücklage eine stabilitätserhöhende Wirkung aus (vgl. hierzu den Einfluß des Faktors a_1 und seine Bedeutung als Maß für die Leitwerksrücklage im Abschnitt dieses Kapitels über die Verhältnisse bei inkompressibler Strömung).

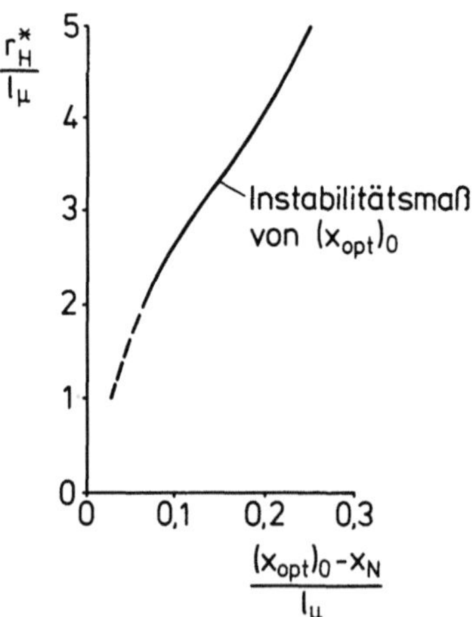

Bild 1.3.17. Zuordnung von $(x_{opt})_0$ zur Stabilitätsgrenze einer Deltaflügel-Konfiguration im Überschall (M=2,2; $\Lambda=\Lambda_H=4$)

Relation zwischen Unter- und Überschall

Eine besondere Problematik liegt bei Überschallflugzeugen dadurch
vor, daß die widerstandsoptimale Schwerpunktlage beim Übergang vom
Unter- zum Überschall in erheblichem Maße nach hinten wandert. Hierfür ist - wie aus den vorangehenden Beziehungen hervorgeht - insbesondere die Tatsache maßgebend, daß die widerstandsoptimale Schwerpunktlage eng mit dem Neutralpunkt der Flügel-Rumpf-Kombination verknüpft ist, der im Überschall nach hinten wandert, Abschnitt 1.2.2,
Bild 1.2.13. Die qualitativ gleichartige Verschiebung der beiden Größen hat zur Folge, daß die widerstandsoptimale Schwerpunktlage des Überschalls im Vergleich zur Stabilitätsgrenze (bzw. Neutralpunktlage) des Unterschalls in einem äquivalent starkem Maße nach
hinten verschoben ist. Will man nun bei einem Überschallflugzeug die
widerstandsoptimale Schwerpunktlage in der Reiseflugkonfiguration realisieren, so ist für den Unterschallbereich mit erheblichen Instabi-
litätsmaßen zu rechnen. Dies ist auch dann der Fall, wenn die widerstandsoptimale Schwerpunktlage der Reiseflugkonfiguration des Überschalls stabil ist. Ein Beispiel zu der beschriebenen Problematik ist
in Bild 1.3.18 dargestellt, das den widerstandsgünstigen Bereich um
die widerstandsoptimale Schwerpunktlage der Reiseflugkonfiguration in
Relation zum Verlauf des Manöverpunktes in Abhängigkeit von der Machzahl zeigt. Hierbei ist der Manöverpunkt stellvertretend für die Stabilitätsgrenze bzw. den Neutralpunkt angegeben, mit dem er über die
folgende Beziehung verknüpft ist (unter Verwendung der normierten Masse $\mu = 2m/(\rho S\, l_\mu)$ und der Nickdämpfung C_{mq}):

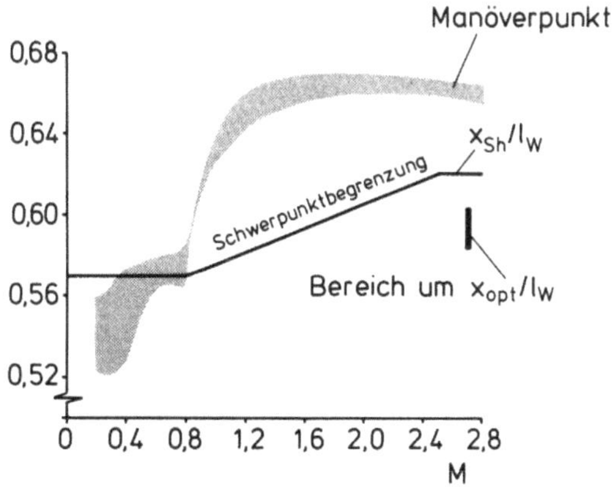

Bild 1.3.18. Widerstandsgünstiger Schwerpunktbereich bei M=2,7 und
Manöverpunktlagen sowie hintere Schwerpunktbegrenzung für ein Über-
schall-Transportflugzeug (l_W: Flügelwurzeltiefe), nach [15]

$$\frac{x_M}{l_\mu} = \frac{x_N}{l_\mu} - \frac{c_{mq}}{\mu}$$

(1.3.47)

Das Beispiel von Bild 1.3.18 macht deutlich, daß beim Flug mit der
widerstandsoptimalen Schwerpunktlage in der Überschall-Reiseflugkonfi-
guration das Flugzeug stabil ist, daß es jedoch im Unterschall ein
erhebliches Instabilitätsmaß aufweist. Wie in Bild 1.3.18 durch die
Änderung der Begrenzung der hinteren Schwerpunktlage mit der Machzahl
angedeutet, ist eine Reduzierung des Instabilitätsmaßes im Unterschall
dadurch möglich, daß man den Schwerpunkt durch Umpumpen des Treibstoffs verschiebt. Dadurch kann man eine Anpassung an die geänderten
Stabilitätsverhältnisse erreichen.

Aus den geschilderten Überlegungen wird weiterhin deutlich, daß der
Verzicht auf natürliche Stabilität insbesondere für Überschallflug-
zeuge Vorteile erwarten läßt. Legt man nämlich die Forderung nach natürlicher Stabilität zugrunde, so bestimmt die Neutralpunktlage im
Unterschall die nutzbare Schwerpunktlage. Dies ist mit einer erheblichen Zunahme des getrimmten Widerstandes im Überschall verbunden,
die auf der großen Abweichung der tatsächlichen von der widerstandsoptimalen Schwerpunktlage beruht. Eine Änderung der Schwerpunktlage
durch Umpumpen des Treibstoffs wird nur innerhalb bestimmter Grenzen
eine Entlastung bringen, zumal hierfür zusätzlicher Tankraum bereit-
gehalten werden muß. Daher bietet der Übergang auf ein künstliches
Stabilisierungssystem die Möglichkeit zur vollen Nutzung aller wi-
derstandsverringernden Maßnahmen.

Schlußbemerkung

Zusammenfassend läßt sich feststellen, daß die Möglichkeit zur Realisierung der widerstandsoptimalen Schwerpunktlage ohne Verzicht auf
die natürliche Stabilität unter bestimmten Umständen besteht. Dies
gilt insbesondere für den inkompressiblen Teil des Unterschalls.
Diese Tatsache ist für Flugzeuge einfacherer Bauart von Interesse,
für die das komplexe System einer künstlichen Stablisierungsein-
richtung zu aufwendig wäre. Bei Verzicht auf die natürliche Stabilität stellt sich die Frage, ob - und gegebenenfalls wie - es möglich
ist, die Zuordnung der widerstandsoptimalen Schwerpunktlage zum zulässigen Schwerpunktbereich zu verbessern. Hierbei ist insbesondere
auch zu prüfen, welche positiven Auswirkungen die Verkleinerung der

Leitwerksfläche hat, da - wie in Kapitel 1.2 dargelegt - bei künstlicher Stabilität das Leitwerk kleiner ausgeführt werden kann als bei natürlicher Stabilität.

1.3.6 Anpassung der widerstandsoptimalen Schwerpunktlage an den zulässigen Bereich bei künstlicher Stabilität

Die Betrachtung in Kapitel 1.2 hat gezeigt, welche Auslegungsanforderungen die Dimensionierung des Leitwerks bei künstlicher Stabilität bestimmen und wie dadurch der zulässige Schwerpunktbereich festgelegt ist. Die anschließende Untersuchung befaßte sich mit dem getrimmten Minimalwiderstand, wobei ausschließlich Flugleistungsfragen betrachtet wurden und die Forderungen nach ausreichenden Steuermomenten ausgeklammert blieben. Im folgenden soll deshalb untersucht werden, wie der aus der Sicht der Flugleistungen günstige Schwerpunktbereich dem durch die Steuerungsanforderungen festgelegten Schwerpunktbereich zugeordnet ist und welche Möglichkeiten zur Anpassung vorhanden sind.

Die Begrenzung der vorderen und hinteren Schwerpunktlage ist nach (1.2.10) und (1.2.14) unter Berücksichtigung von

$$(C_{Amax})_0 = (C_{AFR})_{max} - \frac{\overline{q}_H}{\overline{q}} \frac{S_H}{S} (C_{AH})_{min}$$

durch die folgenden Beziehungen bestimmt:

Vordere Steuergrenze x_{Sv}

$$\frac{x_{Sv} - x_{FR}}{r_H^*} = - \frac{\overline{q}_H}{\overline{q}} \frac{S_H}{S} \frac{(C_{AH})_{min}}{(C_{Amax})_0} - \frac{l_\mu}{r_H^*} \frac{C_{mOFR}}{(C_{Amax})_0} \, , \qquad (1.3.48a)$$

Hintere Steuergrenze x_{Sh}

$$\frac{x_{Sh} - x_{FR}}{r_H^*} = \frac{\overline{q}_H}{\overline{q}} \frac{S_H}{S} \frac{(C_{AH})_{max}}{(C_{Amax})_0} - \frac{l_\mu}{r_H^*} \frac{C_{mOFR}}{(C_{Amax})_0} \, . \qquad (1.3.48b)$$

Außer diesen, auf dem statischen Momentengleichgewicht basierenden Beziehungen sind noch weitere Forderungen zu berücksichtigen, die sich, wie in Kapitel 1.2 dargelegt, teilweise durch konstante Zuschläge erfassen lassen.

Die Relation der Steuergrenzen zu der widerstandsoptimalen Schwerpunktlage ist an einem Beispiel in Bild 1.3.19 dargestellt. Der obere Bildteil zeigt den zulässigen Schwerpunktbereich und seine Ausweitung mit Vergrößerung der Leitwerksfläche. Die Forderung nach einem bestimmten nutzbaren Schwerpunktbereich legt dabei zweierlei fest:

1) Die unbedingt erforderliche Leitwerksfläche S_{Hmin}, die nicht unterschritten werden kann.

2) Fixierung des nutzbaren Schwerpunktbereichs (im Flugzeug).

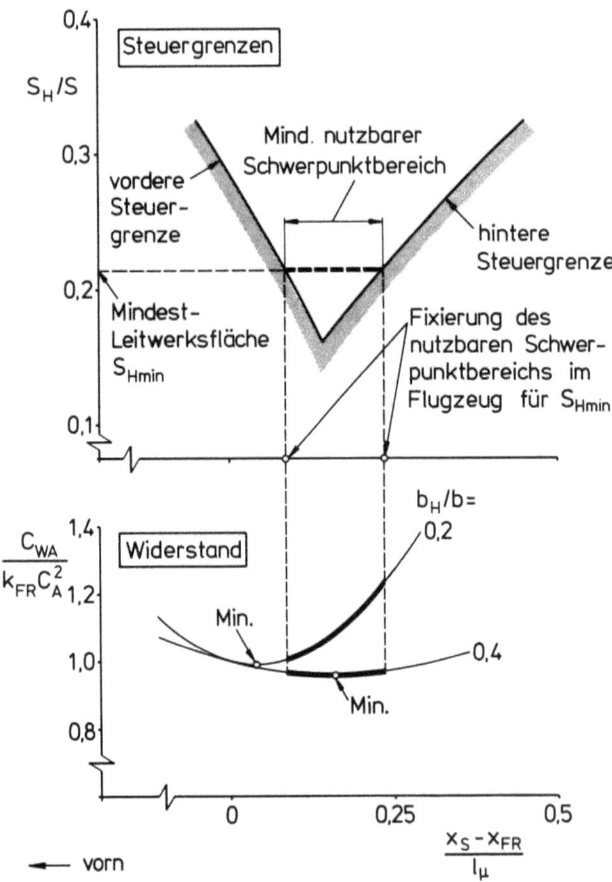

Bild 1.3.19. Zuordnung der Steuergrenzen zur widerstandsoptimalen Schwerpunktlage

η_{Kmax}: $(C_{AFR})_{max}/(C_{AH})_{\substack{max\\min}}=2,0$; $C_{mOFR}/(C_{AFR})_{max}=-0,2$

$\eta_K=0$: $(C_{AFR})_{max}/(C_{AH})_{\substack{max\\min}}=1,5$; $C_{mOFR}=0$; $\alpha^*_{wA}=0,5$

Aus Punkt 2) ergibt sich unmittelbar die Frage, ob der so fixierte
Schwerpunktbereich mit dem Bereich der widerstandsgünstigen Schwerpunktlagen zusammenfällt. Dies ist im unteren Teil von Bild 1.3.19
erläutert. Hier wird gezeigt, daß der Leitwerksspannweite eine maßgebliche Bedeutung zukommt, die nach (1.3.25c) eine wichtige Einflußgröße für die widerstandsoptimale Schwerpunktlage ist. Im Fall
der kleineren Leitwerksspannweite ($b_H/b=0,2$) zeigt sich, daß das
Widerstandsminimum außerhalb des zulässigen Schwerpunktbereichs liegt.
Die Vergrößerung der Leitwerksspannweite auf $b_H/b=0,4$ ermöglicht dann
die Anpassung des widerstandsgünstigen an den zulässigen Schwerpunktbereich. Ergänzend sei bemerkt, daß - wie in Bild 1.3.19 vorausgesetzt - die Leitwerksspannweite nicht oder nur sehr wenig auf die
Steuergrenzen einwirkt. Dies beruht darauf, daß die Steuergrenzen
durch die Werte für den Maximal- und Minimalauftrieb $(C_{AH})_{max}$ und
$(C_{AH})_{min}$ bestimmt sind, die sich nur wenig mit der Spannweite bzw.
Streckung ändern. Nur bei sehr kleinen Werten von Λ_H wird der Strek-
kungseinfluß bedeutsam.

Außer der Leitwerksspannweite muß der Abwindfaktor α^*_{wA} als weitere
maßgebliche Einflußgröße für die Zuordnung der widerstandsoptimalen
Schwerpunktlage zum zulässigen Bereich angesehen werden. Zunächst
zeigt sich unter Berücksichtigung von (1.3.48a,b), daß die Abwind-
verhältnisse keine Bedeutung für den steuerungsmäßig zulässigen
Schwerpunktbereich haben, da als (einzige) aerodynamische Größen nur
der Minimal- und Maximalauftrieb $(C_{AH})_{min}$ und $(C_{AH})_{max}$ eine Rolle
spielen. Dies bedeutet, daß bei Änderung der Abwindcharakteristik
(z.B. durch Änderung der Leitwerkshochlage) der zulässige Schwerpunktbereich unverändert bleibt, während die widerstandsoptimale
Schwerpunktlage verschoben wird. Ein Beispiel hierzu ist in Bild
1.3.20 dargestellt. Der obere Teil zeigt den zulässigen Schwerpunktbereich. Der Verlauf des getrimmten Widerstandes ist im unteren Teil
des Bildes dargestellt, und zwar am Beispiel eines kleineren und eines größeren Abwindwinkels. Haupteffekt ist dabei die bereits früher
diskutierte Vorwärtswanderung der widerstandsoptimalen Schwerpunktlage mit Zunahme des Abwindwinkels. Für den Schwerpunktbereich, der
der erforderlichen Mindest-Leitwerksfläche S_{Hmin} zugeordnet ist,
führt die Zunahme des Abwindwinkels dazu, daß die Anpassung der widerstandsoptimalen Schwerpunktlage erschwert wird oder sogar unmög-
lich ist. Eine Realisierung der widerstandsoptimalen Schwerpunktlage
kann dann nur dadurch erfolgen, daß man die Forderung nach der
kleinstmöglichen Leitwerksfläche S_{Hmin} aufgibt und auf einen größeren

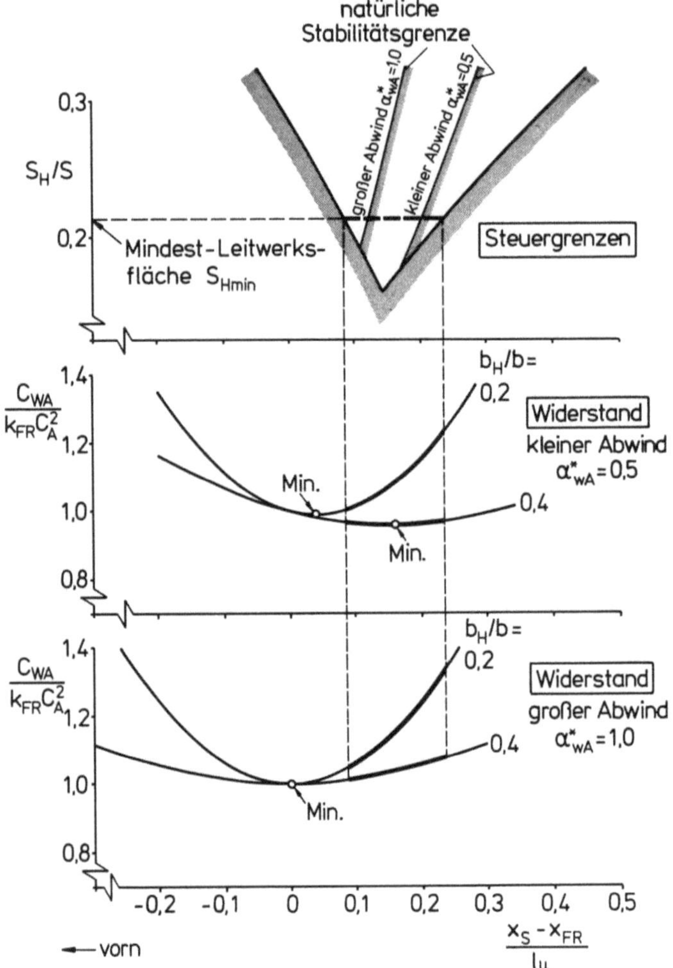

Bild 1.3.20. Einfluß des Abwindfaktors auf die Zuordnung der Steuergrenzen zur widerstandsoptimalen Schwerpunktlage (Daten wie Bild
1.3.19; a_1=0,6; $(C_{A\alpha})_H/(C_{A\alpha})_{FR}$=0,75)

Wert übergeht, der es ermöglicht, weiter vorn liegende Schwerpunktlagen auszunutzen. Dies geht ebenfalls aus Bild 1.3.20 hervor. In
einem derartigen Fall ist es dabei gleichzeitig möglich, den natürlichen Instabilitätsgrad zu reduzieren oder sogar ganz im natürlich
stabilen Bereich zu bleiben.

Als Beispiel zu ausgeführten Flugzeugen sind in Bild 1.3.21 die Verbesserungsmöglichkeiten für den Airbus A 300 B2 dargestellt (nach

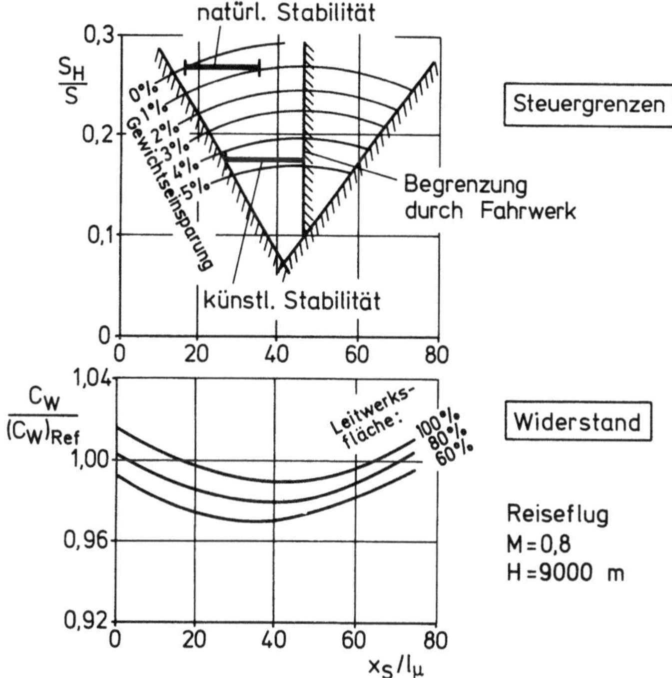

Bild 1.3.21. Verbesserungsmöglichkeiten am Beispiel eines Großraumflugzeugs (Gewichtseinsparung bezogen auf Nutzlast), nach (16)

(16)). Der obere Bildteil zeigt die erforderliche Leitwerksfläche
sowie den steuerungsmäßig zulässigen Schwerpunktbereich. Hierbei ist
zu bemerken, daß wegen der vorgegebenen Konfiguration das Fahrwerk
für die hintere Begrenzung der Schwerpunktlage maßgebend war und
nicht die verfügbaren Steuermomente. Im oberen Bildteil sind außerdem auch die möglichen Gewichtseinsparungen angegeben. Der untere
Bildteil zeigt den Widerstand, der auf den Referenzwert $(C_W)_{Ref}$ des
jetzigen Airbus A 300 B2 bei $x_S/l_\mu \approx 0,16$ bezogen ist. Das in Bild
1.3.22 dargestellte zweite Beispiel basiert auf einem STOL-Projekt
(16). Hier ergeben sich noch erheblich größere Verbesserungsmöglichkeiten. Der Grund hierfür ist, daß dieses Projekt eine T-Leit-
werkskonfiguration besitzt, bei dem der Abwindwinkel wegen der Hochlage relativ klein ist. Daher treten hier stärkere Widerstandsver-
ringerungen mit Verschiebung des Schwerpunktes nach hinten auf. Weiter ist bemerkenswert, daß bei diesem Projekt die widerstandsopti-

male Schwerpunktlage hinter dem steuerungsmäßig zulässigen Bereich
liegt, so daß eine Realisierung des getrimmten Minimalwiderstandes
bei minimaler Leitwerksfläche nicht möglich ist.

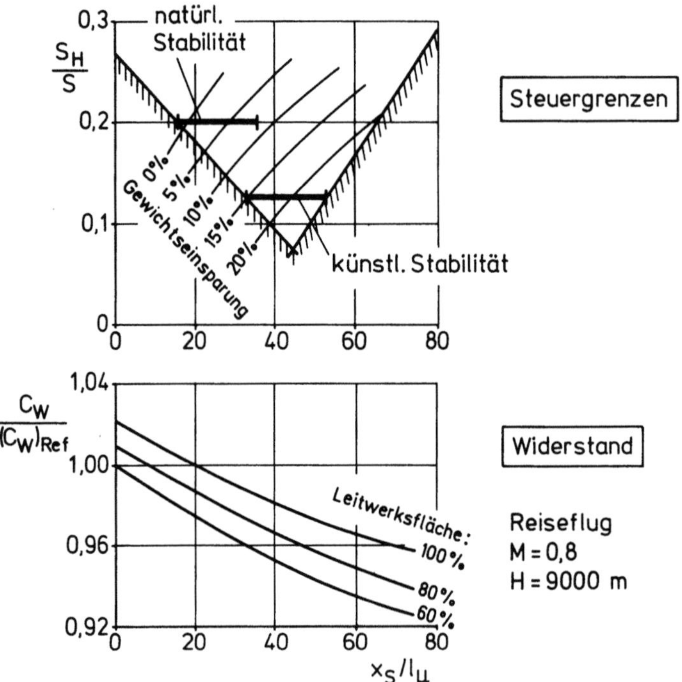

Bild 1.3.22. Verbesserungsmöglichkeiten am Beispiel eines STOL-
Projekts (Gewichtseinsparung bezogen auf Nutzlast), nach [16]

1.4 Getrimmter Maximalauftrieb

1.4.1 Allgemeines

Im Vordergrund der bisherigen Betrachtungen stand der getrimmte Widerstand und seine Realisierungsmöglichkeit im Hinblick auf eine
Optimierung der Flugleistungen im Reiseflug sowie auch im Manöverflug. Der Auftrieb wurde dabei zwar mitberücksichtigt, jedoch nur
in indirekter Form als Nebenbedingung A=const aufgrund der im Hori-
zontal- bzw. Manöverflug zu erfüllenden Beziehung A=n mg. Zur Erzielung guter Landeflugleistungen steht andererseits die Frage
nach dem Maximalauftrieb im Vordergrund, den ein Flugzeug im ge-

trimmten Zustand erzielen kann. Hierbei ist die Beeinflussung des
Widerstandes nur insofern von Interesse, als u.U. eine extreme Auslegung des verwendeten Hochauftriebssystems einen zu hohen Trieb-
werksschub bei der Einhaltung der Sinkflugbedingungen im Landeanflug
erfordert und daher lärmmäßig unzulässig sein kann. Auch beim Manöverflug spielt der austrimmbare Maximalauftrieb eine maßgebliche Rolle, da er in einem Teil des Flugbereichs die erzielbaren Manöverlei-
stungen begrenzt. Daher stellt sich die Frage, ob und gegebenenfalls
wie es durch volle Nutzung des Leitwerk-Auftriebspotentials möglich
ist, den getrimmten Maximalauftrieb des Flugzeugs zu steigern und auf
Werte über den maximalen Flügelauftrieb zu erhöhen. Diese Möglichkeit
ist insbesondere im Vergleich zu Flugzeugen mit natürlicher Stabilität von Interesse, bei denen in der Hochauftriebskonfiguration wegen
des großen negativen Nullmomentes der Flügel-Rumpf-Kombination der
größtmögliche negative Auftrieb am Leitwerk zum Momentenausgleich
benötigt wird. Eine anschauliche Darstellung dieses Problems zeigt
Bild 1.4.1. Das Bild macht deutlich, daß für ein kleines (negatives)
Nullmoment M_{0FR} bei eingefahrenen Klappen entsprechend der Reiseflugkonfiguration der zum Trimmen erforderliche Leitwerksauftrieb
positiv (oder auch negativ) sein kann. Der Übergang auf die Hochauftriebskonfiguration mit ausgefahrenen Klappen führt dann zu einer
starken Vergrößerung des (negativen) Nullmomentes M_{0FR}, zu dessen
Aussteuerung ein negativer Leitwerksauftrieb erforderlich ist. Hierbei muß der Flügel einen größeren Maximalauftrieb besitzen, als dem
Gesamtflugzeug dann zur Verfügung steht.

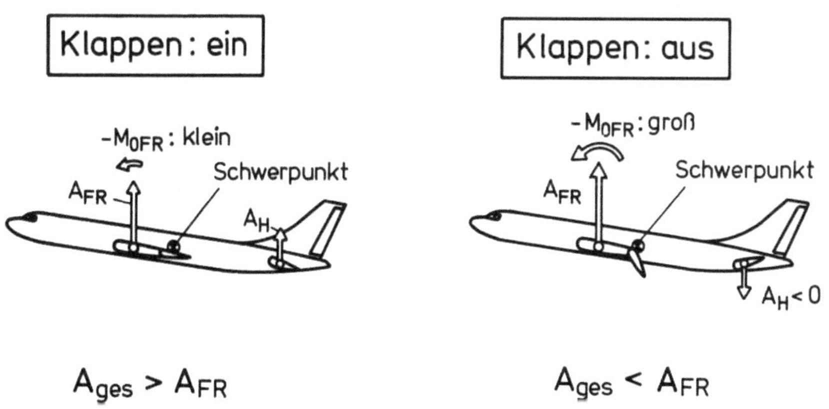

Bild 1.4.1. Einfluß des Nullmomentes auf den zum Trimmen erforderlichen Leitwerksauftrieb

1.4.2 Absolut größter Auftrieb

Ausgangspunkt der Betrachtung ist die Frage nach dem größtmöglichen
Auftrieb, den eine gegebene Flugzeugkonfiguration erzielen kann. Dies
ist, wie in Bild 1.4.2 anschaulich dargestellt ist, dann der Fall,
wenn sowohl die Flügel-Rumpf-Kombination als auch das Leitwerk ihren
jeweils größtmöglichen Auftrieb A_{FRmax} und A_{Hmax} erzeugen. Für den
absolut größten Auftrieb des Gesamtflugzeugs gilt dann

$$(A_{max})_{abs} = A_{FRmax} + A_{Hmax}\cos\bar{\alpha}_w - W_{Hmax}\sin\bar{\alpha}_w \ . \qquad (1.4.1a)$$

Läßt man die $\bar{\alpha}_w$-bedingten Effekte wegen $\cos\bar{\alpha}_w \approx 1$ und $W_{Hmax}\sin\bar{\alpha}_w \ll$
$A_{Hmax}\cos\bar{\alpha}_w$ außer Betracht, so erhält man

$$(A_{max})_{abs} = A_{FRmax} + A_{Hmax} \ . \qquad (1.4.1b)$$

Nach Übergang auf die Beiwertschreibweise mit $(A_{max})_{abs}=(C_{Amax})_{abs}\bar{q}\,S$,
$A_{FRmax}=(C_{AFR})_{max}\bar{q}\,S$ und $A_{Hmax}=(C_{AH})_{max}\bar{q}_H S_H$ gilt dann für den absolut
größten Auftriebsbeiwert

$$(C_{Amax})_{abs} = (C_{AFR})_{max} + \frac{\bar{q}_H}{\bar{q}}\frac{S_H}{S}(C_{AH})_{max} \ . \qquad (1.4.2)$$

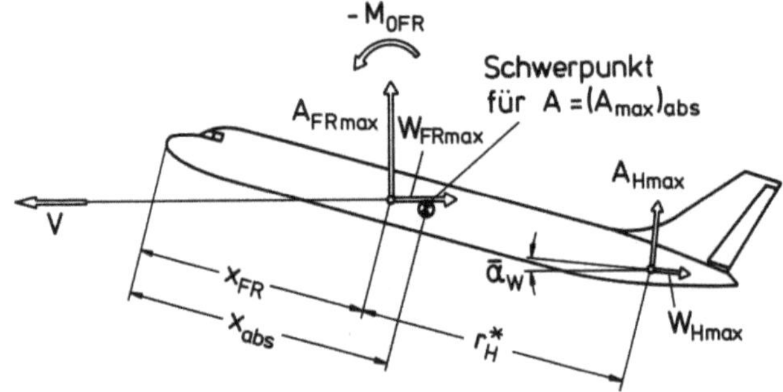

Bild 1.4.2. Absolut größter
Flugzeugauftrieb $(A_{max})_{abs}$

1.4.3 Auftriebsoptimale Schwerpunktlage

Die zugeordnete Schwerpunktlage x_{abs}, bei der das Flugzeug im Momentengleichgewicht – d.h. im ausgetrimmten Zustand – ist, ergibt sich
aus der folgenden Beziehung (vgl. hierzu auch Bild 1.4.2 unter Ver-

nachlässigung des Einflusses von W_{FRmax} und W_{Hmax} auf das Nickmoment sowie mit $\cos\alpha \approx 1$ und $\cos(\alpha-\bar{\alpha}_w) \approx 1)$:

$$A_{FRmax}(x_{abs} - x_{FR}) + M_{0FR} - A_{Hmax}\left(r_H^* - (x_{abs} - x_{FR})\right) = 0 \; . \qquad (1.4.3)$$

Daraus erhält man unter Berücksichtigung von (1.4.1b) sowie nach Übergang auf die Beiwertschreibweise für die hier als auftriebsoptimal bezeichnete Schwerpunktlage

$$\frac{x_{abs} - x_{FR}}{r_H^*} = \frac{\bar{q}_H}{\bar{q}} \frac{S_H}{S} \frac{(C_{AH})_{max}}{(C_{Amax})_{abs}} - \frac{l_\mu}{r_H^*} \frac{C_{m0FR}}{(C_{Amax})_{abs}} \; . \qquad (1.4.4)$$

Eliminiert man $(C_{AH})_{max}$ aus (1.4.2) und (1.4.4), so folgt

$$(C_{Amax})_{abs} = \frac{(C_{AFR})_{max} + (l_\mu/r_H^*)C_{m0FR}}{1 - (x_{abs} - x_{FR})/r_H^*} \; . \qquad (1.4.5)$$

Liegt der Schwerpunkt vor oder hinter x_{abs}, so ist der austrimmbare Maximalauftrieb kleiner als der absolut größte Wert $(C_{Amax})_{abs}$. Dieser - im Zusammenhang mit den Steuergrenzen in Abschnitt 1.2.2 diskutierte - Effekt läßt sich anschaulich durch die folgende Überlegung erläutern: Geht man von dem in Bild 1.4.2 dargestellten Zustand des absolut größten Auftriebs aus und läßt den Schwerpunkt nach vorn wandern, so muß zur Aussteuerung des Maximalauftriebs $(C_{AFR})_{max}$ der Flügel-Rumpf-Kombination das Leitwerksmoment reduziert werden. Dies bedeutet, daß der Leitwerksauftrieb verringert werden muß, d.h. es gilt hier $C_{AH} < (C_{AH})_{max}$. Damit erhält man für den getrimmten Maximalauftrieb des Gesamtflugzeugs

$$C_{Amax} = (C_{AFR})_{max} + \frac{\bar{q}_H}{\bar{q}} \frac{S_H}{S} C_{AH} \; . \qquad (1.4.6)$$

Der Leitwerksauftrieb C_{AH} errechnet sich nun aus dem Momentengleichgewicht

$$C_m = (C_{AFR})_{max} \frac{x_S - x_{FR}}{l_\mu} + C_{m0FR} - \frac{\bar{q}_H}{\bar{q}} \frac{S_H}{S} C_{AH} \frac{r_H^* - (x_S - x_{FR})}{l_\mu} = 0 \; .$$

Eliminiert man C_{AH} mit Hilfe dieser Beziehung in (1.4.6), so ergibt sich der getrimmte Maximalauftrieb in Abhängigkeit von der Schwerpunktlage zu

$$C_{Amax} = \frac{(C_{AFR})_{max} + (1_\mu/r_H)C_{mOFR}}{1 - (x_S - x_{FR})/r_H^*} \cdot \qquad (1.4.7)$$

Berücksichtigt man die Beziehung (1.4.5), so läßt sich dafür auch
schreiben

$$C_{Amax} = \frac{r_H^* - (x_{abs} - x_{FR})}{r_H^* - (x_S - x_{FR})} \,(C_{Amax})_{abs} \cdot \qquad (1.4.8)$$

Dieser Zusammenhang gilt aufgrund der oben geschilderten Überlegung
nur für den Schwerpunktbereich, der vor x_{abs} liegt.

Für den Schwerpunktbereich hinter x_{abs} ist eine gesonderte Betrachtung erforderlich. Auch dies läßt sich anschaulich mit Hilfe von
Bild 1.4.2 erläutern. Geht man wieder von dem dort gezeigten Zustand
des absolut größten Auftriebs $(C_{Amax})_{abs}$ aus und läßt den Schwerpunkt
nunmehr nach hinten wandern, so ist das Momentengleichgewicht durch
folgende Verhältnisse gekennzeichnet: Der Leitwerksauftrieb bleibt
unverändert auf seinem Maximalwert $(C_{AH})_{max}$, da eine Steigerung darüber hinaus nicht möglich ist. Dies bedeutet, daß das Leitwerksmoment
in bezug auf den nach hinten wandernden Schwerpunkt nicht zunehmen
kann, sondern sogar (leicht) zurückgeht. Demgegenüber würde das Moment der Flügel-Rumpf-Kombination erheblich anwachsen, da die Zunahme
seines Hebelarms relativ größer ist als die Abnahme des Leitwerkshe-
belarms. Um das Moment der Flügel-Rumpf-Kombination diesen Verhältnissen anzupassen, muß daher der Auftrieb der Flügel-Rumpf-Kombination
kleiner werden. Dies bedeutet, daß in dem Schwerpunktbereich hinter
x_{abs} nur noch ein Flügel-Rumpf-Auftrieb C_{AFR} ausgesteuert werden kann,
der kleiner ist als der Maximalwert $(C_{AFR})_{max}$. Hier gilt also für den
Maximalauftrieb des Gesamtflugzeugs mit dem noch zu bestimmenden
$C_{AFR} < (C_{AFR})_{max}$:

$$C_{Amax} = C_{AFR} + \frac{\bar{q}_H}{\bar{q}} \frac{S_H}{S} \,(C_{AH})_{max} \cdot \qquad (1.4.9)$$

Der aussteuerbare Auftrieb C_{AFR} der Flügel-Rumpf-Kombination errechnet sich aus dem Momentengleichgewicht

$$C_m = C_{AFR} \frac{x_S - x_{FR}}{1_\mu} + C_{mOFR} - \frac{\bar{q}_H}{\bar{q}} \frac{S_H}{S} \,(C_{AH})_{max} \frac{r_H^* - (x_S - x_{FR})}{1_\mu} = 0 \cdot$$

Eliminiert man nun C_{AFR} mit Hilfe dieser Beziehung in (1.4.9), so
erhält man für den getrimmten Maximalauftrieb im Schwerpunktbereich
hinter x_{abs}:

$$C_{Amax} = \frac{(C_{AH})_{max}(q/q_H)S_H/S - (1_\mu/r_H^*)C_{mOFR}}{(x_S - x_{FR})/r_H^*} \; . \tag{1.4.10}$$

Dafür läßt sich mit (1.4.4) nach Elimination von $(C_{AH})_{max}$ auch schreiben

$$C_{Amax} = \frac{x_{abs} - x_{FR}}{x_S - x_{FR}} \, (C_{Amax})_{abs} \; . \tag{1.4.11}$$

Wertet man die obigen Überlegungen graphisch aus, so erhält man den
in Bild 1.4.3 dargestellten Zusammenhang. Die für eine gegebene Leitwerksfläche gültige Kurve besteht aus zwei Ästen entgegengesetzter
Steigung, die sich im Maximum treffen. Dieses Maximum stellt den absolut größten Auftrieb $(C_{Amax})_{abs}$ dar, der in der Beziehung (1.4.2)
angegeben ist. Der linke Kurventeil entspricht dem zuerst besprochenen Fall, bei dem die Flügel-Rumpf-Kombination den maximal möglichen
Auftrieb hat, nicht jedoch das Leitwerk (vgl. (1.4.7) bzw. (1.4.8)).
Im rechten Kurventeil hat dann das Leitwerk seinen Maximalauftrieb,
während der Auftrieb der Flügel-Rumpf-Kombination verringert ist
(vgl. (1.4.10) bzw. (1.4.11)).

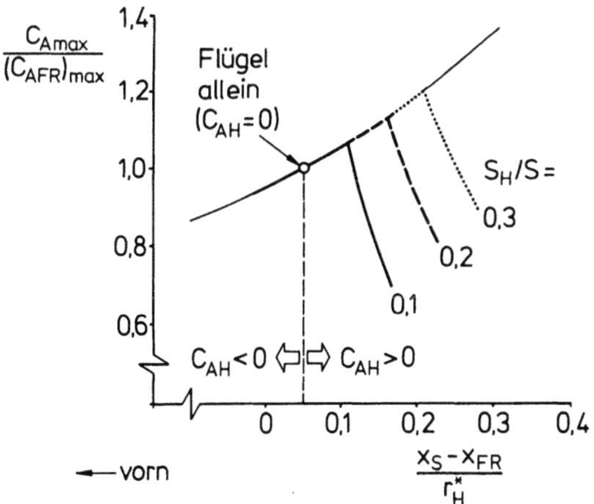

Bild 1.4.3. Getrimmter Maximalauftrieb, abhängig von der Schwerpunktlage und der bezogenen Leitwerksfläche ($(C_{AFR})_{max}/(C_{AH})_{max}=1,5$;
$(1_\mu/r_H^*)C_{mOFR}/(C_{AFR})_{max}=-0,05$)

Darüber hinaus macht Bild 1.4.3 noch zwei weitere Punkte deutlich.
Erstens, die Steigung des rechten Kurventeils ist beträgsmäßig erheblich größer als die des linken Teils. Diese Unsymmetrie beruht auf
den unterschiedlichen Hebelarmen der Flügel-Rumpf-Kombination bzw.
des Leitwerks relativ zum Schwerpunkt. Sie hat zur Folge, daß der
trimmbare C_{Amax}-Wert im rechten Teil sehr empfindlich gegenüber
Schwerpunktverschiebungen ist. Zweitens ist zu erwähnen, daß der
absolut größte Auftrieb mit Zunahme des Flächenverhältnisses S_H/S
anwächst. Dies ist leicht einzusehen, da der größtmögliche Leitwerksbeitrag zur Gesamtauftriebsbilanz proportional zur Leitwerksfläche
zunimmt.

Die soeben betrachtete auftriebsoptimale Schwerpunktlage ist nun im
Zusammenhang mit den Steuergrenzen zu sehen, d.h. es ist zu prüfen,

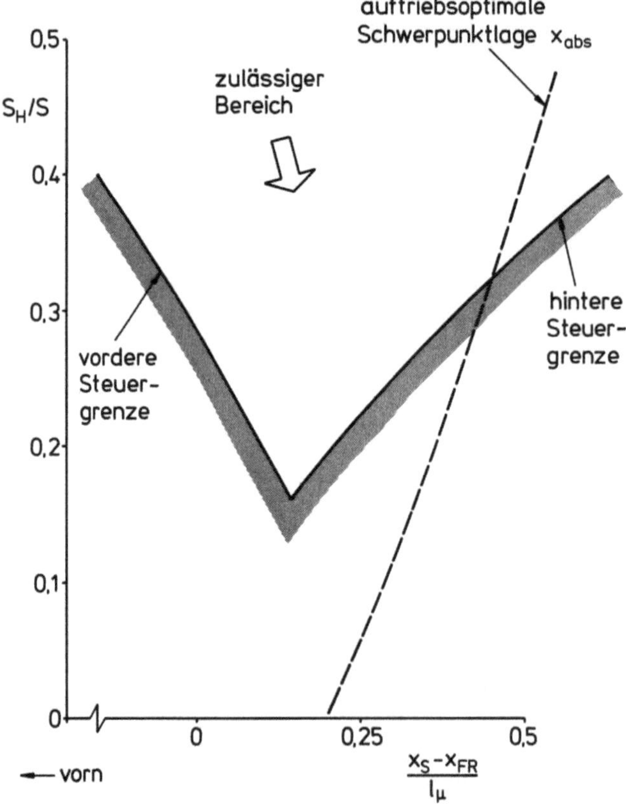

Bild 1.4.4. Zuordnung der auftriebsoptimalen Schwerpunktlage zu den
Steuergrenzen (Daten wie Bild 1.3.19)

ob bzw. unter welchen Bedingungen sie realisiert werden kann, also innerhalb des steuerungsmäßig zulässigen Bereichs liegt. Dies wird in Bild 1.4.4 verdeutlicht, das die Zuordnung der auftriebsoptimalen Schwerpunktlage nach (1.4.4) zu den Steuergrenzen für ein Beispielflugzeug zeigt. Ausgehend von kleinen Werten des Flächenverhältnisses S_H/S, zeigt sich zunächst, daß die auftriebsoptimale Schwerpunktlage außerhalb des zulässigen Bereichs liegt. Mit Zunahme der Leitwerksfläche nähert sie sich dem zulässigen Bereich, bis sie ihn an der hinteren Steuergrenze erreicht. Wichtig hierbei ist weiterhin, daß mit Zunahme der Leitwerksfläche sich die auftriebsoptimale Schwerpunktlage nach hinten verschiebt.

1.4.4 Auftriebsoptimaler Schwerpunktbereich

Für den praktischen Betrieb ist eine einzige Schwerpunktlage unzureichend. Hier kommt es vielmehr darauf an, daß ein bestimmter Schwerpunktbereich nuztbar ist. Der aus der Sicht der Auftriebsbilanz bestmögliche Schwerpunktbereich wird dann vor bzw. hinter der auftriebsoptimalen Schwerpunktlage liegen. Ein Beispiel hierzu ist in Bild 1.4.5 dargestellt. Der auftriebsmäßig bestmögliche Schwerpunktbereich ist dort mit Δx_{Amax} bezeichnet. Wichtigstes Ergebnis ist, daß dieser Bereich unsymmetrisch zu der auftriebsoptimalen Schwerpunktlage liegt, wobei die Erstreckung Δx_V auf der linken Seite erheblich größer ist als Δx_h auf der rechten. Dieses Ergebnis ist auch aufgrund der sehr unterschiedlichen Steigung der beiden Kurvenäste in Bild 1.4.3 zu erwarten. Die beiden Anteile Δx_V und Δx_h werden nun im folgenden bestimmt. Ausgangspunkt ist die Vorgabe des auftriebsmäßig besten Schwerpunktbereichs Δx_{Amax} und seiner Aufteilung gemäß

$$\Delta x_{Amax} = \Delta x_V + \Delta x_h \ . \tag{1.4.12}$$

Geht man nun von der auftriebsoptimalen Schwerpunktlage x_{abs} aus und läßt den Schwerpunkt um die Länge Δx_V nach vorn wandern, so verringert sich der getrimmte Auftriebsbeiwert um ein bestimmtes Maß ΔC_A. Die Länge Δx_h ist dann dadurch festgelegt, daß bei der Verschiebung des Schwerpunktes nach hinten eine gleich große Verringerung des Auftriebsbeiwerts um ΔC_A eintritt. Dies bedeutet, daß die Längen Δx_V und Δx_h durch die folgende Beziehung bestimmt sind:

$$C_{Amax}\big|_{x_S=x_{abs}-\Delta x_V} = C_{Amax}\big|_{x_S=x_{abs}+\Delta x_h} = (C_{Amax})_{abs} - \Delta C_A \ . \tag{1.4.13}$$

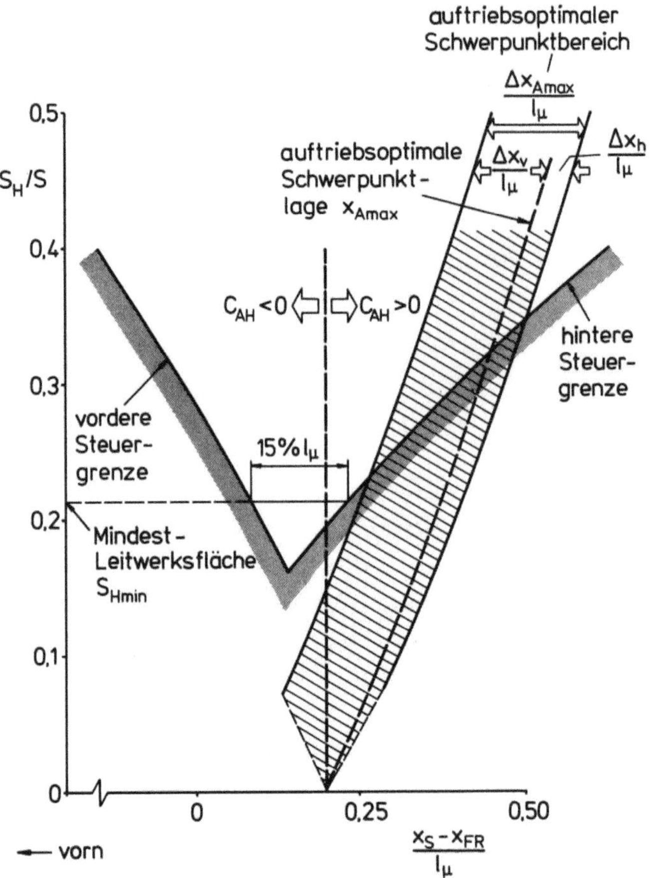

Bild 1.4.5. Zuordnung des auftriebsoptimalen Schwerpunktbereichs Δx_{Amax} zu x_{abs} und den Steuergrenzen (Daten wie Bild 1.3.19; $\Delta x_{Amax}=0{,}15\ l_\mu$)

Berücksichtigt man nun (1.4.8), so ergibt sich für die Länge Δx_v die Beziehung

$$\frac{(C_{Amax})_{abs} - \Delta C_A}{(C_{Amax})_{abs}} = \frac{r_H^* - (x_{abs} - x_{FR})}{r_H^* - (x_{abs} - x_{FR}) + \Delta x_v}\ .$$

oder

$$\Delta x_v = \left(r_H^* - (x_{abs} - x_{FR})\right)\frac{\Delta C_A}{(C_{Amax})_{abs} - \Delta C_A}\ .$$

Entsprechend erhält man für $x_S = x_{abs} + \Delta x_h$ aus (1.4.11):

$$\Delta x_h = (x_{abs} - x_{FR}) \frac{\Delta C_A}{(C_{Amax})_{abs} - \Delta C_A} \cdot$$

Dies läßt sich mit

$$\Delta x_{Amax} = \Delta x_v + \Delta x_h = r_H^* \frac{\Delta C_A}{(C_{Amax})_{abs} - \Delta C_A} \qquad (1.4.14)$$

umformen zu den folgenden Beziehungen zwischen den Teilintervallen $\Delta x_{v,h}$ und dem vorgegebenen Gesamtintervall Δx_{Amax}:

$$\Delta x_v = \left(1 - \frac{x_{abs} - x_{FR}}{r_H^*}\right) \Delta x_{Amax} \; ,$$

$$\Delta x_h = \frac{x_{abs} - x_{FR}}{r_H^*} \Delta x_{Amax} \cdot \qquad (1.4.15)$$

Unter der normalerweise zulässigen Voraussetzung $x_{abs} - x_{FR} \ll r_H^*$ folgt aus (1.4.15), daß das Teilintervall Δx_v weitaus größer ist als Δx_h. Die physikalische Ursache ist auch hier wieder darin zu sehen, daß der Hebelarm der Flügel-Rumpf-Kombination in bezug auf den Schwerpunkt erheblich kleiner ist als der Leitwerkshebelarm.

Als wichtigstes Ergebnis der Auftriebsbetrachtung folgt, daß die volle Nutzung des Auftriebspotentials nur im Bereich der hinteren Steuergrenze möglich ist, und zwar bei nicht zu kleinen Werten der Leitwerksfläche. Dies bedeutet zugleich, daß die Konfiguration für die minimale Leitwerksfläche aus der Sicht der Auftriebsbilanz nicht die bestmögliche sein muß. Auch dazu gibt Bild 1.4.5 eine Erläuterung. Dort ist die minimal erforderliche Leitwerksfläche angegeben, wobei als Beispiel ein nutzbarer Schwerpunktbereich von $0{,}15\ l_\mu$ zugrunde gelegt wurde. Hier kann das Auftriebspotential des Leitwerks nicht voll genutzt werden. Vielmehr erzeugt in diesem Fall das Leitwerk zur Aussteuerung des Flügel-Rumpf-Momentes sogar negativen Auftrieb $C_{AH} < 0$, so daß der Gesamtauftrieb des Flugzeugs kleiner ist als der Flügelauftrieb. Dies gilt praktisch für den gesamten Schwerpunktbereich von $0{,}15\ l_\mu$. Es wird daran deutlich, daß dieser Bereich fast vollständig links von der Geraden liegt, die die Grenze zwischen negativem und positivem Leitwerksauftrieb darstellt. Diese Grenze ergibt sich aus dem für $C_{AH} = 0$ geltenden Momentengleichgewicht

$$C_m\big|_{C_{AH}=0} = (C_{AFR})_{max} \frac{x_S - x_{FR}}{l_\mu} + C_{mOFR} = 0 \cdot$$

Daraus erhält man

$$\frac{(x_S)_{C_{AH}=0} - x_{FR}}{l_\mu} = - \frac{C_{m0FR}}{(C_{AFR})_{max}} \ . \qquad\qquad (1.4.16)$$

Diese Größe, die unabhängig von den Leitwerksdaten ist, bildet sich
in dem Auslegungsdiagramm von Bild 1.4.5 als eine Gerade ab, die
senkrecht auf der Abszisse steht. Es sei noch einmal bemerkt, daß die
den Auftrieb betreffenden Aussagen für die Hochauftriebskonfiguration
des Flugzeugs gelten. Dies bedeutet in bezug auf die minimal erforderliche Leitwerksfläche, daß der Leitwerksauftrieb nur in der Hochauftriebskonfiguration negativ ist, d.h. für diejenige Konfiguration,
bei der es auf die volle Nutzung des Auftriebspotentials ankommt. Die
Frage, welches Vorzeichen der Leitwerksauftrieb in der Reiseflugkonfiguration annimmt, wird durch die für den Reiseflug geltenden Werte
bestimmt. Insbesondere sind hierbei die Überlegungen zur Erzielung
des getrimmten Minimalwiderstandes zu berücksichtigen.

1.4.5 Zuordnung zum widerstandsoptmalen Schwerpunktbereich und zu den Steuergrenzen

Für den Gesamtentwurf kommt es darauf an, eine optimale Kombination
der oben behandelten Teilfragen (Steuergrenzen, Widerstand, Auftrieb)
zu finden. Dies ist an einem Beispiel in Bild 1.4.6 erläutert. Ausgangspunkt sind dabei die im oberen Bildteil dargestellten Steuergrenzen. Sie legen den zulässigen Schwerpunktbereich fest und erfordern damit die Anpassung der für den Widerstand und Auftrieb günstigen Schwerpunktlagen. Der Verlauf des getrimmten Widerstandes (auftriebsabhängiger Anteil) ist im mittleren Bildteil dargestellt, wobei
die Leitwerksspannweite ein geeigneter Parameter zur Anpassung der
widerstandsoptimalen Schwerpunktlage ist. Hiermit kann die widerstandsoptimale Schwerpunktlage in weiten Grenzen verschoben werden.
Im unteren Bildteil ist die Auftriebskurve dargestellt. Sie zeigt den
getrimmten Maximalauftrieb der Hochauftriebskonfiguration, der an den
Steuergrenzen erreichbar ist, d.h. den Maximalauftrieb für die den
Steuergrenzen zugeordneten Wertekombinationen von Leitwerksfläche und
Schwerpunktlage. Die Auftriebskurve setzt sich aus zwei Anteilen zu-
sammen. Im linken Teil nimmt der getrimmte Maximalauftrieb mit einer
Verschiebung des Schwerpunktes nach hinten zu. Hier hat die Flügel-
Rumpf-Kombination ihren Maximalauftrieb $(C_{AFR})_{max}$, während der Leit-
werksauftrieb Werte erreicht, die dem Minimalwert $(C_{AH})_{min}$ entspre-

chen (vordere Steuergrenze) oder durch den Maximalwert $(C_{AH})_{max}$ bzw.
Zwischenwerte gegeben sind (hintere Steuergrenze). Im rechten Teil
der Auftriebskurve sind jedoch die Verhältnisse geändert. Hier nimmt
der getrimmte Maximalauftrieb mit einer Verschiebung des Schwerpunktes
nach hinten ab. Dies ist eine Folge davon, daß nun die Steuergrenze
hinter dem auftriebsoptimalen Schwerpunktbereich liegt. Der hier erzielbare Maximalauftrieb ergibt sich aufgrund ähnlicher Überlegungen
wie im Zusammenhang mit (1.4.9) bzw. (1.4.10) dargelegt, d.h. aus

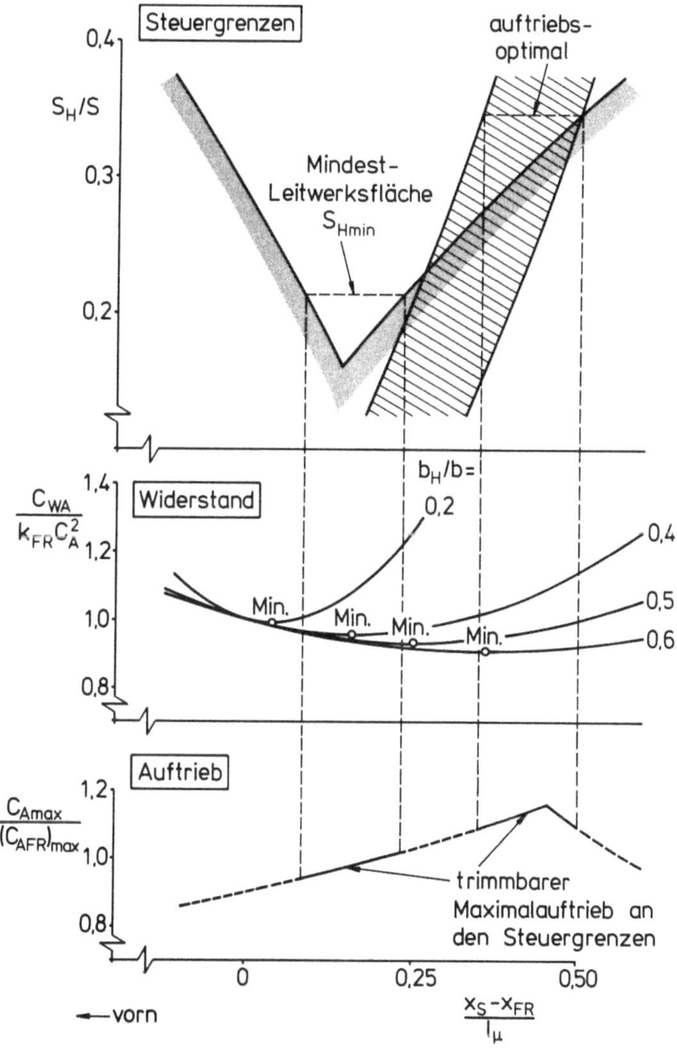

Bild 1.4.6. Zuordnung des getrimmten Maximalauftriebs und des getrimmten Minimalwiderstands zu den Steuergrenzen

$$c_{Amax} = \frac{(c_{AH})_{max}(\bar{q}_H/\bar{q})\,S_H/S - (1_\mu/r_H^*)\,c_{mOFR}}{(x_S - x_{FR})/r_H^*} \quad .$$

Das Verhältnis S_H/S ist hier jedoch nicht mehr konstant, sondern ändert sich entsprechend dem Verlauf der hinteren Steuergrenze. Kern-
punkt ist das Maximum der Auftriebskurve als Schnittpunkt der betrachteten beiden Teile. Hier wird das Auftriebspotential sowohl des
Flügels als auch des Leitwerks in bestmöglicher Weise genutzt. Dies
äußert sich auch darin, daß der zugeordnete Schwerpunktbereich mit
dem auftriebsoptimalen Bereich zusammenfällt, der im oberen Teil von
Bild 1.4.6 dargestellt ist. Bemerkenswert ist weiter, daß die Nutzung
des Maximums der Auftriebskurve nur bei sehr weit hinten liegenden
Schwerpunktlagen sowie bei Leitwerksflächen möglich ist, die deutlich
größer als der Minimalwert S_{Hmin} sind. Diese Überlegungen zeigen, daß
bei einer Entwurfsaufgabe nicht nur die Konfiguration der minimalen
Leitwerksfläche S_{Hmin} zu untersuchen ist, sondern auch die positiven Auswirkungen einer Vergrößerung der Leitwerksfläche auf den Auftrieb zu
berücksichtigen sind. Die Tendenz moderner Flügelentwürfe geht dahin,
mit sehr hohen Flächenbelastungen im Reiseflug zu fliegen, so daß
stets hohe Ansprüche an das Hochauftriebssystem gestellt werden müssen.
Eine Erhöhung des Maximalauftriebs durch Ausnutzung eines positiven
Leitwerksanteils kann in diesem Zusammenhang wesentliche Vorteile
bringen.

Im Hinblick auf die Beeinflussung des Widerstands bleibt zu ergänzen,
daß noch weitere Effekte bei Vergrößerung der Leitwerksfläche möglich sind. Erstens tritt eine Verringerung des auftriebsabhängigen
Minimalwiderstans ein. Dieser ist zwar nicht primär von der Fläche,
sondern von der Spannweite des Leitwerks abhängig. Es erweist sich
jedoch als zweckdienlich, bei einer Vergrößerung der Fläche auch die
Spannweite zu vergrößern. Zweitens wird - ebenfalls als Folge der
Spannweitenvergrößerung - die Empfindlichkeit der Widerstandszunahme
gegenüber Schwerpunktverschiebungen herabgesetzt. Beide Effekte können als Vorteile im Hinblick auf die Anpassung der widerstandsgünstigen Konfiguration an den zulässigen Schwerpunktbereich gewertet werden. Demgegenüber stellt der dritte Effekt, die Erhöhung des schäd-
lichen Widerstands (Nullwiderstands) infolge Vergrößerung der Leitwerksfläche, einen Nachteil dar. Hier ist zu prüfen, inwieweit dieser
Effekt durch die obigen Verbesserungen kompensiert wird.

Große Abwindfaktoren können die Möglichkeit zur Anpassung des widerstandsgünstigen Schwerpunktbereichs negativ beeinflussen. Dies beruht
darauf, daß hier die widerstandsoptimale Schwerpunktlage generell
nach vorn verschoben wird. Demgegenüber sind weder die Steuergrenzen
noch die auftriebsoptimale Schwerpunktlage von der Größe der Abwindfaktoren abhängig.

1.5 Dynamik des ungeregelten, instabilen Flugzeugs

1.5.1 Allgemeines

Die bisherige Untersuchung über Flugzeuge mit aktiver Steuerung hatte
zum Ziel, die Möglichkeiten zur Beeinflussung der Flugleistungen auf-
zuzeigen, die sich bei teilweisem oder vollständigem Verzicht auf die
natürliche Stabilität ergeben. Flugeigenschaftsfragen wurden dabei
nicht oder nur insoweit behandelt, als dies zur Ermittlung des zulässigen Schwerpunktbereichs und Festlegung der Steuergrenzen notwendig
war. Hierbei berücksichtigen die den Steuergrenzen zugrunde liegenden
Forderungen die Dynamik des Flugzeugs und die Flugeigenschaften mehr
in einem pauschalen Sinne durch eine bestimmte Erhöhung des Steuermo-
mentes, ohne auf die spezifischen Merkmale des dynamischen Verhaltens
näher einzugehen.

Der Verzicht auf die natürliche Stabilität beeinflußt nicht nur die
statische Kraft- und Momentenbeziehungen, sondern wird auch entscheidende Auswirkungen auf die Dynamik haben. Deshalb steht im Vordergrund der folgenden Betrachtung die Untersuchung der Dynamik des instabilen Flugzeugs als der zu stabilisierenden Regelstrecke. Regel-
technische Fragestellungen über das Stabilisierungssystem sowie z.B.
auch die Problematik der Zuverlässigkeit solcher Systeme liegen außerhalb des Rahmens dieses Buches.

Zwei wichtige Themenstellungen werden behandelt. Die erste betrifft
die Änderungen der (geometrischen) Konfiguration des Flugzeugs infolge der in den vorangegangenen Abschnitten durchgeführten Entwurfsüberlegungen und die daraus resultierenden Änderungen der aerodynamischen Beiwerte und der Stabilitätsderivative des Flugzeugs. Zum anderen ist es das Ziel, die geänderten Merkmale der Dynamik des statisch
instabilen Flugzeugs darzulegen und in allgemeingültiger Form dazu

Aussagen bereitzustellen. Das Schwergewicht liegt hierbei auf der Betrachtung der Eigenbewegungsformen im Hinblick auf Zeitverhalten (Eigenwerte) und Bewegungsgrößen (Eigenvektoren) sowie der die Bewegung beherrschenden Kraft- und Momentenkomponenten.

1.5.2 Aerodynamische Beiwerte und Stabilitätsderivative

Allgemeines

Die Entwürfe für Flugzeuge mit aktiver Steuerung werden sich in den geometrischen Relationen der Flügel-Rumpf-Kombination und des Leitwerks von den Entwürfen mit natürlicher Stabilität unterscheiden. Dies wird sich auf typische Weise in den aerodynamischen Beiwerten und Stabilitätsderivativen äußern. Für die hier vorzunehmende Grundsatzbetrachtung kann man davon ausgehen, daß die Flügel-Rumpf-Kombination in ihren Hauptmerkmalen unverändert bleibt, während das Leitwerk geändert wird, und zwar sowohl für sich allein betrachtet wie auch in seiner Relation zur Flügel-Rumpf-Kombination. Dies bedeutet, daß die einen instabilen Flugzeugentwurf kennzeichnenden Konfigurationsmerkmale sich vor allem darin äußern, daß die vom Leitwerk abhängigen Beiwerte und Derivative geändert werden. Bei Nur-Flügel-Flugzeugen ist demzufolge mit kleineren Änderungen in der geometrischen Konfiguration zu rechnen. Andererseits sind hier besonders hohe Anforderungen an die aerodynamische Wirksamkeit und Verstellgeschwindigkeit der Ruder zu stellen, damit die zur künstlichen Stabilisierung erforderlichen aerodynamischen Momente sowohl in bezug auf die notwendige Größe als auch Änderungsgeschwindigkeit aufgebracht werden können.

Die für die dynamische Stabilität (und Steuerbarkeit) der Längsbewegung maßgeblichen Beiwerte und Derivative betreffen Auftrieb, Widerstand und Nickmoment. Sie sind in der folgenden Zusammenstellung angegeben.

- Auftrieb   : C_A, $C_{A\alpha}$, C_{Aq}, $C_{A\dot{\alpha}}$, $C_{A\eta}$
- Widerstand : C_W, $C_{W\alpha}$, $C_{W\eta}$
- Nickmoment : $C_{m\alpha}$, C_{mq}, $C_{m\dot{\alpha}}$, $C_{m\eta}$

Auftriebs- und Widerstandsbeiwert

Für die Diskussion der Leitwerkseffekte ist es zweckmäßig, die genannten Beiwerte und Derivative geordnet nach den jeweiligen Einflußgrößen
zu untersuchen. Als erstes sind dabei die Beiwerte C_A und C_W zu betrachten. Der Auftriebsbeiwert des Flugzeugs sei entsprechend seiner
Definition $C_A = mg/(\bar{q}\, S)$ eine feste Größe, die nicht von einer Änderung
der Leitwerksfläche beeinflußt wird. Der Widerstandsbeiwert kann sich
zwar entsprechend den Betrachtungen von Kapitel 1.3 bei Realisierung
des getrimmten Minimalwiderstandes verringern. Die dabei möglichen
Änderungen bewegen sich in einem Rahmen, der im Hinblick auf die Flugleistungen wichtig ist, jedoch aus der Sicht der Flugeigenschaften
und der Stabilität nur zweitrangige Bedeutung hat.

α-Derivative

Die Ableitungen der Beiwerte nach dem Anstellwinkel α bezeichnet man
als α-Derivative. Der Auftriebsanstieg $C_{A\alpha}$ des Gesamtflugzeugs setzt
sich aus den Anteilen der Flügel-Rumpf-Kombination und des Leitwerks
zusammen. Betrachtet man zunächst den Auftrieb, so gilt (mit $\cos\bar{\alpha}_w \approx 1$
und $|W_H \sin\bar{\alpha}_w| << |A_H \cos\bar{\alpha}_w|$)

$$A = A_{FR} + A_H$$

bzw. mit $A = C_A \bar{q}\, S$, $A_{FR} = C_{AFR} \bar{q}\, S$ und $A_H = C_{AH} \bar{q}_H S_H$ in Beiwertschreibweise

$$C_A = C_{AFR} + \frac{\bar{q}_H}{\bar{q}} \frac{S_H}{S} C_{AH} \; . \tag{1.5.1}$$

Mit den Teil-Auftriebsanstiegen $(C_{A\alpha})_{FR}$ und $(C_{A\alpha})_H$ wird daraus unter
Berücksichtigung des Abwindfaktors $\partial\bar{\alpha}_w/\partial\alpha$ gemäß (1.2.4) für den Ge-
samtauftriebsanstieg

$$C_{A\alpha} = (C_{A\alpha})_{FR} + \left(1 - \frac{\partial\bar{\alpha}_w}{\partial\alpha}\right)(C_{A\alpha})_H \frac{\bar{q}_H}{\bar{q}} \frac{S_H}{S} \; . \tag{1.5.2}$$

Der Leitwerksanteil wird bei konventionellen Flugzeugen die Größenordnung von 10 % kaum überschreiten. Dies beruht sowohl darauf, daß
S_H erheblich kleiner ist als S, als auch darauf, daß der Abwindfak-
tor $\partial\bar{\alpha}_w/\partial\alpha$ die Wirkung des Leitwerks schwächt und daß auch üblicherweise $(C_{A\alpha})_H < (C_{A\alpha})_{FR}$ gilt. Eine Änderung der Leitwerksfläche wird
sich daher nur geringfügig auf $C_{A\alpha}$ auswirken.

Das Widerstandsderivativ $C_{W\alpha}$ ergibt sich durch partielle Differentiation des Widerstandsbeiwertes nach α, wobei der induzierte Minimalwiderstand gemäß (1.3.17) und die schwerpunktbedingte Widerstandszunahme gemäß (1.3.31) zugrunde gelegt werden können. Für die vorzunehmende Bewertung genügt es, den Fall $\alpha_{w0}^{*}=0$ und $C_{A,0FR}=0$ zu betrachten. Hier gilt im Unterschall

$$C_{W\alpha} = 2k_{FR}C_A C_{A\alpha}\left\{1 - \frac{1-\alpha_{wA}^{*}}{1+e_{rel}(b/b_H)^2-2\alpha_{wA}^{*}} + \left(\frac{\Delta x_S}{r_H^{*}}\right)^2\left[1+e_{rel}\left(\frac{b}{b_H}\right)^2-2\alpha_{wA}^{*}\right]\right\}.$$

$$(1.5.3)$$

Darin ist $C_{A\alpha}$ durch (1.5.2) gegeben. Die Beziehung (1.5.3) zeigt,
daß hier die Leitwerksfläche S_H nur über $C_{A\alpha}$ eingeht. Außerdem kann
ein indirekter Einfluß über b_H vorhanden sein, falls b_H mit S_H geändert wird. Beide Effekte sind jedoch für Stabilitätsfragen von
zweitrangiger Bedeutung. Ähnliches ergibt sich auch für den Überschall.

Das dritte α-Derivativ ist der Nickmomentenanstieg, für den nach
(1.2.5) gilt

$$C_{m\alpha} = (C_{A\alpha})_{FR} \frac{x_S - x_{FR}}{l_\mu} - \left(1 - \frac{\partial \bar{\alpha}_w}{\partial \alpha}\right)(C_{A\alpha})_H \frac{\bar{q}_H}{\bar{q}} \frac{S_H}{S} \frac{r_H}{l_\mu} . \qquad (1.5.4)$$

Dieses Derivativ ist maßgeblich von der Leitwerksfläche S_H abhängig.
Hierin äußert sich die große Bedeutung, die dem Leitwerk als bestim-
mendem Element für die Stabilität zukommt, d.h. für die Relation zwischen Schwerpunkt und Neutralpunkt. Von daher ist es möglich, den
Leitwerkseinfluß im Zusammenhang mit dem Schwerpunkteinfluß zu sehen,
denn die auf einer Änderung von S_H basierende Änderung von $C_{m\alpha}$ kann
durch eine geeignete Wahl der Schwerpunktlage wieder rückgängig gemacht werden. Man kann unter Zugrundelegung dieser Überlegung das
Derivativ $C_{m\alpha}$ deshalb so behandeln, als sei es - unabhängig davon,
wie groß die Leitwerksfläche ist - möglich, jeden gewünschten Wert
zu erhalten. In diesem Zusammenhang sei noch folgendes erwähnt: $C_{m\alpha}$
stellt dasjenige Derivativ dar, das am stärksten von der Schwerpunktlage beeinflußt wird. Näherungsweise ist dies sogar der einzige
Effekt, den die Schwerpunktlage auf die Derivative ausübt. Um nun
Kenntnis über die Dynamik eines instabilen Flugzeugs zu gewinnen,
kann man so verfahren, daß man von den bekannten Verhältnissen bei
natürlicher Stabilität ausgeht und sodann die Auswirkungen einer
Verschiebung der Schwerpunktlage nach hinten untersucht. Dies ist

gleichbedeutend damit, den Einfluß von $C_{m\alpha}$ auf die dynamische Stabilität zu betrachten. Hierzu kann - aufgrund der obigen Bemerkun-
gen - der Wertebereich von $C_{m\alpha}$ stets so gewählt werden, daß er dem
zu betrachtenden stabilen und instabilen Schwerpunktbereich zugeordnet ist, und zwar unabhängig von der Größe der Leitwerksfläche.

q-Derivative

Abhängig von der Drehbewegung $q=\dot{\theta}$ um die y-Achse entstehen die q-Derivative, bei denen das Höhenleitwerk von maßgeblicher Bedeutung ist.
Zunächst läßt sich ganz allgemein feststellen, daß diese Art von De-
rivativen durch die unterschiedlichen Anströmrichtungen entsteht, die
sich an den einzelnen Bauteilen eines sich mit der translatorischen
Geschwindigkeit V bewegenden Flugzeugs bei einer Drehung um den Schwerpunkt ergeben. Dies ist in Bild 1.5.1 erläutert. Stärkeren Einfluß
üben dabei solche Bauteile aus, die Auftrieb erzeugen und gleichzeitig einen großen Hebelarm in bezug auf den Schwerpunkt haben. Dies
trifft insbesondere auf das Leitwerk zu. Die Änderung der Anströmrichtung infolge der Drehgeschwindigkeit q entspricht dabei einem Zu-
satzanstellwinkel α_{dyn}, der gelegentlich als "dynamischer" Anstellwinkel bezeichnet wird. Aus Bild 1.5.1 folgt unmittelbar, daß hierfür gilt

$$\alpha_{dyn} = \arctan(q\, r_H/V)$$

bzw. nach Linearisierung (wegen $|q\, r_H/V| \ll 1$):

$$\alpha_{dyn} = q\, r_H/V \; . \tag{1.5.5}$$

Damit erhält man für den Zusatzauftrieb des Leitwerks

$$\Delta A_H = (C_{A\alpha})_H \, \frac{q\, r_H}{V} \, \bar{q}_H S_H \tag{1.5.6a}$$

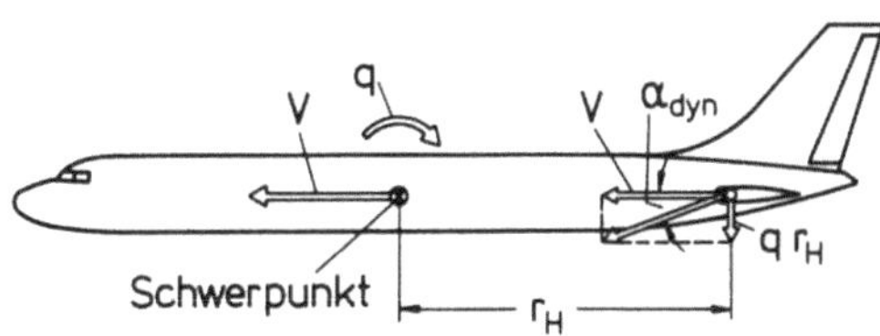

Bild 1.5.1. Resultierende Anströmrichtung am Leitwerk bei Vorhandensein einer Drehgeschwindigkeit q

oder in Beiwertschreibweise

$$\Delta C_A = \frac{\overline{q}_H}{\overline{q}} \frac{S_H}{S} (C_{A\alpha})_H \frac{q\, r_H}{V} \ . \qquad\qquad (1.5.6b)$$

Unter Berücksichtigung der Definition von $C_{Aq}=\partial C_A/\partial\,(q\,l_\mu/V)$ wird
dann für den Leitwerksbeitrag $(C_{Aq})_H$ zum Nickauftrieb:

$$(C_{Aq})_H = \frac{\overline{q}_H}{\overline{q}} \frac{S_H}{S} \frac{r_H}{l_\mu} (C_{A\alpha})_H \ . \qquad\qquad (1.5.7)$$

Mit dem Flügel-Rumpf-Beitrag $(C_{Aq})_{FR}$ schreibt sich dann das Gesamt-
derivativ

$$C_{Aq} = (C_{Aq})_{FR} + \frac{\overline{q}_H}{\overline{q}} \frac{S_H}{S} \frac{r_H}{l_\mu} (C_{A\alpha})_H \ . \qquad\qquad (1.5.8)$$

Trotz der Tatsache, daß der Leitwerksbeitrag nur über das Flächenverhältnis S_H/S eingeht, ist er von maßgeblicher Bedeutung, weil darin auch r_H/l_μ auftritt. Demgegenüber ist der Einfluß der Flügel-
Rumpf-Kombination oft gering. Dies gilt insbesondere bei ungepfeil-
ten Flügeln.

In analoger Weise läßt sich das Nickdämpfungsmoment C_{mq} bestimmen.
Der Leitwerksbeitrag $\Delta M_H=-r_H\Delta A_H$ ergibt sich mit (1.5.6a) zu

$$\Delta M_H = - (C_{A\alpha})_H \frac{q\, r_H^2}{V} \overline{q}_H S_H \ . \qquad\qquad (1.5.9)$$

Der Übergang auf die Beiwertschreibweise (mit $\Delta M_H=(C_{mq})_H q(l_\mu/V)\overline{q}\,S\,l_\mu$)
liefert

$$(C_{mq})_H = - \frac{\overline{q}_H}{\overline{q}} \frac{S_H}{S} \left(\frac{r_H}{l_\mu}\right)^2 (C_{A\alpha})_H \ . \qquad\qquad (1.5.10)$$

Mit dem Flügel-Rumpf-Beitrag $(C_{mq})_{FR}$ schreibt sich das Gesamtderiva-
tiv

$$C_{mq} = (C_{mq})_{FR} - \frac{\overline{q}_H}{\overline{q}} \frac{S_H}{S} \left(\frac{r_H}{l_\mu}\right)^2 (C_{A\alpha})_H \ . \qquad\qquad (1.5.11)$$

Die Tatsache, daß der Leitwerksbeitrag quadratisch mit $(r_H/l_\mu)^2$ in
(1.5.11) eingeht, macht deutlich, daß - mehr noch als bei der Auftriebsbeeinflussung C_{Aq} - das Leitwerk als bestimmender Faktor anzusehen ist. Bei konventionellen Konfigurationen liegt der Flügel-Rumpf-

Anteil in der Größenordnung von 10 %. Dies bedeutet, daß Änderungen
der Leitwerksfläche die Nickdämpfung entscheidend beeinflussen.

$\dot{\alpha}$-Derivative

Die Derivative bezüglich $\dot{\alpha}$ berücksichtigen den verzögerten Strömungsaufbau, der an einer Komponente des Flugzeugs (z.B. am Flügel) durch
die beschleunigte Bewegung dieser Komponente selbst entsteht, und den
Abwindanteil, der nach dem instationären Strömungsaufbau der Flügel-
Rumpf-Kombination verzögert am Leitwerk ankommt. Die exakte Erfassung
derartiger Effekte erfordert aufwendige Methoden der instationären
Aerodynamik, die über den hier zu behandelnden Rahmen hinausgehen
(vgl. z.B. (6)). Eine Abschätzung des auf der Abwindverzögerung be-
ruhenden Leitwerkseffektes ist möglich, wenn man die relativ niedrigen Frequenzen der Starrkörper-Bewegung betrachtet. Zur Untersuchung
des Leitwerkseinflusses erscheint diese Betrachtung ausreichend, die
im folgenden erläutert wird (vgl. auch (40)).

Bei einer Anstellwinkeländerung um $\Delta\alpha$ weisen die Flügel-Rumpf-Kombination und das Leitwerk zunächst die gleiche Änderung auf. Dies ist
in Bild 1.5.2 am Beispiel einer rampenförmigen α-Änderung gezeigt.
Erst nach einem gewissen Zeitverzug t_A wird der Abwind am Leitwerk
wirksam, der zu einer Verringerung des dortigen Anstellwinkels führt.
Dieser Zeitverzug läßt sich anschaulich dadurch erklären, daß die
Wirbel, die durch die Anstellwinkeländerung am Flügel neu entstehen,
sich stromabwärts bewegen und somit erst verzögert auf das Leitwerk
einwirken. Eine Berücksichtigung dieser Verzögerung ist angenähert
dadurch möglich, daß man die Abwindänderung am Ort des Leitwerks auf
der Basis eines Übertragungsverhaltens mit Totzeit-Charakteristik erfaßt, wobei entsprechend Bild 1.5.2 die Größe t_A die Totzeit darstellt.
Der Verlauf des Abwindes in der Laplace-Ebene ist dann durch die folgende Beziehung gegeben

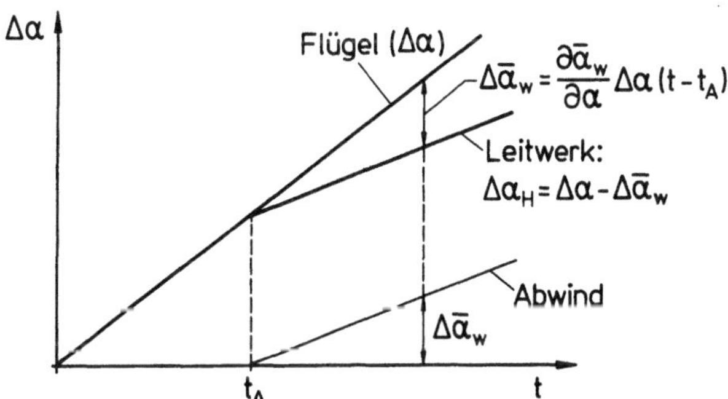

Bild 1.5.2. Zeitlicher
Aufbau des Anstellwinkels
am Leitwerk

$$\Delta\overline{\alpha}_w(s) = \frac{\partial\overline{\alpha}_w}{\partial\alpha}\,\Delta\alpha(s)\,e^{-t_A s} \quad . \tag{1.5.12}$$

Der Term $(\partial\overline{\alpha}_w/\partial\alpha)\Delta\alpha$ entspricht darin der stationären Zuordnung zwischen Abwind und Anstellwinkel. Mit (1.5.12) gilt dann für die effektive Änderung des Leitwerk-Anstellwinkels

$$\Delta\alpha_H(s) = \Delta\alpha(s)\left(1 - \frac{\partial\overline{\alpha}_w}{\partial\alpha}\,e^{-t_A s}\right) \quad . \tag{1.5.13}$$

Für den hier interessierenden Frequenzbereich, gekennzeichnet durch $|s| \ll 1/t_A$, ist eine Reihenentwicklung des Totzeit-Terms möglich, so daß näherungsweise gilt

$$\Delta\alpha_H(s) = \Delta\alpha(s)\left(1 - \frac{\partial\overline{\alpha}_w}{\partial\alpha}\right) + \frac{\partial\overline{\alpha}_w}{\partial\alpha}\,t_A s\Delta\alpha(s) \quad .$$

Die Rücktransformation dieser Beziehung in den Zeitbereich ergibt dann mit $s\Delta\alpha(s)\,\widehat{=}\,\dot{\alpha}$ den folgenden Ausdruck

$$\Delta\alpha_H = \Delta\alpha\left(1 - \frac{\partial\overline{\alpha}_w}{\partial\alpha}\right) + \frac{\partial\overline{\alpha}_w}{\partial\alpha}\,t_A\dot{\alpha} \quad .$$

Für die Auftriebsänderung gilt damit

$$\Delta A_H = (C_{A\alpha})_H \Delta\alpha_H \overline{q}_H S_H$$

bzw. in Beiwertschreibweise mit $\Delta A_H = \Delta C_A \overline{q}\,S$

$$\Delta C_A = \frac{\overline{q}_H}{\overline{q}}\,\frac{S_H}{S}\,(C_{A\alpha})_H\left[\Delta\alpha\left(1 - \frac{\partial\overline{\alpha}_w}{\partial\alpha}\right) + \frac{\partial\overline{\alpha}_w}{\partial\alpha}\,t_A\dot{\alpha}\right] \quad . \tag{1.5.14}$$

Der erste Term des Klammerausdrucks entspricht der stationären Änderung, die zum Beispiel in der Beziehung für den Auftriebsanstieg gemäß (1.5.2) berücksichtigt ist. Der zweite Term entspricht einem $\dot{\alpha}$-Derivativ, das sich unter Berücksichtigung der Definitionsgleichung $C_{A\dot{\alpha}} = \partial C_A/\partial(\dot{\alpha}l_\mu/V)$ folgendermaßen darstellen läßt

$$C_{A\dot{\alpha}} = \frac{q_H}{\overline{q}}\,\frac{S_H}{S}\,\frac{\partial\overline{\alpha}_w}{\partial\alpha}\,(C_{A\alpha})_H t_A\,\frac{V}{l_\mu} \quad .$$

Zur Bestimmung der Totzeit kann man das Zeitintervall zugrunde legen, das die neu entstandenen Wirbel benötigen, um den Weg von der Flügel-Rumpf-Kombination bis zum Leitwerk zurückzulegen. Hierfür gilt

$$t_A = \frac{r_H^*}{V} \, . \tag{1.5.15}$$

Damit ergibt sich für das $\dot{\alpha}$-Derivativ

$$C_{A\dot\alpha} = \frac{\overline{q}_H}{\overline{q}} \, \frac{S_H}{S} \, \frac{r_H^*}{l_\mu} \, \frac{\partial \overline{\alpha}_w}{\partial \alpha} \, (C_{A\alpha})_H \, . \tag{1.5.16}$$

Das Momentenderivativ $C_{m\dot\alpha} = \partial C_m / \partial (\dot\alpha l_\mu / V)$ läßt sich mit

$$\Delta M = -\Delta A_H r_H = -\Delta A_H \left(r_H^* - (x_S - x_{FR}) \right)$$

in der folgenden Form darstellen

$$C_{m\dot\alpha} = - \frac{\overline{q}_H}{\overline{q}} \, \frac{S_H}{S} \, \left(\frac{r_H^*}{l_\mu}\right)^2 \left(1 - \frac{x_S - x_{FR}}{r_H^*}\right) \frac{\partial \overline{\alpha}_w}{\partial \alpha} \, (C_{A\alpha})_H \, . \tag{1.5.17}$$

Auch hier zeigt sich, daß die Leitwerksfläche als wichtiger Faktor
auftritt.

η-Derivative

Die η-Derivative entstehen am Leitwerk selbst. Für die Änderung ΔA
des Gesamtauftriebs infolge eines Ruderausschlags η (vgl. Bild 1.5.3)
erhält man

$$\Delta A = \Delta C_{AH} \overline{q}_H S_H \, , \tag{1.5.18a}$$

wobei ΔC_{AH} gegeben ist durch

$$\Delta C_{AH} = (C_{A\alpha})_H \, \frac{\partial \alpha_H}{\partial \alpha} \eta \, . \tag{1.5.18b}$$

Diese Beziehung ist auch dann anwendbar, wenn das Leitwerk nicht in
die feststehende Flosse und das bewegliche Ruder unterteilt, sondern
voll verstellbar ist. Hier gilt

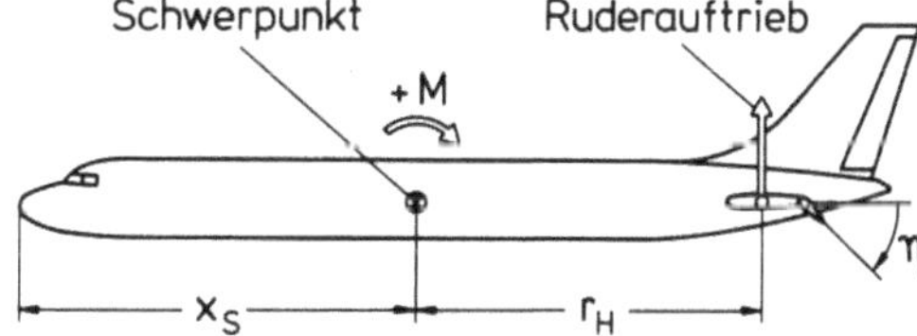

Bild 1.5.3. Ruderauftrieb und
Rudermoment

$$\frac{\partial \alpha_H}{\partial \eta} = 1 \ .$$

Der Übergang auf die Beiwertschreibweise ergibt dann mit der Definitionsgleichung für das auf die Gesamtfläche S bezogene Derivativ $C_{A\eta}$,

$$\Delta A = C_{A\eta} \eta \overline{q} \, S \ , \tag{1.5.19}$$

die folgende Beziehung

$$C_{A\eta} = (C_{A\alpha})_H \, \frac{\partial \alpha_H}{\partial \eta} \, \frac{\overline{q}_H}{\overline{q}} \, \frac{S_H}{S} \ . \tag{1.5.20}$$

Betrachtet man die Änderung ΔM des Nickmoments infolge eines Ruderausschlags η,

$$\Delta M = C_{m\eta} \eta \overline{q} \, S \, l_\mu \ , \tag{1.5.21}$$

so erhält man mit der Verknüpfung von Rudermoment und Ruderauftrieb (vgl. hierzu auch Bild 1.5.3)

$$\Delta M = -\Delta A \ r_H$$

den folgenden Ausdruck für das Momentenderivativ

$$C_{m\eta} = -(C_{A\alpha})_H \, \frac{\partial \alpha_H}{\partial \eta} \, \frac{r_H}{l_\mu} \, \frac{\overline{q}_H}{\overline{q}} \, \frac{S_H}{S} \ . \tag{1.5.22}$$

Die beiden Beziehungen (1.5.20) und (1.5.22) machen deutlich, daß die Leitwerksfläche der bestimmende Faktor ist. Eine Änderung der Leitwerksfläche wird daher entscheidend auf die beiden Ruderderivative einwirken. Andererseits kommt es häufig nicht so sehr auf die Größe der Derivative selbst an, sondern auf die verfügbaren Rudermomente $C_m(\eta_{max})$ und $C_m(\eta_{min})$. Die aus einer Verkleinerung der Leitwerksfläche herrührende Verringerung des Rudermomentes kann dann durch eine Erhöhung der aerodynamischen Wirksamkeit aufgefangen werden. Dies ist allerdings nur in bestimmten Grenzen möglich, die insbesondere durch den Strömungsabriß bei sehr großen positiven und negativen Ruderwinkeln sowie den größtmöglichen Wert $\partial \alpha_H / \partial \eta = 1$ bei voll verstellbarem Leitwerk gegeben sind. Darüber hinaus sind bei einem kleineren Ruder zur Erzeugung eines gegebenen Rudermomentes erhöhte Anforderungen an die Verstellgeschwindigkeit zu erfüllen.

1.5.3 Bewegungsgleichungen

Herleitung der Bewegungsgleichungen

Im folgenden werden die Bewegungsgleichungen hergeleitet. Für das
Flugzeug sei dabei vorausgesetzt:

- Starrer Körper und konstante Masse

- Symmetrie in bezug auf die x-z-Ebene

- Feste Ruder (d.h. von der Bewegung des Flugzeugs unabhängig)

- Triebwerks-Kreiselmomente vernachlässigbar

- Luftdichteänderung mit der Höhe vernachlässigbar (im Rahmen von
  Stabilitätsuntersuchungen)

- Ruhende Luft

- Erde als Inertialsystem verwendbar sowie Erdkrümmung vernachlässigbar

Aufgrund der Symmetrie-Voraussetzung sowie der Vernachlässigbarkeit
der Triebwerks-Kreiselmomente kann die hier zu untersuchende Längsbewegung für sich allein betrachtet werden, unabhängig davon, ob eine
Linearisierung vorgenommen wird oder nicht. Bei der Längsbewegung hat
das Flugzeug die folgenden, auch in Bild 1.5.4 dargestellten Freiheitsgrade:

- Fluggeschwindigkeit V

- Bahnwinkel γ (bzw. Längsneigungswinkel Θ)

- Anstellwinkel α

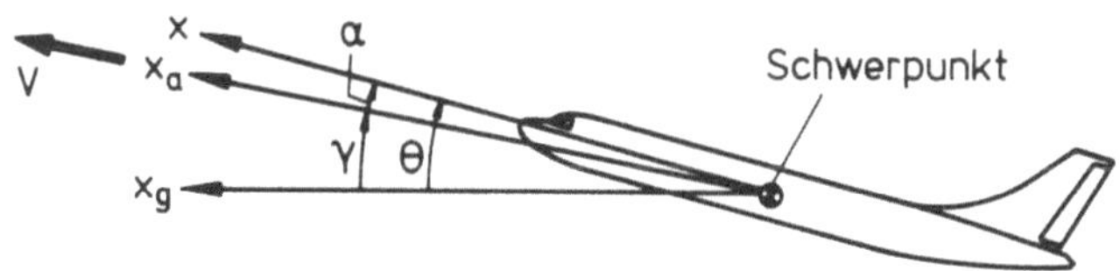

Bild 1.5.4. Freiheitsgrade und Koordinatensysteme der Längsbewegung

Mit den in Bild 1.5.5 dargestellten Kräften gilt für die Bewegungsgleichungen in Komponentenform

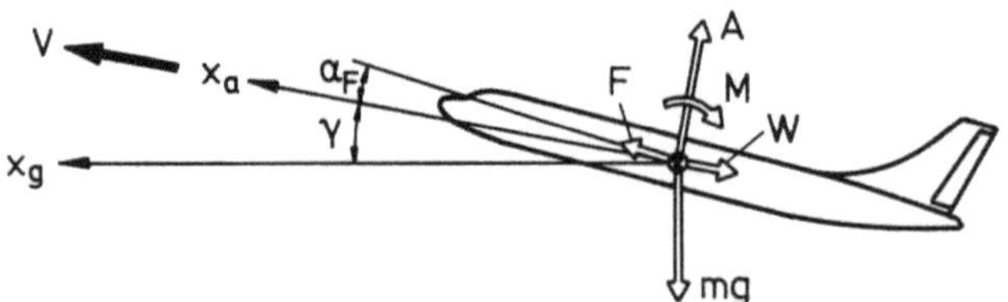

Bild 1.5.5. Kräfte und Momente der Längsbewegung

$$m\,\dot{V} = F\,\cos\alpha_F - W - mg\,\sin\gamma \;,$$

$$m\,V\dot{\gamma} = F\,\sin\alpha_F + A - mg\,\cos\gamma \;, \qquad\qquad (1.5.23)$$

$$I_y\dot{q} = M\,.$$

Kennzeichnet man den stationären Zustand durch den Index "0" und die
Änderungen durch "Δ" (z.B. V_0 und ΔV), so erhält man aus (1.5.23):

$$m\Delta\dot{V} = (F_0+\Delta F)\cos(\alpha_{F0}+\Delta\alpha_F)-(W_0+\Delta W)-mg\,\sin(\gamma_0+\Delta\gamma) \;,$$

$$m(V_0+\Delta V)\,\Delta\dot{\gamma} = (F_0+\Delta F)\sin(\alpha_{F0}+\Delta\alpha_F)+A_0+\Delta A-mg\,\cos(\gamma_0+\Delta\gamma) \;, \qquad (1.5.24)$$

$$I_y\dot{q} = M_0 + \Delta M \;.$$

Der stationäre Zustand ist gegeben durch

$$0 = F_0\cos\alpha_{F0} - W_0 - mg\,\sin\gamma_0 \;,$$

$$0 = F_0\sin\alpha_{F0} + A_0 - mg\,\cos\gamma_0 \;, \qquad\qquad (1.5.25)$$

$$0 = M_0\,.$$

Linearisierte Bewegungsgleichungen

Als nächster Schritt erfolgt nun die Linearisierung der Bewegungsgleichungen in der Form von (1.5.24) für den Horizontalflug als sta-
tionärem Bezugszustand (γ_0=0). Unter Berücksichtigung von (1.5.25)
ergibt dies (mit $\Delta\alpha_F$=$\Delta\alpha$ sowie mit $\dot{V}$=$\Delta\dot{V}$ und $\dot{\gamma}$=$\Delta\dot{\gamma}$):

$$m\,\dot{V} = \Delta F\,\cos\alpha_{F0} - \Delta\alpha F_0\sin\alpha_{F0} - \Delta W - \Delta\gamma mg \;,$$

$$m\,V_0\dot{\gamma} = \Delta F\,\sin\alpha_{F0} + \Delta\alpha F_0\cos\alpha_{F0} + \Delta A \;, \qquad\qquad (1.5.26)$$

$$I_y\dot{q} = \Delta M \;.$$

Die aerodynamischen Kräfte sowie der Schub stellen Funktionen bestimmter Einflußgrößen dar. Hierfür gilt am Beispiel des Auftriebs

$$A = C_A (\rho/2) V^2 S$$

mit

$$C_A = C_{A0} + C_{A\alpha}\Delta\alpha + C_{Aq} q\, l_\mu/V + C_{A\dot\alpha}\dot\alpha l_\mu/V + C_{A\eta}\Delta\eta \; .$$

Im Rahmen der Linearisierung ergibt sich daraus für die Auftriebsänderung:

$$\frac{\Delta A}{(\rho/2) V_0^2 S} = 2C_{A0}\frac{\Delta V}{V_0} + C_{A\alpha}\Delta\alpha + C_{A\dot\alpha}\frac{\dot\alpha l_\mu}{V_0} + C_{Aq}\frac{q\, l_\mu}{V_0} + C_{A\eta}\Delta\eta \; . \qquad (1.5.27a)$$

In Analogie dazu erhält man für den Widerstand unter Vernachlässigung von $\dot\alpha$- und q-Effekten

$$\frac{\Delta W}{(\rho/2) V_0^2 S} = 2(C_W)_0\frac{\Delta V}{V_0} + C_{W\alpha}\Delta\alpha + C_{W\eta}\Delta\eta \; . \qquad (1.5.27b)$$

Darin wurde der stationäre Widerstandsbeiwert des Bezugszustandes in der Form $(C_W)_0$ geschrieben, um eine bessere Unterscheidungsmöglichkeit gegenüber dem Nullwiderstand C_{W0} der Polaren zu erreichen. Im stationären Bezugszustand gilt dann

$$(C_W)_0 = C_{W0} + k\, C_{A0}^2 \; .$$

Für das Nickmoment erhält man unter Berücksichtigung der Trimmbedingung $C_{m0}=0$:

$$\frac{\Delta M}{(\rho/2) V_0^2 S\, l_\mu} = C_{m\alpha}\Delta\alpha + C_{m\dot\alpha}\frac{\dot\alpha l_\mu}{V_0} + C_{mq}\frac{q\, l_\mu}{V_0} + C_{m\eta}\eta \; . \qquad (1.5.27c)$$

Der Schub ist eine Funktion der Geschwindigkeit, die sich in der folgenden Form darstellen läßt:

$$F = F_0 (V/V_0)^{n_V} \; . \qquad (1.5.28)$$

Der Exponent n_V, der über die Machzahl-Beziehung $M=V/a$ auch die kompressibilitätsbedingten Effekte berücksichtigt, charakterisiert dabei die unterschiedlichen Antriebssysteme entsprechend der folgenden Zusammenstellung:

$n_V = -1$:   konstante Leistung, FV=const (Propellerantrieb)

$n_V = 0$:   konstanter Schub, F=const (Strahltriebwerke mit hohem Nebenstromverhältnis im Reiseflug, Raketen)

$n_V > 0$:   Strahltriebwerke im Überschall.

Die Linearisierung von (1.5.28) ergibt dann

$$\Delta F/F_0 = n_V \Delta V/V_0 \;.$$

Berücksichtigt man auch den Einfluß der Leistungshebelstellung in der Form

$$\Delta F/F_0 = \Delta \delta_F \;,$$

so schreibt sich die Gesamtänderung des Schubs

$$\Delta F = (n_V \frac{\Delta V}{V_0} + \Delta \delta_F) \; F_0 \;. \tag{1.5.29}$$

Mit der Widerstandsbeziehung im stationären Zustand, $F_0 = W_0/\cos\alpha_{F0}$, läßt sich die auf das Produkt $(\rho/2)V_0^2 S$ bezogene Schubänderung auf folgende Weise darstellen:

$$\frac{\Delta F}{(\rho/2)V_0^2 S} = (n_V \frac{\Delta V}{V_0} + \Delta \delta_F) \frac{(C_W)_0}{\cos\alpha_{F0}} \;. \tag{1.5.30}$$

Mit (1.5.27a,b,c) und (1.5.30) erhält man aus (1.5.26) für die Bewegungsgleichungen:

$$\frac{m}{(\rho/2)V_0^2 S} \; \dot{V} + (2 - n_V)(C_W)_0 \frac{\Delta V}{V_0} + (C_{W\alpha} + (C_W)_0 \tan\alpha_{F0})\Delta\alpha + \frac{mg}{(\rho/2)V_0^2 S} \Delta\gamma =$$

$$= - C_{W\eta}\Delta\eta + (C_W)_0 \Delta\delta_F \;,$$

$$(2 + n_V \frac{(C_W)_0}{C_{A0}} \tan\alpha_{F0}) \; C_{A0} \frac{\Delta V}{V_0} + C_{A\dot\alpha} \frac{\dot\alpha l_\mu}{V_0} + (C_{A\alpha} + (C_W)_0)\Delta\alpha +$$

$$+ C_{Aq} \frac{q \, l_\mu}{V_0} - \frac{m}{(\rho/2)V_0 S} \; \dot\gamma = - C_{A\eta}\Delta\eta - (C_W)_0 \tan\alpha_{F0}\Delta\delta_F \;,$$

$$C_{m\alpha}\Delta\alpha + C_{m\dot\alpha} \frac{\dot\alpha l_\mu}{V_0} + C_{mq} \frac{q \, l_\mu}{V_0} - \frac{I_y}{(\rho/2)V_0^2 S \, l_\mu} \; \dot{q} = - C_{m\eta}\Delta\eta \;. \tag{1.5.31}$$

Zur weiteren Umformung wird die flugmechanische Zeitgröße

$$\tau = \frac{\mu l_\mu}{V_0} \qquad (1.5.32)$$

eingeführt, wobei μ die normierte Masse

$$\mu = \frac{2m}{\rho S\, l_\mu} \qquad (1.5.33)$$

darstellt. Damit können in (1.5.31) Terme, die die Flugzeugmasse enthalten, folgendermaßen geschrieben werden

$$\frac{m}{(\rho/2)V_0^2 S} = \frac{\tau}{V_0} \; .$$

Außerdem wird gesetzt

$$I_y = m\, i_y^2 \; .$$

Für den Zusammenhang zwischen der Nick-Drehgeschwindigkeit q, dem Längsneigungswinkel Θ, dem Bahnwinkel γ und dem Anstellwinkel α gelten bei der symmetrischen Bewegung die folgenden Beziehungen

$$\Theta = \alpha + \gamma \qquad (1.5.34)$$

bzw. mit $\dot{\Theta}=q$

$$q = \dot{\alpha} + \dot{\gamma} \; .$$

Berücksichtigt man nun noch die stationäre Auftriebsbeziehung in (1.5.25), so ergibt die Laplace-Transformation der Bewegungsgleichungen (1.5.31) bei verschwindenden Anfangsbedingungen:

$$\begin{pmatrix} s+(2-n_V)(C_W)_0 & C_{W\alpha}+(C_W)_0\tan\alpha_{F0} & C_{A0}+(C_W)_0\tan\alpha_{F0} \\[2ex] 2C_{A0}+n_V(C_W)_0\tan\alpha_{F0} & s(C_{Aq}+C_{A\dot\alpha})/\mu+C_{A\alpha}+(C_W)_0 & -s(1-C_{Aq}/\mu) \\[2ex] 0 & -s^2(i_y/l_\mu)^2+s(C_{mq}+C_{m\dot\alpha})+\mu C_{m\alpha} & -s^2(i_y/l_\mu)^2+s\,C_{mq} \end{pmatrix} \begin{pmatrix} \Delta V/V_0 \\[2ex] \Delta\alpha \\[2ex] \Delta\gamma \end{pmatrix} =$$

$$= - \begin{pmatrix} C_{W\eta} & -(C_W)_0 \\[2ex] C_{A\eta} & (C_W)_0\tan\alpha_{F0} \\[2ex] \mu C_{m\eta} & 0 \end{pmatrix} \begin{pmatrix} \Delta\eta \\[2ex] \Delta\delta_F \end{pmatrix} \; . \qquad (1.5.35)$$

Die hier dimensionslose Laplace-Variable s entspricht der Transformation aus dem mit τ dimensionslos gemachten Zeitbereich t/τ.

1.5.4 Eigenbewegungsformen des Flugzeugs

Ziel des nun folgenden Abschnitts ist es, die geänderten Merkmale der Dynamik des statisch instabilen Flugzeugs darzulegen. Hierzu wird eine Vorgehensweise angewandt, bei der hypothetisch die Eigenstabilität des Flugzeugs zunächst wiederhergestellt sei, und zwar dadurch, daß man sich den Schwerpunkt genügend weit nach vorn verschoben denkt. Hierbei seien mögliche Restriktionen durch die Steuergrenzen ausgeklammert. Bei Voraussetzung eines ausreichenden Maßes an Eigenstabilität ist nämlich eine angenäherte Bestimmung der Eigenwerte möglich, die - gewissermaßen als quasiexplizite Lösung - in allgemeingültiger Form die Ausgangssituation offenlegt. Sodann läßt sich mit Hilfe der Wurzelortskurvenmethode zeigen, wie sich die Eigenwerte mit Verschiebung des Schwerpunktes zum Neutralpunkt und darüber hinaus verändern. Auch hier ist wieder eine weitgehend allgemeingültige Betrachtungsweise möglich.

Eigenwerte bei ausreichend großer Eigenstabilität

Die zur Untersuchung der Stabilität benötigte charakteristische Gleichung hat für die Längsbewegung die folgende Form

$$s^4 + B\,s^3 + C\,s^2 + D\,s + E = 0 \ . \tag{1.5.36}$$

Ihre Koeffizienten sind gegeben durch

$$B = \frac{1}{1+C_{A\dot\alpha}/\mu}\left\{C_{A\alpha}-\left(\frac{1_\mu}{i_y}\right)^2(C_{mq}+C_{m\dot\alpha})+(3-n_V)(C_W)_0+\frac{C_{A\dot\alpha}}{\mu}\left[(2-n_V)(C_W)_0-\left(\frac{1_\mu}{i_y}\right)^2 C_{mq}\right]\right.$$

$$\left.+\frac{C_{Aq}}{\mu}\left(\frac{1_\mu}{i_y}\right)^2 C_{m\dot\alpha}\right\} \ ,$$

$$C = \frac{1}{1+C_{A\dot\alpha}/\mu}\left\{-\left(\frac{1_\mu}{i_y}\right)^2\left[\mu C_{m\alpha}\left(1-\frac{C_{Aq}}{\mu}\right)+(C_{A\alpha}+(C_W)_0)C_{mq}\right]+(2-n_V)(C_W)_0\left[C_{A\alpha}+(C_W)_0\right.\right.$$

$$\left.-\left(\frac{1_\mu}{i_y}\right)^2\left(C_{mq}\left(1+\frac{C_{A\dot\alpha}}{\mu}\right)+C_{m\dot\alpha}\left(1-\frac{C_{Aq}}{\mu}\right)\right)\right]$$

$$\left.-(C_{W\alpha}-C_{A0})(2C_{A0}+n_V(C_W)_0\tan\alpha_{F0})\right\} \ ,$$

$$D = \frac{(l_\mu/i_y)^2}{1+C_{A\dot\alpha}/\mu}\left\{-(2-n_V)(C_W)_0\left[\mu C_{m\alpha}\left(1-\frac{C_{Aq}}{\mu}\right)+(C_{A\alpha}+(C_W)_0)C_{mq}\right]-\right.$$

$$-(2C_{A0}+n_V(C_W)_0\tan\alpha_{F0})\left((C_{A0}-C_{W\alpha})C_{mq}+\right.$$

$$\left.\left.+(C_{A0}+(C_W)_0\tan\alpha_{F0})C_{m\dot\alpha}\right)\right\} \ ,$$

$$E = -\frac{(l_\mu/i_y)^2}{1+C_{A\dot\alpha}/\mu}(C_{A0}+(C_W)_0\tan\alpha_{F0})(2C_{A0}+n_V(C_W)_0\tan\alpha_{F0})\mu C_{m\alpha} \ . \qquad (1.5.37)$$

Bei Vorgabe eines ausreichenden natürlichen Stabilitätsmaßes ist gewährleistet, daß zwei konjungiert komplexe Wurzelpaare

$$s_{1,2} = \sigma_\alpha \pm i\omega_\alpha \ ,$$

$$s_{3,4} = \sigma_P \pm i\omega_P \qquad\qquad (1.5.38)$$

existieren. Diese beiden Wurzelpaare, die den beiden als Anstellwinkelbewegung und Phygoide bekannten Eigenbewegungsformen (Index "α"
und "P") zugeordnet sind, unterscheiden sich betragsmäßig voneinander
im Sinne einer Größenordnung, d.h. es gilt

$$s_1 s_2 \gg s_3 s_4 \ . \qquad\qquad (1.5.39a)$$

Außerdem ist auch die Relation (im Hinblick auf die Realteile)

$$|s_1 + s_2| \gg |s_3 + s_4| \qquad\qquad (1.5.39b)$$

erfüllt. Dies zeigt sich in entsprechender Weise an der Größenordnung,
die die Koeffizienten der charakteristischen Gleichung (1.5.36) relativ zueinander haben, wenn man ihre Zuordnung zu den Wurzeln gemäß
dem Wurzelsatz nach Vieta berücksichtigt. Danach gilt

$$-B = s_1 + s_2 + s_3 + s_4 \ ,$$

$$C = s_1 s_2 + (s_1 + s_2)(s_3 + s_4) + s_3 s_4 \ ,$$

$$-D = (s_3 s_4)(s_1 + s_2) + (s_1 s_2)(s_3 + s_4) \ , \qquad (1.5.40)$$

$$E = s_1 s_2 s_3 s_4 \ .$$

Der Bedingung (1.5.39a) entspricht dann

$$s_1 s_2 \approx C \gg s_3 s_4 \approx E/C$$

und der Bedingung (1.5.39b)

$$|s_1 + s_2| \approx B \gg |s_3 + s_4| \approx |D/C - BE/C^2|.$$

Untersucht man hierzu nun die Koeffizienten nach (1.5.37), so zeigt sich, daß diese Bedingungen erfüllt sind, wenn nur $C_{m\alpha}$ genügend große negative Werte hat. Dies ist gleichbedeutend damit, daß ein ausreichend großer Abstand zwischen Schwerpunkt und Neutralpunkt besteht, d.h. daß die Differenz

$$\frac{x_N - x_S}{l_\mu} = -\frac{C_{m\alpha}}{C_{A\alpha}}$$

durch Vorwärtswanderung des Schwerpunktes groß genug gemacht wird.

Die sich auf der Basis dieser Überlegungen ergebenden Näherungen sind in der folgenden Zusammenstellung angegeben:

<u>Anstellwinkelbewegung</u>

$$\sigma_\alpha = (1/2)(s_1 + s_2) \approx -B/2$$
$$\approx -\frac{1}{2}\left(C_{A\alpha} - (l_\mu/i_y)^2 (C_{mq} + C_{m\dot{\alpha}})\right),$$
$$\omega_{n\alpha}^2 = s_1 s_2 \approx C$$
$$\approx -\mu(l_\mu/i_y)^2 (C_{m\alpha} + C_{A\alpha} C_{mq}/\mu).$$

(1.5.41)

<u>Phygoide</u>

$$\sigma_P = (s_3 + s_4)/2 \approx -1/2 (D/C - BE/C^2)$$
$$\approx -(1 - n_V/2)(C_W)_0,$$
$$\omega_{nP} = \sqrt{s_3 s_4} \approx \sqrt{E/C}$$
$$\approx \sqrt{2}\, C_{A0}.$$

(1.5.42)

Eigenwerte des instabilen Flugzeugs

Der zweite Schritt der Stabilitätsuntersuchung besteht nun darin,
den Einfluß der Schwerpunktlage in einer Form zu behandeln, die die
allgemeingültigen Zusammenhänge aufzeigt. Ein geeignetes Verfahren
hierfür ist die Wurzelortskurvenmethode. Zur Anwendung der Wurzelortskurvenmethode auf die vorliegende Fragestellung ist es zweckmäßig, die charakteristische Gleichung (1.5.36) in zwei Teile entsprechend der folgenden Schreibweise aufzuspalten

$$N(s) + \frac{\Delta x_S}{l_\mu} Z(s) = 0 \; . \qquad (1.5.43a)$$

Darin kennzeichnet der erste Term $N(s)$ den gerade besprochenen Fall
ausreichend großer natürlicher Stabilität. Der zweite Term $Z(s)$
stellt das Teilpolynom dar, daß sich bei einer Änderung der Schwerpunktlage um Δx_S gegenüber dem Ausgangsfall $N(s)$ ergibt. Schreibt man
(1.5.43a) in der Form

$$1 + \frac{\Delta x_S}{l_\mu} \frac{Z(s)}{N(s)} = 0 \; , \qquad (1.5.43b)$$

so wird unmittelbar der Bezug zur Wurzelortskurvenmethode deutlich.
In dieser Form läßt sich nämlich der Ausdruck $Z(s)/N(s)$ als "Über-
tragungsfunktion des offenen Kreises" auffassen, dessen Eigenschaften
bekannt sind (d.h. Pole und Nullstellen von $Z(s)/N(s)$). Die Schwerpunktverschiebung $\Delta x_S/l_\mu$ entspricht dann dem "Verstärkungsfaktor" bei
Schließung des Kreises. Hierbei ist zu berücksichtigen, daß der sich
in Abhängigkeit vom "Verstärkungsfaktor" $\Delta x_S/l_\mu$ ergebende Verlauf der
Wurzelortskurve ausschließlich durch die Pole und Nullstellen von
$Z(s)/N(s)$ bestimmt ist, deren Lage bekannt ist.
Das Zählerpolynom $Z(s)$ ergibt sich aus den Koeffizienten B, C, D und
E von (1.5.37), wenn man darin die von der Schwerpunktlage x_S abhängigen Terme zusammenstellt. Die Untersuchung der Derivative in Kapitel 1.5.2 zeigt, daß - bei Außerachtlassung der geringfügigen Beeinflussung von C_{Aq} und $C_{W\alpha}$ - nur die Momentenderivative von x_S abhängen.
Den entscheidenden Faktor stellt die Anstellwinkelstabilität $C_{m\alpha}$ dar,
die sich in der folgenden Form ausdrücken läßt:

$$C_{m\alpha} = - C_{A\alpha} \frac{x_N - x_S}{l_\mu} \; .$$

Demgegenüber ändern sich die Derivative C_{mq} und $C_{m\dot\alpha}$ vergleichsweise
wenig, so daß sie für die weitere Betrachtung als konstant voraus-

gesetzt werden können. Untersucht man nun die Koeffizienten B, C, D und E gemäß (1.5.37), so zeigt sich, daß nur C, D, und E von $C_{m\alpha}$ bzw. x_S abhängen, während B davon unabhängig ist. Damit können die Koeffizienten folgendermaßen dargestellt werden

$$
\begin{aligned}
B &= B_N \; , \\
C &= C_N + C_Z \Delta x_S / 1_\mu \; , \\
D &= D_N + D_Z \Delta x_S / 1_\mu \; , \\
E &= E_N + E_Z \Delta x_S / 1_\mu \; .
\end{aligned}
\qquad (1.5.44)
$$

Die Schreibweise mit dem Index "N" kennzeichnet dabei den Fall großer Eigenstabilität, d.h. den Fall, der durch das Teilpolynom N(s) allein beschrieben wird. Der Index "Z" gibt die Änderungen infolge einer Schwerpunktverschiebung um Δx_S an, die zu dem Zählerpolynom Z(s) führen. Dies entspricht dem folgenden Ausdruck für die charakteristische Gleichung:

$$
\underbrace{s^4 + B_N s^3 + C_N s^2 + D_N s + E_N}_{N(s)} + (\Delta x_S / 1_\mu) \underbrace{\left(C_Z s^2 + D_Z s + E_Z \right)}_{Z(s)} = 0 \; .
$$

Damit gilt für das Zählerpolynom

$$
Z(s) = C_Z \left(s^2 + (D_Z / C_Z) s + E_Z / C_Z \right) \; .
\qquad (1.5.45)
$$

Die Tatsache, daß nur die Koeffizienten C, D und E von $C_{m\alpha}$ abhängen, erweist sich als besonders günstig, da dadurch Z(s) ein Polynom 2. Grades darstellt, dessen Nullstellen in expliziter Form angegeben werden können.

Die Zählerkoeffizienten C_Z, D_Z und E_Z erhält man aus (1.5.37), wenn man die Änderung der Schwerpunktlage um Δx_S gegenüber dem Ausgangsfall N(s) über eine Änderung der Anstellwinkelstabilität um

$$
\Delta C_{m\alpha} = C_{m\alpha} - (C_{m\alpha})_N \; ,
$$

berücksichtigt, wobei auch hier wieder die Schreibweise $(C_{m\alpha})_N$ die Zuordnung zu N(s) kennzeichnet. Aufgrund der Beziehung $(x_N - x_S)/1_\mu = -C_{m\alpha}/C_{A\alpha}$ gilt dann für den Zusammenhang zwischen Δx_S und $\Delta C_{m\alpha}$:

$$\frac{\Delta x_S}{l_\mu} = \frac{\Delta C_{m\alpha}}{C_{A\alpha}} = \frac{C_{m\alpha} - (C_{m\alpha})_N}{C_{A\alpha}} \; .$$

Mit dieser Beziehung ergeben sich aus (1.5.37) die folgenden Ausdrücke für die Koeffizienten C_Z, D_Z und E_Z (unter Vernachlässigung des unbedeutenden Einflusses von α_{F0}, C_{Aq} und $C_{A\dot\alpha}$:)

$$C_Z = - \mu \, C_{A\alpha} (l_\mu / i_y)^2 \; ,$$

$$D_Z/C_Z = (2 - n_V)(C_W)_0 \; , \qquad\qquad (1.5.46)$$

$$E_Z/C_Z = 2C_{A0}^2 \; .$$

Für die Nullstellen des Polynoms $Z(s)$ gilt

$$s_{Z1,2} = - \frac{D_Z}{2C_Z} \pm \sqrt{\left(\frac{D_Z}{2C_Z}\right)^2 - \frac{E_Z}{C_Z}} \; .$$

Aufgrund der Beziehung

$$\frac{E_Z}{C_Z} = 2C_{A0}^2 \gg \left(\frac{D_Z}{2C_Z}\right)^2 = (1 - n_V/2)^2 (C_W)_0^2$$

stellen die Nullstellen $s_{Z1,2}$ ein konjungiert komplexes Zahlenpaar dar. Unter Berücksichtigung der Beziehungen für Realteil

$$\sigma_Z = \frac{1}{2} \left(s_{Z1} + s_{Z2} \right) = - \frac{D_Z}{2C_Z}$$

und Betrag

$$\omega_{nZ}^2 = s_{Z1} s_{Z2} = E_Z/C_Z$$

erhält man dann als Lösung

$$\sigma_Z = -(1 - n_V/2)(C_W)_0 \; ,$$

$$\qquad\qquad (1.5.47)$$

$$\omega_{nZ} = \sqrt{2} \; C_{A0} \; .$$

Der Vergleich mit den Näherungsbeziehungen für die Eigenwerte im Fall großer Eigenstabilität gemäß (1.5.42) zeigt, daß die folgenden Beziehungen gelten

$$\sigma_Z \approx \sigma_P \, ,$$

$$\omega_{nZ} \approx \omega_{nP} \, .$$

(1.5.48)

Das Ergebnis bedeutet, daß die Nullstellen in unmittelbarer Nähe der Phygoid-Wurzeln (Pole) liegen. Diese Tatsache ist entscheidend

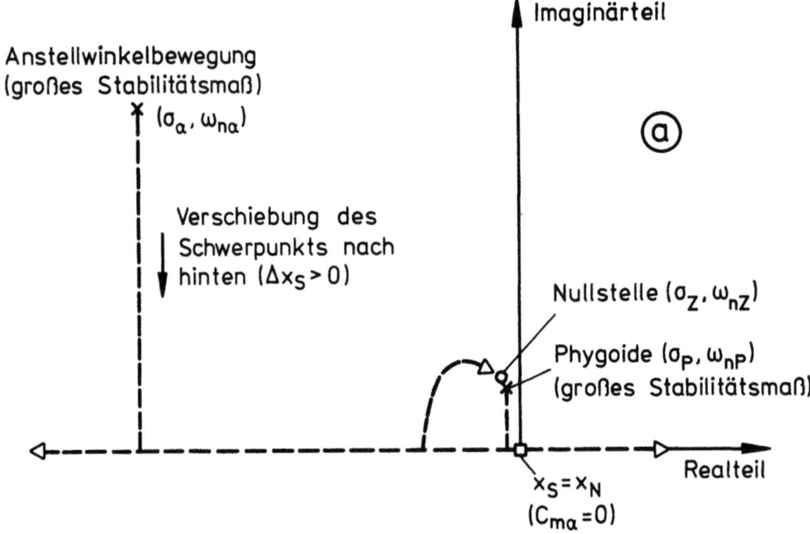

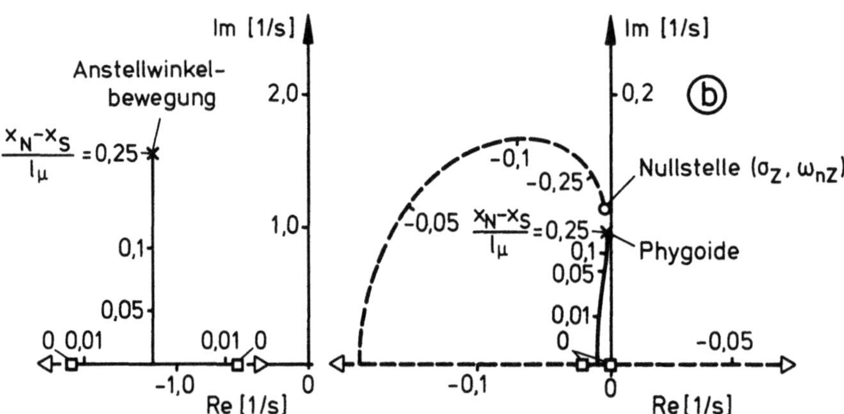

Bild 1.5.6. Eigenwerte der Längsbewegung bei Änderung des Stabilitätsmaßes $(x_N - x_S)/l_\mu$

a) Schematischer Überblick

b) Beispielverläufe für Phygoide und Anstellwinkelschwingung eines Unterschall-Verkehrsflugzeugs beim Flug in Bodennähe (H=0) mit V=122 m/s

für den Verlauf der Wurzelortskurve, die aufgrund der Gesetzmäßig-
keiten der Wurzelortskurvenmethode durch die Lage der Pole und Nullstellen des Ausdrucks $Z(s)/N(s)$ relativ zueinander bestimmt ist,
während die Lage der Pole und Nullstellen in bezug auf das Achsen-
kreuz hierbei ohne Bedeutung ist. Die graphische Darstellung in
Bild 1.5.6 macht diese Zusammenhänge auf anschauliche Weise deutlich.
Ausgangspunkt ist die beschriebene Lage der Nullstellen und der Pole
bei großer statischer Stabilität, die durch die enge Nachbarschaft
der Phygoid-Wurzeln zu den Nullstellen gekennzeichnet ist. Läßt man
nun den Schwerpunkt nach hinten wandern, so entspricht dies der oben
beschriebenen "Kreisschließung", bei der die Schwerpunktverschiebung
Δx_S als "Verstärkungsfaktor" aufgefaßt werden kann. Dabei lassen sich
die folgenden typischen Bereiche unterscheiden:

Bereich 1:

Zunächst wird nur die Anstellwinkelbewegung beeinflußt, während die
Phygoide praktisch unverändert bleibt, und zwar aufgrund einer Art
Kompensation durch die Nullstellen. Die Änderung der Anstellwinkelbewegung erfolgt dabei näherungsweise auf einer Linie konstanter Dämpfung σ_α=const unter Verringerung der Frequenz. Dieser Bereich kennzeichnet den Fall ausreichend großer (natürlicher) statischer Stabilität.

Bereich 2:

Beim Erreichen der reellen Achse spaltet sich der aus dem Pol der Anstellwinkelbewegung herrührende Ast der Wurzelortskurve in zwei Teile
auf, die sich auf der reellen Achse nach links und nach rechts bewegen.
Die Phygoide-Werte zeigen nun größere Änderungen, Bild 1.5.6. Hierbei
wandern sie jedoch nicht auf kürzestem Wege in die benachbarten Nullstellen, sondern zunächst zur reellen Achse hin. Dort spaltet sich der
Phygoidast nun ebenfalls in zwei reelle Teile auf. Der nach links wan-
dernde Teil verbindet sich mit dem von der Anstellwinkelbewegung her-
kommenden Ast wieder zu einem komplexen Wert, der dann in einem Bogen
auf die Nullstelle zurückwandert. Der andere Phygoid-Teil wandert auf
der reellen Achse in die rechte Halbebene. Er stellt den aus Stabilitätsgründen unerwünschten Effekt der Schwerpunktverschiebung dar, da
er einer dynamisch instabilen Bewegungsform mit aperiodisch anwachsenden Ausschlägen entspricht. Der hier betrachtete Schwerpunktbereich kennzeichnet den Fall geringer statischer Stabilität bzw. Instabilität.

Bereich 3:

In dem nun zu betrachtenden Schwerpunktbereich größerer statischer
Instabilität hat der komplexe Teil der Wurzelortskurve die unmittelbare Nähe der Nullstellen erreicht und bleibt dort - für beliebig
große Instabilitätsmaße - fixiert. Der instabile Ast, der an die reelle Achse gebunden ist, wandert nun zu fortlaufend anwachsenden Zah-
lenwerten und ergibt damit im Zeitbereich eine Bewegung, die immer
schneller verläuft. Dies entpricht unmittelbar der Anschauung, wonach die instabile Bewegung um so schneller aufklingt, je weiter der
Schwerpunkt hinter dem Neutralpunkt liegt.

Nach dieser Beschreibung des grundsätzlichen Verlaufs der Wurzeln
sollen nun noch einige Einzelheiten diskutiert werden. Der Übergang
von dynamischer Stabilität zu Instabilität äußert sich am Verlauf der
Wurzelortskurve darin, daß der auf der reellen Achse befindliche Ast
durch den Ursprung des Koordinatensystems geht.

Die zugeordnete Wurzel ist durch

$$s_4 = 0$$

gegeben. Nach (1.5.40) muß dann der absolute Term E der charakteristischen Gleichung (1.5.36) verschwinden, d.h. es gilt E=0 und damit
nach (1.5.37) $C_{m\alpha}=0$. Wegen $C_{m\alpha}=-C_{A\alpha}(x_N-x_S)/l_\mu$ folgt hieraus mit $x_S=x_N$,
daß die Grenze der statischen Stabilität erreicht ist. Die bei einer
weiteren Verschiebung des Schwerpunktes auftretende statische Instabilität führt dann zu einer aperiodisch instabilen Bewegung entsprechend dem Wurzelortskurvenast auf der positiv reellen Achse.

Die bei statischer Instabilität vorhandene aperiodisch instabile Bewegungsform läßt sich für größere Instabilitätsmaße näherungsweise
bestimmen. Hier ist - wie die vorangegangene Betrachtung des Bereichs
3 gezeigt hat - eine Aufteilung der Wurzeln gegeben, bei der wiederum
die Relation

$$|s_{3,4}| \ll |s_{1,2}| \tag{1.5.49}$$

gilt. Dabei kennzeichnen die Werte $s_{3,4}$ das konjugiert komplexe Wur-
zelpaar, das in unmittelbarer Nähe der Nullstellen bzw. der Phygoid-
Wurzeln des Ausgangsfalles großer natürlicher Stabilität liegt.
Hierfür gilt

$$\text{Re}(s_{3,4}) \approx \sigma_Z \approx \sigma_P \approx -(1 - n_V/2)(C_W)_0 \; ,$$

$$\left| s_{3,4} \right| \approx \omega_{nZ} \approx \omega_{nP} \approx \sqrt{2} \; C_{A0} \; . \tag{1.5.50}$$

Die beiden reellen Wurzeln $s_{1,2}$ können dann durch Anwendung des Vieta'schen Wurzelsatzes (vgl. (1.5.40)) unter Zugrundelegung der Beziehungen (1.5.49) näherungsweise bestimmt werden. Hierfür gilt

$$s_1 + s_2 \approx -B \approx (l_\mu/i_y)^2 (C_{mq} + C_{m\dot\alpha}) - C_{A\alpha} \; ,$$

$$s_1 s_2 \approx C \approx -\mu (l_\mu/i_y)^2 (C_{m\alpha} + C_{A\alpha} C_{mq}/\mu) \; . \tag{1.5.51}$$

Wenngleich aus diesen Beziehungen nicht unmittelbar eine Aussage über den Wert jeder einzelnen Wurzel erzielbar ist, so liefern sie dennoch zwei wichtige Erkenntnisse. Aus der Tatsache, daß die Summe der Wurzeln konstant ist, folgt erstens, daß bei einer Verschiebung der Schwerpunktlage die Wurzel s_1 auf der positiv reellen Achse um den gleichen Betrag Δ_1 nach rechts wandert wie die auf der negativ reellen Achse befindliche Wurzel s_2 um Δ_2 nach links. Dies ist in Bild 1.5.7 schematisch erläutert. Außerdem ist dort gezeigt, daß die beiden Wurzeln $s_{1,2}$ symmetrisch zur Geraden $\sigma=(\sigma_\alpha)_N$ liegen, d.h. es gilt

$$\left| s_1 - (\sigma_\alpha)_N \right| \approx \left| s_2 - (\sigma_\alpha)_N \right| \; . \tag{1.5.52}$$

Darin kennzeichnet $(\sigma_\alpha)_N$ die Dämpfung der Anstellwinkelbewegung des Ausgangsfalls $N(s)$ bei großer statischer Stabilität entsprechend den Beziehungen nach (1.5.41). Zweitens kann man den aus dynamischer

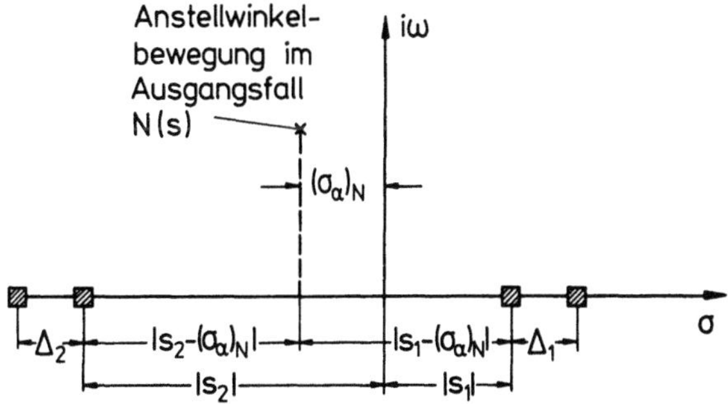

Bild 1.5.7. Änderung der reellen Wurzeln bei größerer statischer Instabilität ($\left| s_2-(\sigma_\alpha)_N \right| \approx \left| s_1-(\sigma_\alpha)_N \right|$; $\Delta_1 \approx \Delta_2$)

Sicht kritischen Fall ermitteln, der bei gegebenem statischen Instabilitätsmaß (d.h. bei gegebener Schwerpunktlage) in Abhängigkeit von
Fluggeschwindigkeit und Höhe möglich ist. Unter der Bezeichnung "dynamisch kritisch" sei derjenige Fall verstanden, bei dem die Bewegung
am schnellsten aufklingt, d.h. bei dem die Wurzel s_1 auf der positiv
reellen Achse ihren größten Wert annimmt. Dieser Fall ergibt sich aus
den Beziehungen (1.5.51), wenn man die durch die Zeitgröße $\tau = \mu l_\mu / V_0$
bestimmte Relation zwischen dimensionslosem und tatsächlichem Zeitbereich berücksichtigt. Damit gilt für die Wurzeln im tatsächlichen
Zeitbereich (gekennzeichnet durch den Index t)

$$(s_1 + s_2)_t \approx V_0 / (\mu l_\mu) \left\{ (l_\mu / i_y)^2 (C_{mq} + C_{m\dot\alpha}) - C_{A\alpha} \right\} ,$$

$$\tag{1.5.53}$$

$$(s_1 s_2)_t \approx - \left((V_0 / i_y)^2 / \mu \right) (C_{m\alpha} + C_{A\alpha} C_{mq} / \mu) .$$

Aus diesen Beziehungen folgt, daß die betragsmäßig größten Werte von
s_1 und s_2 bei dem Maximalwert von V_0 sowie dem kleinsten Wert von
$\mu = 2m / (\rho S\, l_\mu)$ auftreten. Letzteres entspricht wegen $\mu \sim 1/\rho$ dem Flug in
Bodennähe. Dies bedeutet, daß der Schnellflug in Bodennähe den dyna-
misch kritischen Fall darstellt (bei gegebenem V_0).

Eigen-_und_Zeitvektoren

Das bisher entwickelte physikalische Bild der Bewegung läßt sich
durch die Untersuchung der Eigenbewegungsformen und der dabei dominierenden Bewegungskomponenten vervollständigen. Die hierfür geeigneten Größen sind die Eigenvektoren, die eine Aussage über die Zuordnung der Bewegungskomponenten relativ zueinander (Betrag und
Phase) liefern, sowie die Zeitvektoren, die die einzelnen Kraft- und
Momentenkomponenten in einem Gesamt-Kräftepolygon beschreiben (vgl.
hierzu auch (2, 5, 28)).

Ausgangspunkt ist in Analogie zur vorangegangenen Wurzelortskurven-
Betrachtung wiederum der Fall ausreichender natürlicher Stabilität.
Dieser Fall ist dadurch gekennzeichnet, daß die beiden als Anstellwinkelbewegung und Phygoide bezeichneten Eigenbewegungen jeweils als
Bewegungen in zwei Freiheitsgraden aufgefaßt werden können. Ein Beispiel hierzu ist in Bild 1.5.8 dargestellt. Das Bild macht deutlich,
daß die Anstellwinkelbewegung hauptsächlich aus einer Auslenkung in
α und Θ besteht (mit $V \approx const$), während bei der Phygoide V und Θ bzw.

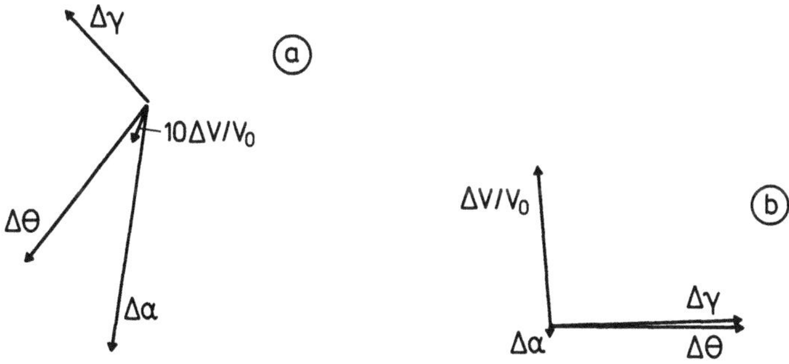

Bild 1.5.8. Eigenvektoren eines Unterschall-Verkehrsflugzeuges bei
größerer statischer Stabilität (x_N-x_S=0,25 l_μ; H=0; V=122 m/s)

a) Anstellwinkelbewegung

b) Phygoide

γ die dominierenden Bewegungskomponenten sind (bei $\alpha\approx$const). Verschiebt man nun den Schwerpunkt nach hinten, so bleibt dieser Bewe-
gungscharakter zunächst erhalten. Erst im Bereich des Zusammengehens
der Wurzeln zeigt sich als typisches Merkmal, daß Bewegungsformen
existieren, bei denen alle drei Freiheitsgrade merklich angeregt werden. Dieses Verhalten entspricht dem Bereich geringer statischer Sta-
bilität/Instabilität. Ein Beispiel hierzu ist in Bild 1.5.9 gezeigt.
Wandert nun der Schwerpunkt noch weiter nach hinten, so entstehen
wieder jeweils typische Zwei-Freiheitsgrad-Bewegungsformen. Dies ist
in Bild 1.5.10 erläutert. Dabei zeigt sich, daß der Eigenvektor, der
dem (im instabilen Fall einzigen) komplexen Eigenwert zugeordnet ist,
in ähnlicher Weise aufgebaut ist wie die Phygoide des ausreichend
stabilen Falles. Dies bedeutet, daß damit auch hier eine Bahnbewegung
vorliegt, die aus Geschwindigkeits- und Höhenänderungen besteht, wobei näherungsweise die Gesamtenergie konstant bleibt. Sie spielt praktisch jedoch keine Rolle, da sie durch die Auswirkungen der instabilen Eigenbewegung überdeckt wird. Diese instabile Eigenbewegung, die
für das Verhalten des Flugzeugs die größte Bedeutung hat, ist dem Eigenwert auf der positiv reellen Achse zugeordnet. Die Darstellung von
Bild 1.5.10 macht deutlich, daß hier der Anstell- und der Längsneigungswinkel, α und Θ, die dominierenden Bewegungskomponenten bilden.
Damit liegt hier eine Analogie zur Anstellwinkelbewegung bei ausreichender natürlicher Stabilität vor und man kann wiederum von einer
(aperiodisch instabilen) Anstellwinkelbewegung sprechen.

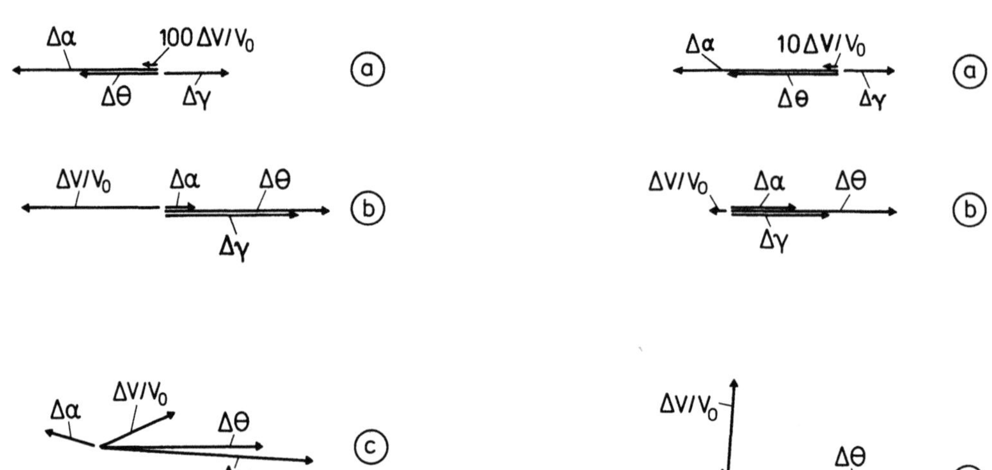

Bild 1.5.9. Eigenvektoren eines Unterschall-Verkehrsflugzeuges bei geringer statischer Instabilität ($x_N-x_S = -0{,}04\ l_\mu$; H=0; V = 122 m/s)

a) negativ reeller Eigenwert
b) positiv reeller Eigenwert (aperiodische Instabilität)
c) komplexer Eigenwert

Bild 1.5.10. Eigenvektoren eines Unterschall-Verkehrsflugzeuges bei größerer statischer Instabilität ($x_N-x_S = -0{,}25\ l_\mu$; H=0; V=122 m/s)

a) negativ reeller Eigenwert
b) positiv reeller Eigenwert (aperiodische Instabilität)
c) komplexer Eigenwert

Den typischen Merkmalen der Eigenbewegungsformen entsprechen ähnlich charakteristische Eigenschaften der Kraft- und Momentenbeziehungen, die sich anschaulich mit Hilfe von Zeitvektordiagrammen darstellen lassen. Ein Beispiel für den Fall ausreichender natürlicher Stabilität ist in Bild 1.5.11 gezeigt. Das Bild macht deutlich, daß die Anstellwinkelbewegung durch die Nickmomenten- und Auftriebsgleichung bestimmt ist. Bei der Phygoide übt die Auftriebsgleichung ebenfalls einen maßgeblichen Einfluß aus, wobei die Geschwindigkeitsänderung den Hauptfaktor für die Änderung der aerodynamischen Kraft darstellt, während der Anstellwinkel nur einen geringeren Beitrag liefert. Außerdem ist bei der Phygoide auch die Widerstandsgleichung zu berücksichtigen, die für die Dämpfung der Bewegung entscheidend ist. Die

Momentengleichung

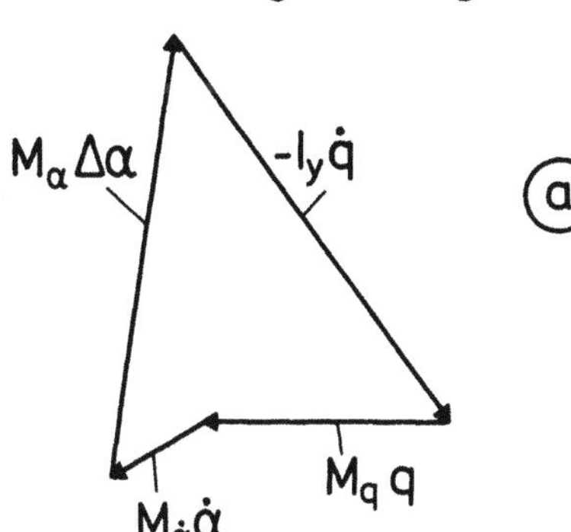

Auftriebsgleichung

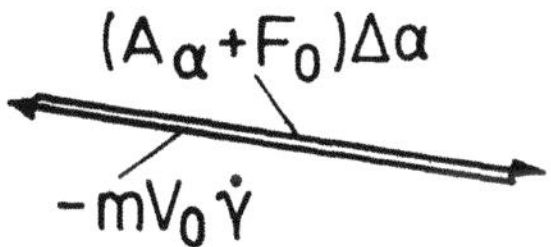

(a)

Widerstandsgleichung
(Maßstab 10:1)

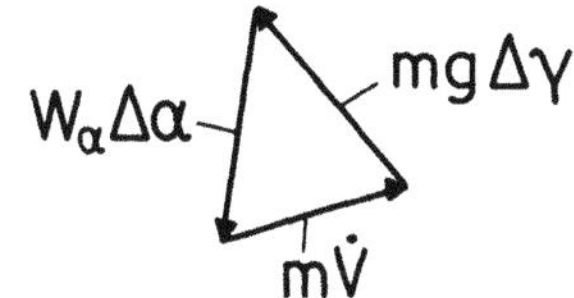

Momentengleichung

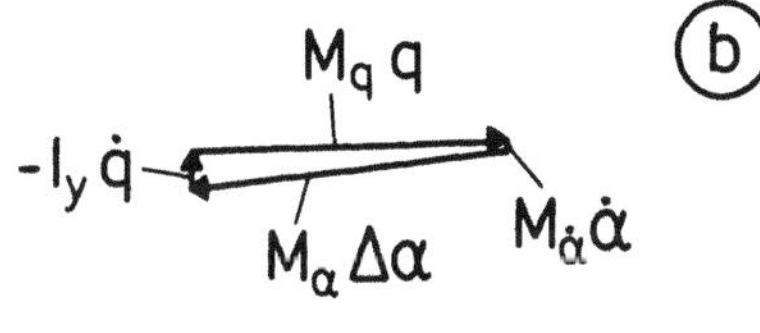

(b)

Auftriebsgleichung

Widerstandsgleichung

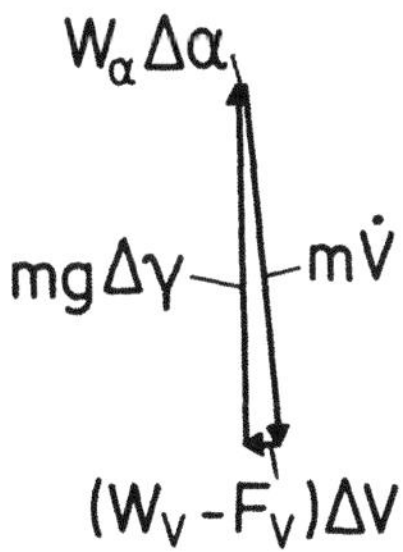

Bild 1.5.11. Zeitvektorpolygone eines Unterschall-Verkehrsflugzeuges bei größerer statischer Stabilität $(x_N - x_S = 0{,}25\ l_\mu;\ H=0;\ V=122\ \text{m/s})$

a) Anstellwinkelbewegung

b) Phygoide

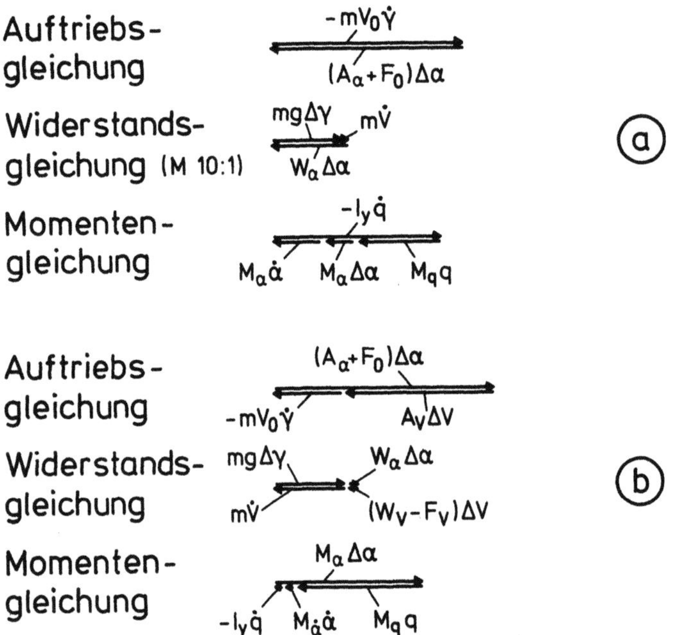

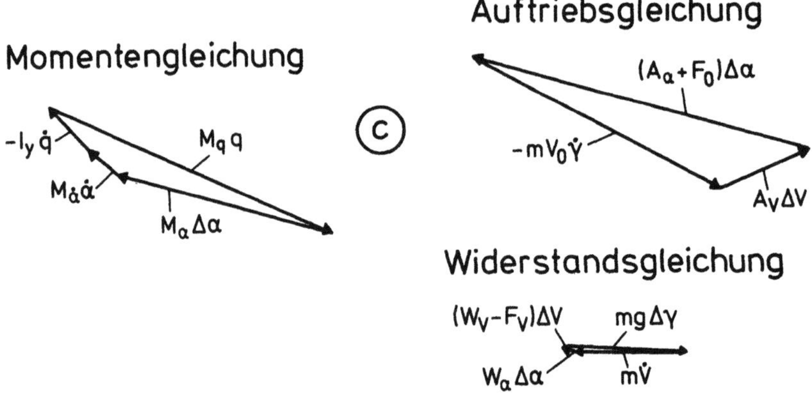

Bild 1.5.12. Zeitvektorpolygone eines Unterschall-Verkehrsflugzeuges bei geringer statischer Instabilität (x_N-x_S=-0,04 l_μ; H=0; V=122 m/s)

a) negativ reeller Eigenwert

b) positiv reeller Eigenwert (aperiodische Instabilität)

c) komplexer Eigenwert

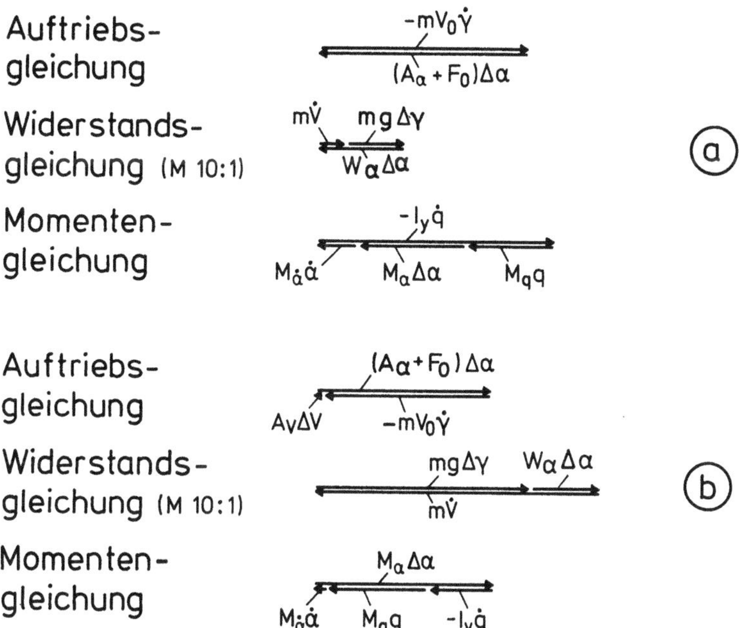

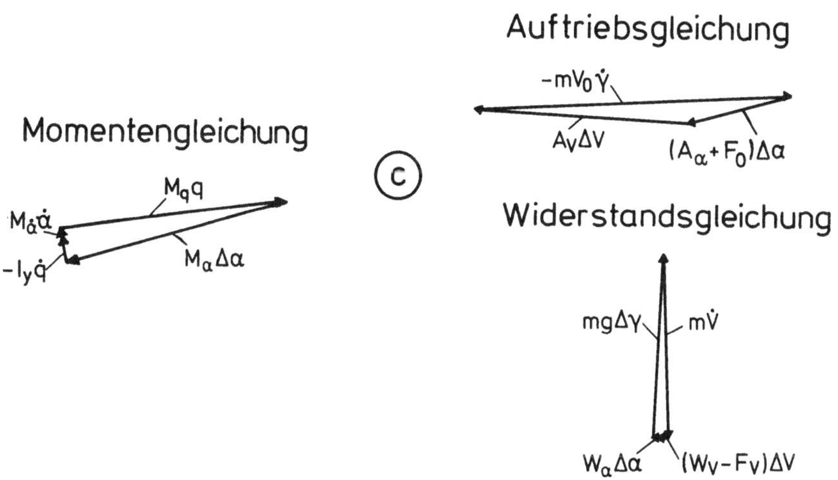

Bild 1.5.13. Zeitvektorpolygone eines Unterschall-Verkehrsflugzeuges
bei größerer statischer Instabilität $(x_N - x_S = -0{,}25\ l_\mu;\ H=0;\ V=122\ m/s)$

a) negativ reeller Eigenwert

b) positiv reeller Eigenwert (aperiodische Instabilität)

c) komplexer Eigenwert

Verschiebung des Schwerpunktes in den Bereich geringer statischer Instabilität äußert sich auch an den Kraftpolygonen (Bild 1.5.12) darin, daß nunmehr ausgeprägte Drei-Freiheitsgrad-Bewegungsformen existieren, bei denen Anstellwinkel-, Geschwindigkeits- und Bahnnei-
gungsänderungen in gleichartig starkem Maße auf die Kräftebilanz einwirken. Der Übergang zu stärkerer Instabilität, der in Bild 1.5.13
dargestellt ist, zeigt dann im Fall des komplexen Eigenwertes wieder
die typische Charakteristik der Phygoide wie bei großer statischer
Stabilität. Für die aperiodisch instabile Bewegungsform ergibt sich
aus der Momentengleichung, daß hier die Anstellwinkel- und Nickdämpfungsmomente bestimmend sind und daß die phasenmäßige Relation des
Anstellwinkelmoments zu den übrigen Momenten die Ursache für die Instabilität ist. Auch in der Auftriebsgleichung übt der Anstellwinkel
den entscheidenden Einfluß aus. Hier zeigt sich insbesondere auch,
daß die Geschwindigkeit nur zu unbedeutenden Kraftänderungen führt.

Bei den bisherigen Betrachtungen blieb der Schwerpunkteinfluß auf die
Nickdämpfungsmomente C_{mq} und $C_{m\dot{\alpha}}$ ausgeklammert. Es war vorausgesetzt
worden, daß diese Momente im interessierenden Bereich der Schwerpunkt-

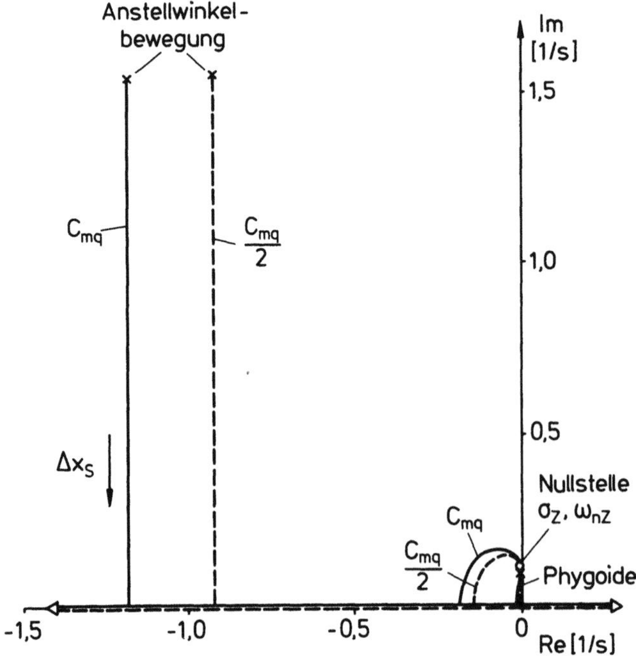

Bild 1.5.14. Einfluß des Nickdämpfungsderivativs C_{mq} auf die $C_{m\alpha}$-
Wurzelortskurve

verschiebungen näherungsweise als konstant angesehen werden können.
Im folgenden wird an einem Beispiel dargelegt, daß mögliche Auswirkungen der C_{mq}- oder $C_{m\dot{\alpha}}$-Momente zu keinen Änderungen gegenüber den bis-
hier entwickelten Aussagen führen. Zu diesem Zweck sind in Bild 1.5.14
zwei $C_{m\alpha}$-Wurzelortskurven für zwei unterschiedliche C_{mq}-Werte dargestellt. Die beiden C_{mq}-Werte können dabei als extreme Schwankungsbrei-
ten bei Schwerpunktverschiebungen aufgefaßt werden. Der Bereich zwischen den beiden $C_{m\alpha}$-Wurzelortskurven entspricht dann den möglichen
Wurzellagen bei Abweichungen von den beiden C_{mq}-Werten. Aus dem Verlauf
der beiden $C_{m\alpha}$-Wurzelortskurven geht hervor, daß die bisher entwickelten
Aussagen ihre Gültigkeit behalten. Dies gilt insbesondere auch für den
aus Stabilitätsgründen kritischen aperiodisch instabilen Wurzelast.

Literatur

1   Anders, H.: Parametrische Untersuchung der Längsbewegung von CCV-
    Transportern. DLR-Mitt. 74-11, S. 57-75, 1974.

2   Brockhaus, R.: Flugregelung I - Das Flugzeug als Regelstrecke.
    München, Wien: Oldenbourg, 1977.

3   Brüning, G.; Hafer, X.: Flugleistungen. Berlin, Heidelberg, New
    York: Springer 1978.

4   Chalk, C.R.; Key, D.L.; Kroll, J., Jr.; Wasserman, R.; Radford,
    R.C.: Background Information and User Guide for MIL-F-83300 -
    Military Specification - Flying Qualities of Piloted V/STOL Air-
    craft. AFFDL-TR-70-88, 1971.

5   Doetsch, K.H.: The time vector method for stability investigations.
    RAE Technical Report Aero 2495 (A.R.C. 16275) R & M 2945, 1953.

6   Etkin, B.: Dynamics of Atmospheric Flight. New York, Wiley: 1972.

7   Flora, C.C.: Dynamic Motions of Aircraft - Survey and Introduction.
    AGARD-CP-17, S. 3-20, 1966.

8   Glauert, H.: Die Grundlagen der Tragflügel- und Luftschrauben-
    theorie. Berlin: Springer 1929.

9   Goldstein, S.E.; Combs, C.P.: Trimmed Drag and Maximum Flight
    Efficiency of Aft Tail and Canard Configurations. AIAA-Paper Nr.
    74-69, 1974.

10 Graham, M.E.; Ryan, B.M.: Trim Drag at Supersonic Speeds of Various
    Delta-Planform Configurations. NASA-TN-D-425, 1960.

11   Hicks, R.M.; Hopkins, E.J.: Effects of Spanwise Variation of
     Leading-Edge Sweep on the Lift, Drag and Pitching Moment of a Wing-
     Body Combination at Mach-Numbers from 0.7 to 2.94. NASA-TN-D-2236,
     1964.

12   Hoak, D.E.; Ellison, D.E., et al.: USAF Stability and Control Datcom.
     Air Force Flight Dynamics Laboratory, Wright-Patterson Air Force
     Base, Ohio, 1969.

13   Hopkins, E.J.; Hicks, R.M.; Carmichael, R.L.: Aerodynamic Character-
     istics of Several Cranked Leading Edge Wing-Body Combinations at
     Mach-Numbers from 0.4 to 2.94. NASA-TN-D-4211, 1967.

14   Hofmann, L.G.; Clement, W.F.: Vehicle Design Considerations for
     Active Control Application to Subsonic Transport Aircraft. NASA-
     CR-2408, 1974.

15   Kehrer, W.T.: The Performance Benefits Derived for the Supersonic
     Transport through a New Approach to Stability Augmentation. AIAA-
     Paper Nr. 71-785, 1971.

16   Klug, H.G.: Transport Aircraft with Relaxed/Negative Longitudinal
     Stability - Results of a Design Study. AGARD-CP-157, S. 4-1 - 4-5,
     1975.

17   Laitone, E.V.: Ideal Tail Load for Minimum Aircraft Drag. Journal
     of Aircraft, Band 15, S. 190-192, 1978.

18   Laitone, E.V.: Positive Tail Loads for Minimum Induced Drag of
     Subsonic Aircraft. Journal of Aircraft, Band 15, S. 837-842, 1978.

19   Larrabee, E.E.: Trim Drag in the Light of Munk's Stagger Theorem.
     NASA-CR-145627, S. 319-328, 1975.

20   Löbert, G.: Einfluß der CCV-Technologie auf die Gestaltung von
     Hochleistungskampfflugzeugen. In: 87. Wehrtechnisches Symposium
     "Regelungstechnik-Automation", Bundesakademie für Wehrverwaltung
     und Wehrtechnik, 1978.

21   Löbert, G.: Möglichkeiten und Lösungsansätze der CCV-Technologie.
     DGLR-Symposium "CCV-Technologien", DGLR-Nr. 76-236, 1976.

22   Löbert, G.: Reglergestützter Flugzeugentwurf. DGLR-Jahrestagung,
     DGLR-Nr. 72-094, 1972.

23   Lutze, F.H.: Trimmed Drag Considerations. Journal of Aircraft,
     Band 14, S. 544-546, 1977.

24   Lutze, F.H.: Reduction of Trimmed Drag. NASA-CR-145627, S. 307-318,
     1975.

25   Max, H.; Matecki, R.; Wünnenberg, H.: Einfluß des Stabilitätsver-
     haltens eines Flugzeugs auf die Flugleistungen. In: 87. Wehrtech-
     nisches Symposium "Regelungstechnik-Automation", Bundesakademie
     für Wehrverwaltung und Wehrtechnik, 1978.

26   McKinney, L.W.; Dollyhigh, S.M.: Some Trim Drag Considerations for
     Maneuvering Aircraft. Journal of Aircraft, Band 8, S. 623-629,
     1971.

27 McLaughlin, M.D.: Calculations, and Comparison with an Ideal Minimum, of Trimmed Drag for Conventional and Canard Configurations Having Various Levels of Static Stability. NASA-TN-D-8391, 1977.

28 McRuer, D.; Ashkenas, I.; Graham, D.: Aircraft Dynamics and Automatic Control. Princeton, Princeton University Press, 1973.

29 Naylor, C.H.: Notes on the Induced Drag of a Wing-Tail Combination. ARC R & M Nr. 2528, 1946.

30 Norton, D.A.: Airplane Drag Prediction. Annals of the New York Academy of Sciences, Band 154, Teil 2, S. 306-328, 1968.

31 Poisson-Quinton, Ph.; Wanner, J.-C.: Evolution de la conception des avions grâce aux commandes automatiques généralisées. L'Aeronautique et L'Astronautique, Nr. 71, S. 11-41, 1978.

32 Pelagatti, C.; Bossard, M.; Irvoas, J.: Problems Raised by the Application of the Natural Stability Reduction Concept to Transport Aircraft. XI ICAS Congress, Proceedings, S. 466-474, 1978.

33 Prandtl, L.: Tragflügeltheorie. In: Gesammelte Abhandlungen zur angewandten Mechanik, Hydro- und Aeromechanik, Band I, S. 346-372, Berlin: Springer 1961.

34 Reich, D.: Einfluß der künstlichen Stabilität auf die Flugleistungen. DLR-Mitt. 72-05, S. 171-186, 1972.

35 Roskam, J.: Some Comments on Trim Drag. NASA-CR-145627, S. 295-303, 1975.

36 Sachs, G.: Optimale Leitwerksauslegung für Flugzeuge künstlicher Stabilität. Zeitschrift für Flugwissenschaften und Weltraumforschung, 2. Jahrgang, S. 1-10, 1978.

37 Sachs, G.: Minimum Trimmed Drag and Optimum c.g. Position. Journal of Aircraft, Band 15, S. 456-459, 1978.

38 Sachs, G.: Leitwerksauslegung und künstliche Stabilität. Dornier-Bericht 77/16 A, 1977.

39 Sachs, G.: Einfluß des Leitwerks auf die Flugleistungen. Institut für Flugtechnik der Technischen Hochschule Darmstadt, IFD-Bericht 2/77, 1977.

40 Schänzer, G.: Einfluß von verkoppelten instationären Böenstörungen auf die Flugzeuglängsbewegung. DLR-Forschungsbericht 69-65, 1969.

41 Schlichting, H.; Truckenbrodt, E.: Aerodynamik des Flugzeugs. 2. Band, Berlin, Heidelberg, New York: Springer 1969.

42 Staufenbiel, R.: Flugmechanische Aspekte instabiler Flugzeuge. DLR-Mitt. 74-11, S. 33-56, 1974.

43 Stewart, B.J.; Campion, B.S.: New Technology in Commercial Aircraft Design for Minimum Operating Cost. AIAA-Paper Nr. 79-0690, 1979.

44 Urie, D.M.: L-1011 Active Controls Design Philosophy and Experience. AGARD-CP-260, S. 20-1 - 20-9, 1979.

45 Wünnenberg, H.; Kubbat, W.: Advanced Control Concepts for Future Fighter Aircraft. AGARD-CP-241, S. 8-1 - 8-15, 1978.

46 V/STOL Handling. AGARD Rep. Nr. 577, Teil 1: Criteria and Discussion, 1970, Teil 2: Documentation, 1973.

47 Military Specification - Flying Qualities of Piloted V/STOL Aircraft. MIL-F-83300, 1970.

2 Direkte Kraftsteuerung

2.1 Überblick

Die direkte Kraftsteuerung stellt eine Erweiterung gegenüber den bisherigen Steuerungsmethoden eines Flugzeugs dar, da sie unmittelbar
die Kraft erzeugt, die die gewünschte Bahnänderung ermöglicht. Demgegenüber führt bei der konventionellen Flugzeugsteuerung eine Steuerbetätigung zunächst zu einer Lageänderung des Flugzeugs. Als deren
Folge tritt dann erst eine Kraftänderung ein, die die gewünschte Bahnänderung bewirkt. Man kann die konventionelle Steuerungstechnik über
die Ruder auch als eine Momentensteuerung bezeichnen, die über die
Änderung des Momentengleichgewichts indirekt die Kräfte beeinflußt.
Die konventionelle Methode zur Steuerung der Flugbahn beruht demnach
auf einer Kopplung von Kraft- und Momentenbeeinflussung. Dagegen beeinflußt die direkte Kraftsteuerung unmittelbar nur das Kräftegleichgewicht des Flugzeugs. Sie ermöglicht daher eine Entkopplung von
Kraft- und Momentenbeeinflussung und somit auch die entkoppelte Steuerung von Bahn- und Lagebewegung.

Die Freiheitsgrade, die die Bahnbewegung des Flugzeugs beschreiben,
sind, Bild 2.1.1:

- Höhe H (Bewegung in der Längsebene)
- Kurs Ψ bzw. Seitengeschwindigkeit v (Bewegung in der Seitenebene)
- Fluggeschwindigkeit V (Änderung des Betrags des Geschwindigkeits-
  vektors).

Die zugeordneten Kräfte sind:

- Auftrieb
- Seitenkraft
- Widerstand/Schub

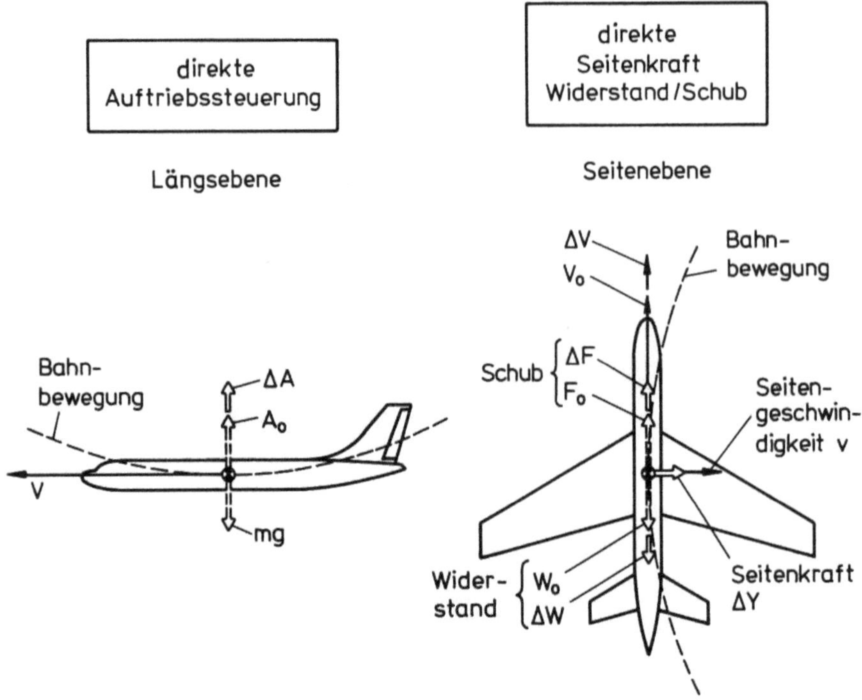

Bild 2.1.1. Direkte Kraftsteuerung und Bahnbewegung

Entsprechend dieser Zuordnung bezeichnet man die Anwendungsmöglichkeiten der direkten Kraftsteuerung zur Steuerung der Bewegung in den
einzelnen Freiheitsgraden als:

- direkte Auftriebssteuerung
- direkte Seitenkraftsteuerung
- direkte Widerstands- bzw. Schubsteuerung

Die direkte Kraftsteuerung bietet aufgrund der Entkopplung von Kraft-
und Momentenbeeinflussung nicht nur die Möglichkeit des unmittelbaren
Erzeugens eine Kraft unabhängig von Lageänderungen des Flugzeugs,
sondern auch die Möglichkeit zur Vermeidung von zeitlichen Verzögerungen im Aufbau dieser Kraft und damit im Aufbau der erwünschten
Bahnbewegung. Im Gegensatz dazu ist bei der konventionellen Steuerungstechnik über das Ruder eine zeitliche Verzögerung zwischen Steuerbetätigung und dem Beginn der Bahnänderung grundsätzlich nicht zu
vermeiden. Hier tritt die Kraftänderung erst dann ein, nachdem die
Dynamik in der Momentengleichung zu einer Lageänderung geführt hat,

d.h. Kraft- und Bahnänderung werden erst mit einer Verzögerung wirksam. Bei Heckleitwerksflugzeugen und insbesondere bei Nur-Flügel-Flugzeugen wird - wie später ausführlicher erläutert wird - dieser Effekt noch dadurch verstärkt, daß die anfängliche Kraftänderung infolge der unmittelbaren Wirkung des Höhenruderausschlags der gewünschten Bahnänderung entgegengerichtet ist und somit die zeitliche Verzögerung weiter vergrößert. Bei der direkten Kraftsteuerung ist demgegenüber die Kraftänderung ohne nachteilige Zeitverzögerung sofort in der gewünschten Richtung wirksam.

Die bisherigen Erläuterungen machen deutlich, warum man die Steuerungstechnik auf der Basis der direkten Einflußnahme auf die Kräfte als "direkte Kraftsteuerung" bezeichnet. Außerdem ist die Möglichkeit der direkten Einflußnahme auf die Kräfte noch in solchen Fällen von besonderem Interesse, bei denen der Pilot selbst keine Steuerbetätigung vornimmt oder bei denen er nicht unmittelbar die Kraftänderungen kommandiert. Dies betrifft die Regelung des Flugzeugs, d.h. künstliche Systeme, die zur Verbesserung des natürlichen Verhaltens des Flugzeugs eingesetzt werden. Bei herkömmlichen Flugregelsystemen werden als Stellgrößen die drei Ruder (Höhen-, Quer- und Seitenruder) sowie die Schubdrossel verwendet. Die direkte Einflußnahme auf die Kräfte über spezielle Steuerflächen stellt auch aus regelungstechnischer Sicht eine Erweiterung der Möglichkeiten zur Verbesserung des Flugverhaltens dar. Dies gilt nicht nur für die Entkopplung von Kraft- und Momentenänderungen, sondern auch für die Verbesserung des Zeitverhaltens. Letzteres betrifft die oben beschriebene Eigenschaft der Momenten- bzw. Rudersteuerung, deren grundsätzlich unvermeidbare Zeitverzögerungseffekte auch für die Anwendung bei Flugregelungssystemen sich nachteilig auswirken können. Die aus regelungstechnischer Sicht spezifischen Fragen der direkten Kraftbeeinflussung werden hier jedoch nicht weiter behandelt. Ziel der im folgenden vorzunehmenden Betrachtung ist vielmehr die Darstellung der flugmechanischen Grundlagen und Möglichkeiten, die sich für die Steuerung eines Flugzeugs über die direkte Einflußnahme auf die Kräfte ergeben.

2.2 Direkte Auftriebssteuerung[1]

2.2.1 Allgemeines

Als erstes sei die direkte Auftriebssteuerung behandelt, die zur Steuerung der Bewegung in der Längsebene bzw. zur Aussteuerung von Höhenabweichungen bei einer vorgegebenen Sollflugbahn dient. Eine Übersicht
über bisherige Untersuchungen zu diesem Thema geben die folgenden Arbeiten (1, 2, 5, 12, 13, 15, 16, 18-20, 25-30, 32, 34-36, 38, 39, 41-44,
47, 49-53, 55-60, 63-73). Die direkte Auftriebssteuerung ist im englisch-
sprachigen Schrifttum unter der Bezeichnung "Direct Lift Control" bekannt. Zur Verdeutlichung möglicher Verbesserungen bei Anwendung der direkten Auftriebssteuerung seien zunächst Fragen der konventionellen
Steuertechnik und deren Unzulänglichkeiten behandelt.

2.2.2 Konventionelle Bahnsteuerung mittels Höhenruderbetätigung

Einfluß von Drehträgheit und Höhenruderauftrieb auf die Bahnsteuerung

Wie in der Einleitung beschrieben, ist die konventionelle Steuerung
eine Momentensteuerung. Dabei korrigiert der Pilot beispielsweise zum
Einhalten einer vorgegebenen Flugbahn die Höhenabweichungen indirekt
mit dem Höhenruder. Eine Erläuterung dieses Vorgangs gibt Bild 2.2.1.
Im oberen Teil ① ist im Zeitpunkt t=0 die augenblickliche Wirkung
des Ruderausschlags dargestellt. Der untere Bildteil ② zeigt dann
die Änderung der Flugzeuglage, die zu einer Anstellwinkeländerung $\Delta\alpha$
geführt hat. Erst danach ist die volle Auftriebsänderung ΔA zur Bahnsteuerung wirksam. Dieser Verzögerungseffekt, der auf der Drehträgheit des Flugzeugs beruht, ist grundsätzlich bei einer Momentensteuerung vorhanden, unabhängig davon, ob es sich um Leitwerksflugzeuge
(Heck- oder Bugleitwerk) oder um Nur-Flügel-Flugzeuge handelt. Während dies bei Bugleitwerksflugzeugen die einzige Ursache für eine
Zeitverzögerung darstellt, tritt bei Heckleitwerksflugzeugen und
insbesondere bei Nur-Flügel-Flugzeugen eine weitere Vergrößerung
der Zeitverzögerung auf. Dies beruht, wie ebenfalls aus der Darstellung von Bild 2.2.1 hervorgeht, darauf, daß beim Heckleitwerks-
und beim Nur-Flügel-Flugzeug die am Höhenruder aufzubringende Kraft
ΔA_H zur Veränderung des Momentengleichgewichts der gewünschten Ge-
samtauftriebsänderung ΔA entgegengerichtet ist. Daraus folgt, daß das

---

[1] Grundsätzliche Betrachtungen hierzu sind in (50) durchgeführt worden, auf die im folgenden häufig Bezug genommen wird.

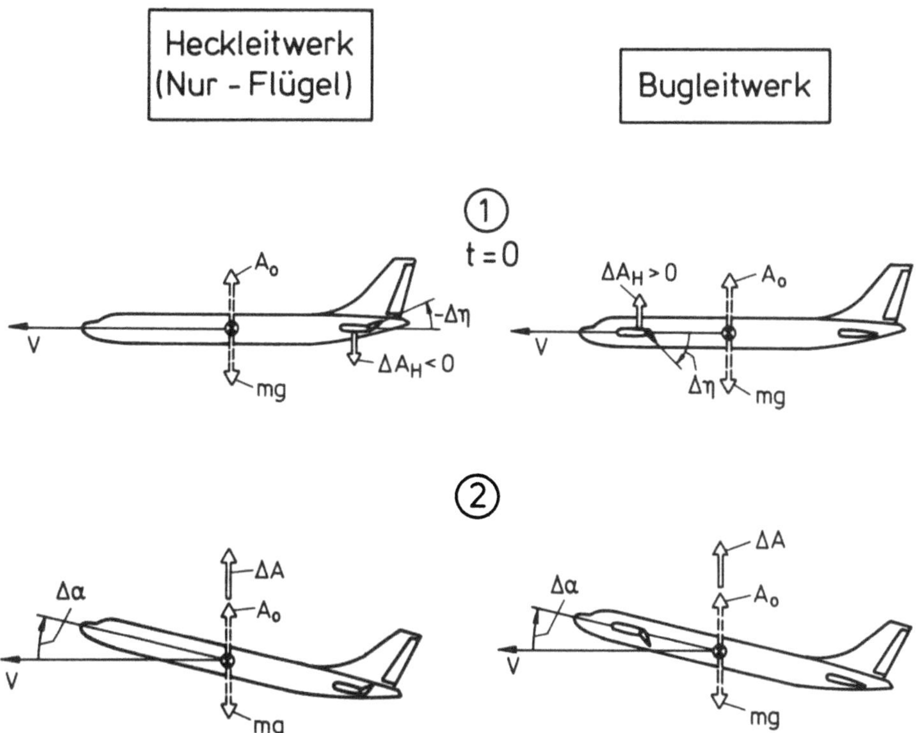

Bild 2.2.1. Ruderauftrieb und Lageänderung bei Heckleitwerks- und
Nur-Flügel-Flugzeugen sowie bei Bugleitwerksflugzeugen

Flugzeug zunächst eine Beschleunigung erfährt, die entgegengesetzt
zur gewünschten Richtung wirkt. In Bild 2.2.2 ist der beschriebene
Vorgang näher erläutert. Dort ist für ein Heckleitwerksflugzeug der
zeitliche Verlauf von Auftrieb, Steiggeschwindigkeit und Höhe infolge
eines sprungförmigen Höhenruderausschlags gezeigt. Der Kurvenverlauf
macht deutlich, daß sich der auf dem ungünstigen Höhenruderauftrieb
basierende Effekt der Zeitverzögerung infolge der zweimaligen Integration zwischen Auftrieb und Höhenänderung stufenweise ausweitet.
Aus dieser Darstellung geht außerdem hervor, daß eine geeignete Größe
zur Beschreibung der Verzögerungseffekte die Zeit $t_{H=0}$ ist. Sie gibt
das Zeitintervall an, das benötigt wird, bis die Höhenänderung in der
gewünschten Richtung erfolgt. Die quantitative Erfassung dieses Effek-
tes ist näherungsweise mit der im folgenden vorgenommenen vereinfach-
ten Betrachtung möglich. Ausgangspunkt hierfür ist die Überlegung,
daß für den interessierenden Kurzzeit-Manöverbereich die Geschwindigkeit als konstant angesehen werden kann (d.h. es gilt näherungsweise

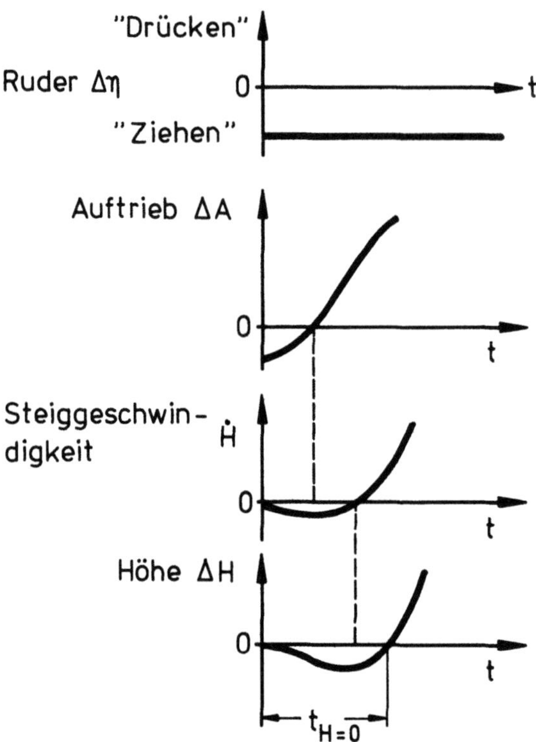

Bild 2.2.2. Zeitverzug der Höhenänderung bei konventioneller Steuerung eines Heckleitwerksflugzeugs

$V=V_0$=const) und daß damit die Dynamik des Flugzeugs durch die Auf-
triebs- und Momentengleichung in der folgenden Form beschrieben werden kann:

$$m\, V_0\dot{\gamma} = \Delta A \ ,$$

$$m\, i_y^2\ddot{\vartheta} = \Delta M \ . \tag{2.2.1}$$

Die Auftriebsänderung ist darin gegeben durch

$$\Delta A = (C_{A\alpha}\Delta\alpha + C_{A\eta}\Delta\eta)\,(\rho/2)V_0^2 S \ . \tag{2.2.2}$$

Für die Momentenänderung sei in der hier betrachteten Anfangsphase
die folgende Vereinfachung gültig

$$\Delta M = C_{m\eta}\Delta\eta\,(\rho/2)V_0^2 S\, l_\mu \ . \tag{2.2.3}$$

Die Vereinfachung besteht in der Nichtberücksichtigung der $C_{m\alpha}$ - und
C_{mq}-Momente für den Zeitbereich $0<t<t_{H=0}$. Dies ist gleichbedeutend
damit, daß in dieser Anfangsphase eine angenähert konstante Dreh-
beschleunigung $\ddot{\Theta}=\ddot{\Theta}_0$ vorhanden ist, aus der sich die Lagewinkeländerung durch unmittelbare Integration der Momentengleichung in (2.2.1)
berechnen läßt. Außerdem sei vorausgesetzt, daß in dem betrachteten
Zeitbereich die Anstell- und Lagewinkeländerung gleich sind. Für die
Anstellwinkeländerung erhält man dann aus

$$\ddot{\alpha} = \ddot{\Theta} = \ddot{\Theta}_0 = \text{const}$$

mit $\dot{\alpha}(0)=0$ die folgende Beziehung

$$\Delta\alpha = \ddot{\Theta}_0 \, \frac{t^2}{2} \ .$$

Damit kann man unter der Berücksichtigung der Momentengleichung aus
(2.2.1) sowie mit (2.2.3) und dem Auftriebsgleichgewicht $C_{A0}=2mg/(\rho V_0^2 S)$
des stationären Bezugszustandes schreiben:

$$\Delta\alpha = \frac{g \, l_\mu}{i_y^2} \, \frac{C_{m\eta}}{C_{A0}} \Delta\eta \, \frac{t^2}{2} \ .$$

Berücksichtigt man dies in der Auftriebsänderung von (2.2.1), so erhält man

$$\dot{\gamma} = \left(\frac{g \, l_\mu}{i_y^2} \, \frac{C_{A\alpha}C_{m\eta}}{C_{A0}} \, \frac{t^2}{2} + C_{A\eta} \right) \frac{g}{V_0 C_{A0}} \, \Delta\eta \ .$$

Daraus ergibt sich die Höhenänderung ΔH durch zweifache Integration
zu (über $\dot{H} \approx V_0 \Delta\gamma$ bzw. $\ddot{H} \approx V_0 \dot{\gamma}$):

$$\Delta H = \left(\frac{g \, l_\mu}{i_y^2} \, \frac{C_{A\alpha}C_{m\eta}}{C_{A0}} \, \frac{t^4}{24} + C_{A\eta} \, \frac{t^2}{2} \right) \frac{g}{C_{A0}} \, \Delta\eta \ .$$

Für die weitere Untersuchung ist es zweckmäßig, den Leitwerkshebelarm
r_H einzuführen. Dadurch ist es möglich, den hier interessierenden
Einfluß der Flugzeugkonfiguration besser darzustellen. Aus Bild 2.2.3
folgt zunächst für das Rudermoment

$$M(\eta) = -r_H A_H(\eta) \ .$$

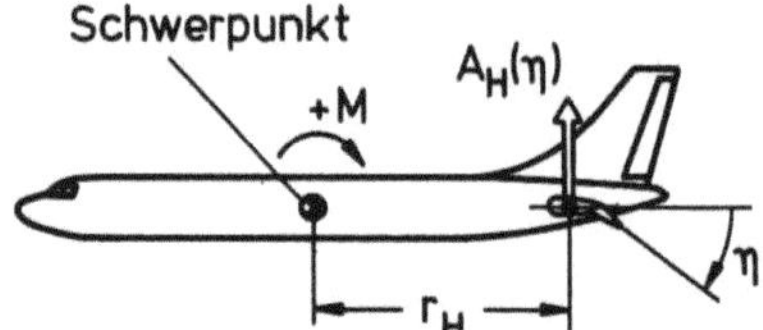

Bild 2.2.3. Zur Definition des Rudermoments

Der Übergang auf die Beiwertschreibweise ergibt dann mit $M(\eta)=C_{m\eta}\eta\bar{q}Sl_\mu$, $A_H(\eta)=C_{A\eta}\eta\bar{q}S$ den folgenden Ausdruck für das Ruder-Momentenderivativ

$$C_{m\eta} = -(r_H/l_\mu)C_{A\eta} \ . \qquad\qquad (2.2.4)$$

Damit schreibt sich die Höhenänderung in der folgenden Form

$$\Delta H = \left[1 - \frac{g\ r_H}{i_y^2} \frac{C_{A\alpha}}{C_{A0}} \frac{t^2}{12}\right] \frac{C_{A\eta}}{C_{A0}} \frac{gt^2}{2} \Delta\eta \ . \qquad (2.2.5)$$

Aus $\Delta H=0$ ergibt sich nun die gesuchte Beziehung für den Zeitverzug bis zum Erreichen der gewünschten Höhenänderung zu

$$t_{H=0} = 2\sqrt{3\ \frac{C_{A0}}{C_{A\alpha}} \frac{i_y^2}{g\ r_H}} \ . \qquad\qquad (2.2.6)$$

Dieser Ausdruck macht deutlich, daß in den folgenden Fällen große Werte von $t_{H=0}$ auftreten:

- Kleiner Leitwerkshebelarm r_H

  Dieser Effekt ist insbesondere für Nur-Flügel-Flugzeuge wichtig, bei denen der Abstand des Höhenruderauftriebs zum Schwerpunkt klein ist. Hier verliert der Hebelarm r_H seine unmittelbar geometrische Bedeutung. Er ist vielmehr als ein Effektivwert zu interpretieren, der durch das Verhältnis aus $C_{m\eta}$ und $C_{A\eta}$ definiert ist, d.h. nach (2.2.4) durch

$$r_H/l_\mu = -C_{m\eta}/C_{A\eta} \ . $$

- Großes Verhältnis i_y^2/r_H

  Hierin äußert sich ein Einfluß, der sich aus der absoluten Größe eines Flugzeugs ergibt. Er kennzeichnet die erhöhte Drehträgheit, die für Großflugzeuge typisch ist, (10, 21). Geht man zum Beispiel davon aus, daß bei Vergrößerung der Längenabmessungen um den Faktor L die Größen i_y und r_H in gleichem Maße anwachsen, so resultiert daraus eine Zunahme von $t_{H=0}$ proportional zu $\sqrt{L}$.

- Großer Auftriebsbeiwert C_{A0} (bzw. großer effektiver Anstellwinkel $\alpha_{eff}=C_{A0}/C_{A\alpha}$)

  Dieser Effekt ist insbesondere für Flugzeuge mit Kurzstart- und Kurzlandeeigenschaften wichtig, bei denen hohe C_{A0}-Werte niedrige Fluggeschwindigkeiten ermöglichen (sogenannte STOL-Flugzeuge, STOL: Short Take-Off and Landing).

Verbesserungsmöglichkeiten

Die Ursachen für die beschriebene Zeitverzögerung in der Bahnantwort des Flugzeugs sind konfigurationsbedingte Merkmale der Heckleitwerksflugzeuge sowie der Nur-Flügel-Flugzeuge und können nicht oder nur teilweise über ein Nickbeschleunigungssystem bzw. einen Regler behoben werden, die darauf abzielen, das Antwortverhalten des Flugzeugs über eine Erhöhung der Nickdrehgeschwindigkeit durch Voreilglieder zu verbessern. Dies ist an einem Beispiel in Bild 2.2.4 erläutert. Dort ist einerseits der bisher betrachtete Fall des Flugzeugs ohne irgendeine Zusatzeinrichtung dargestellt, der die Reaktion des Flugzeugs auf einen konstanten Höhenruderausschlag mit rampenförmig ansteigendem Anfangsteil zeigt (durchgezogene Linie). Zum anderen sind auch die Auswirkungen eines Nickbeschleunigungssystems zur Verbesserung des Antwortverhaltens gezeigt. Hierbei wird der Anfangsteil des Ruderausschlags vergrößert, um die Nickantwort des Flugzeugs zu beschleunigen (gestrichelte Linie). Dieses Teilziel wird zwar erreicht, jedoch zeigen sich negative Auswirkungen in der Kräfte- und damit in der Bahnänderung, da hier der Zeitverzug nicht verkleinert werden kann, sondern sogar noch vergrößert wird. Die Ursache für ein derartiges Verhalten beruht darauf, daß die Vergrößerung der Nickdrehgeschwindigkeit nur über eine Erhöhung des in die falsche Richtung wirkenden Leitwerksauftriebs möglich ist. Damit wird zwar die Momentengleichung im gewünschten Sinne beeinflußt (d.h. die Beschleunigung der Nicklagenänderung), nicht jedoch die Kraftgleichung, bei der sich gegenteilige Auswirkungen zeigen.

Eine grundsätzliche Verbesserung des beschriebenen Verhaltens ist nur durch einen unmittelbaren Eingriff in den Auftriebshaushalt möglich.

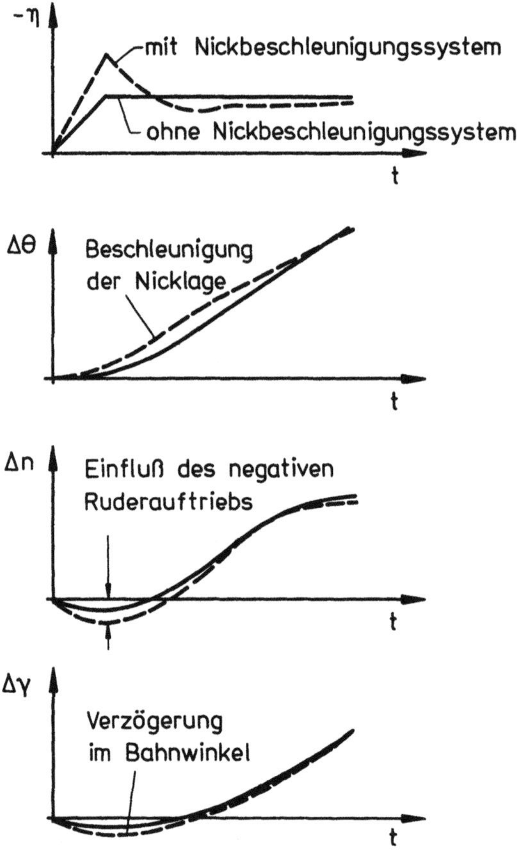

Bild 2.2.4. Einfluß eines Nickbeschleunigungssystems auf die Nicklage
und den Bahnwinkel, nach (33)

Dies ist in Bild 2.2.5 erläutert, das den Einfluß einer direkten
Kraftänderung in Auftriebsrichtung auf die Bahnantwort eines Flugzeugs zeigt. Diese Verbesserungsmöglichkeit führt dann unmittelbar zu
dem Konzept einer direkten Kraftsteuerung.

Im Zusammenhang mit den Nachteilen der Höhenrudersteuerung ist noch
ein Effekt zu nennen, bei dem die direkte Einflußnahme auf den Auftrieb zu besonders deutlichen Unterschieden in der Bahnantwort führt.
Dies betrifft die Auswirkungen, die infolge von Luftbewegungen bzw.
Böen auftreten, (50, 58). Als besonders ungünstig wirkt sich hier eine Horizontalbö (Heckbö) im Langsamflug aus. Sie führt nämlich zu
einer Verringerung der Anblasgeschwindigkeit und wegen des damit ver-

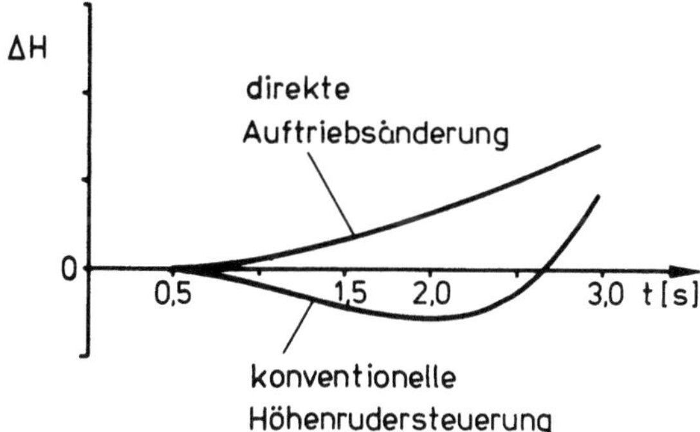

Bild 2.2.5. Einfluß einer direkten Auftriebsänderung auf die Flug-
bahnantwort am Beispiel eines großen Überschallflugzeugs, nach (17)

knüpften Auftriebsverlustes unmittelbar zu einer Sinkgeschwindigkeit.
In diesem Fall ist der ungünstige Effekte des in die falsche Richtung wirkenden Höhenruderauftriebs bei der konventionellen Steuerung
besonders nachteilig. Er führt nämlich unmittelbar zu einer Verstärkung der Sinkgeschwindigkeit. Als Folge davon tritt die erwünschte
Sinkgeschwindigkeitskorrektur erst bei einem noch späteren Zeitpunkt
ein. Demgegenüber ist es mit einer direkten Einflußnahme auf den Auftrieb möglich, dem Auftriebsverlust infolge der Heckbö unmittelbar
entgegenzuwirken und dadurch jede Verzögerung zu vermeiden. Der beschriebene Effekt ist insbesondere in der Endphase des Landeanflugs
wichtig, in dem das Flugzeug schon nahe am Boden ist.

Ergänzend seien die Beziehungen der Höhenantwort in der Anfangsphase
auch für Bugleitwerksflugzeuge angegeben, bei denen der Leitwerksauftrieb in Richtung der Bahnänderung wirkt. Hier gilt für das Rudermoment

$$M(\eta) = r_H A_H(\eta) \ ,$$

bzw.

$$C_{m\eta} = (r_H/l_\mu) C_{A\eta} \ .$$

Damit erhält man für die Höhenänderung in Analogie zu (2.2.5) den
folgenden Ausdruck

$$\Delta H = \left[1 + \frac{g}{i_y^2} \frac{r_H}{} \frac{C_{A\alpha}}{C_{A0}} \frac{t^2}{12}\right] \frac{C_{A\eta}}{C_{A0}} \frac{g t^2}{2} \Delta\eta \ .$$

Auch aus dieser Beziehung wird deutlich, daß bei Bugleitwerkskonfigu-
rationen die Höhenänderung, wenngleich verzögert, so doch mit dem
richtigen Vorzeichen erfolgt. Hier würde das oben beschriebene Nickbeschleunigungssystem wesentliche Verbesserungen der Höhenantwort erwarten lassen.

2.2.3 Möglichkeiten zur Erzeugung direkter Auftriebsänderungen

Um eine direkte Beeinflussung des Auftriebs zu erreichen, muß das
Flugzeug mit speziellen, dafür geeigneten Steuerflächen ausgerüstet
sein. Hierbei ist folgendes zu fordern:

- Die Steuerflächen müssen sowohl positive wie negative Auftriebsänderungen ermöglichen, damit Bahnabweichungen in beiden Richtungen
  korrigiert werden können.

- Der Angriffspunkt der resultierenden direkten Auftriebsänderung muß
  in der Nähe des Schwerpunktes liegen.

- Die Steuerflächen müssen schnell verstellbar sein.

Im einzelnen lassen sich folgende Möglichkeiten zur Erzeugung direkter Auftriebsänderungen nennen (vgl. hierzu auch die Darstellung von
Bild 2.2.6):

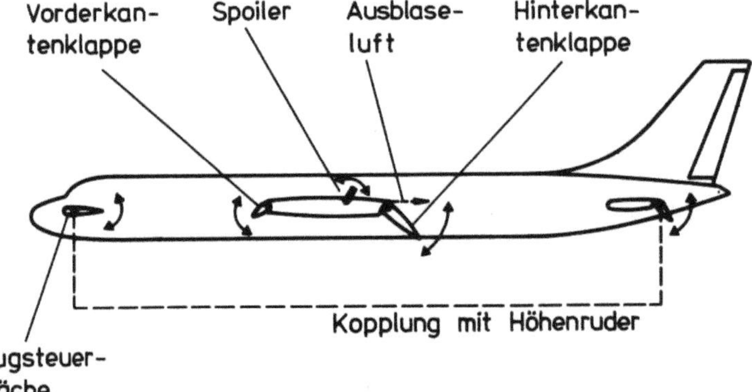

Bild 2.2.6. Möglichkeiten zur direkten Auftriebsbeeinflussung

- Klappen (Hinter- und Vorderkanten)
- Spoiler
- Ausblaseluft
- Schubvektor-Schwenkung
- Bugsteuerfläche

Die __Klappen__ führen, ähnlich wie Landeklappen, zu einer Vergrößerung
des Auftriebs durch Vergrößerung des Klappenwinkels und im umgekehrten Falle zu einer Auftriebsverkleinerung. Im Gegensatz zu Landeklappen, bei denen nur eine langsame Verstellgeschwindigkeit benötigt
wird, macht der Einsatz einer Klappe zu Steuerungszwecken eine
schnelle Verstellbarkeit notwendig, die einen erhöhten Aufwand im
Hinblick auf die konstruktive Gestaltung unter Beibehaltung einer
hohen aerodynamischen Wirksamkeit erfordert. Ein Beispiel für die
mögliche Wirksamkeit von Klappen ist in Bild 2.2.7 dargestellt. Das
dort gezeigte Klappensystem, das im Flugversuch im Rahmen der Untersuchung einer direkten Auftriebssteuerung verwendet wurde (56), besteht aus einer Hauptklappe und einer daran angebrachten zweiten

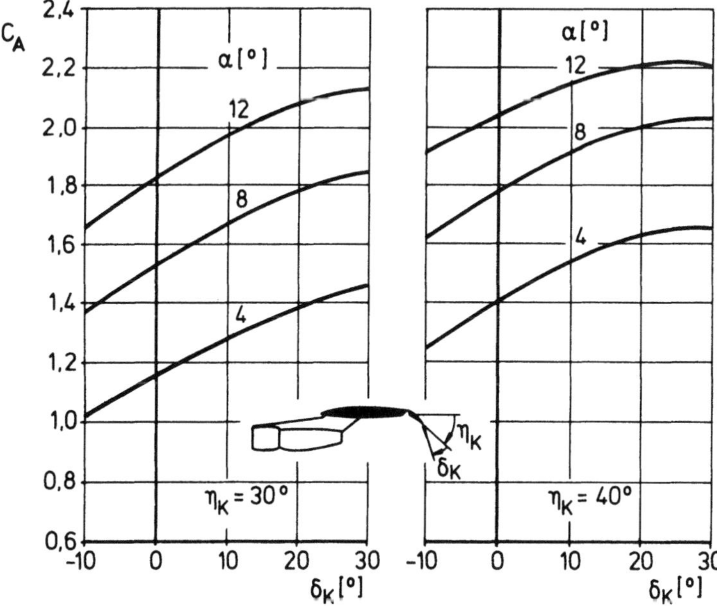

Bild 2.2.7. Aerodynamische Wirksamkeit von schnell verstellbaren
Klappen als Auftriebssteuerflächen, nach (56)

Klappe. Während die Hauptklappe auf einem konstanten Winkel ausgeschlagen blieb, erfolgten die Auftriebsänderungen durch die schnell
verstellbare zweite Klappe. Eine Steigerung der aerodynamischen
Effektivität wurde durch die Einbeziehung des Triebwerksstrahls in
das Strömungsfeld erzielt. Die zweite vorn erwähnte Möglichkeit zur
direkten Auftriebsbeeinflussung stellen <u>Spoiler</u> dar. Normalerweise
werden Spoiler zur Rollsteuerung verwendet sowie zur Auftriebsvermin-
derung mit gleichzeitiger Widerstandsvergrößerung im Rahmen des Landevorgangs nach dem Aufsetzen des Flugzeugs. Die Funktion der Spoiler
besteht darin, daß sie in Form einer Störklappe die Umströmung des
Flügelprofils stören und dadurch den Auftrieb vermindern. Ein Beispiel für die Wirksamkeit derartiger Steuerflächen ist in Bild 2.2.8
gezeigt. Aufgrund der Tatsache, daß das Ausfahren der Spoiler den
Auftrieb verringert, ist es notwendig, daß sie von einem mittleren
Ausschlagwinkel aus betrieben werden. Positive Auftriebsänderungen
werden dann durch Einfahren der Spoiler erzielt, während negative
Auftriebsänderungen beim weiteren Ausfahren entstehen.

Die restlichen oben erwähnten Möglichkeiten zur direkten Auftriebsbeeinflussung stellen aufwendigere Methoden dar oder sind auf Konfigurationen beschränkt, die vom Antriebssystem her die Voraussetzung
dazu haben (wie z.B. bestimmte STOL-Konfigurationen). Eine Sonder-
stellung nehmen <u>Steuerflächen</u> ein, die am <u>Rumpfbug</u> angebracht sind.

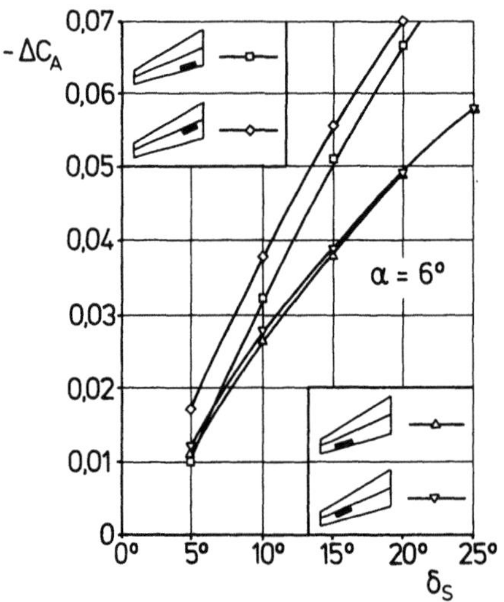

Bild 2.2.8. Aerodynamische Wirksamkeit von Spoilern als Auftriebssteuerflächen, nach (70), δ_S: Spoilerausschlagwinkel

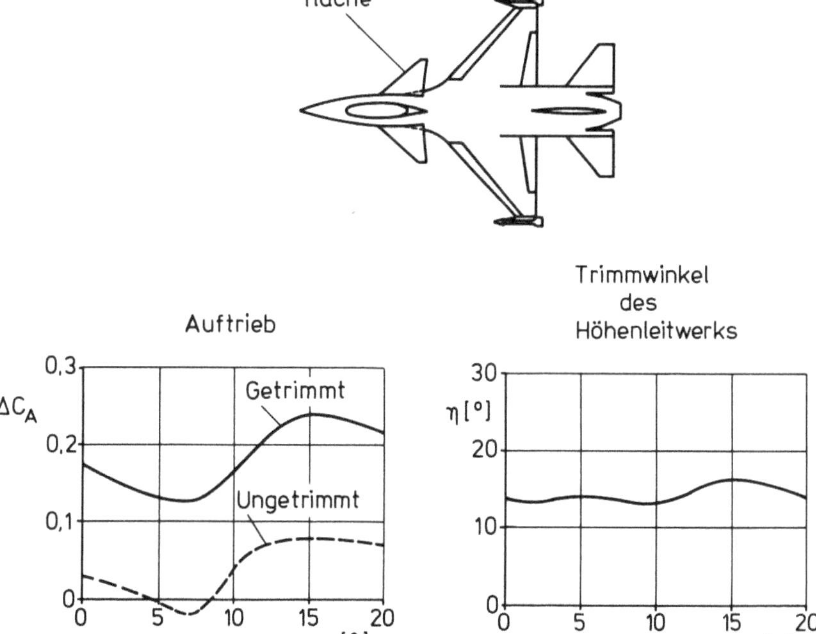

Bild 2.2.9. Aerodynamische Wirksamkeit von Bugsteuerflächen bei dem Flugzeug CCV YF-16, nach (64)

Aufgrund ihres großen Hebelarms relativ zum Schwerpunkt beeinflussen sie in starkem Maße das Nickmoment. Dieser Effekt ist für die Auftriebserzeugung günstig, da die zum Momentenausgleich notwendige Kopplung mit dem Höhenruder die Wirkung der Bugsteuerfläche verstärkt, d.h. der gekoppelte Höhenruderausschlag ergibt eine Auftriebsänderung, die den Auftrieb der Bugsteuerfläche unterstützt. Ein Beispiel hierfür ist in Bild 2.2.9 gezeigt. Daraus geht insbesondere auch die verstärkende Wirkung des Höhenruderausschlags hervor (vgl. hierzu den Verlauf der getrimmten und ungetrimmten Auftriebskurve).

2.2.4 Angriffspunkt der direkten Auftriebsänderung

Grundbeziehungen

Um eine reine Kraftsteuerung zu ermöglichen, muß der Angriffspunkt der direkten Auftriebsänderung so gewählt werden, daß kein resultierendes Moment entsteht und somit der Anstellwinkel (als der Lagewinkel des Flugzeugs relativ zur Anströmrichtung) konstant bleibt. Die

zunächst naheliegende Annahme, daß dieser Angriffspunkt der Schwerpunkt sei, erweist sich bei näherer Betrachtung als nicht zutreffend.
Zur Behandlung dieses grundsätzlichen Problems ist es zweckmäßig, die
Frage zu untersuchen, welche Reaktion das Flugzeug auf eine Auftriebsänderung zeigt, die in einem zunächst noch beliebigen Punkt des Flugzeugs angreift. Kennzeichnet man die Lage dieses Punktes mit x_δ entsprechend der Darstellung von Bild 2.2.10, so sind die Auftriebs- und
die Momentengleichung durch die folgenden Beziehungen bei Vernachlässigung des Nickauftriebs gegeben:

$$m\,V\dot\gamma = \Delta A = (C_{A\alpha}\Delta\alpha + C_{A\delta}\delta)\,(\rho/2)V^2 S\;,$$

$$\Delta M = 0 = \left(C_{m\alpha}\Delta\alpha - C_{A\delta}\delta\,\frac{x_\delta - x_S}{l_\mu} + C_{mq}\,\frac{q\,l_\mu}{V}\right)(\rho/2)V^2 S\,l_\mu\;.$$

$$(2.2.7)$$

Diese Gleichungen gelten in einem Zeitbereich, in dem die Bewegung
des Flugzeugs - ähnlich wie bei der Abfangbewegung eines konventionell gesteuerten Flugzeugs zur Bestimmung des Manöverpunkts - ein
quasistationäres Verhalten aufweist und der das Kurzzeit-Manöver-
verhalten kennzeichnet. Hier sei der Einleitvorgang, der unmittelbar auf die Betätigung der direkten Auftriebssteuerfläche folgt, ab-
geklungen, so daß sich das Flugzeug in einer Abfangbewegung mit konstanter Bahnkrümmung befindet. Dabei ist die Nickgeschwindigkeit q
gleich der Bahnwinkeländerung $\dot\gamma$, Bild 2.2.11, d.h. es gilt hier

$$q = \dot\gamma\;.$$

$$(2.2.8)$$

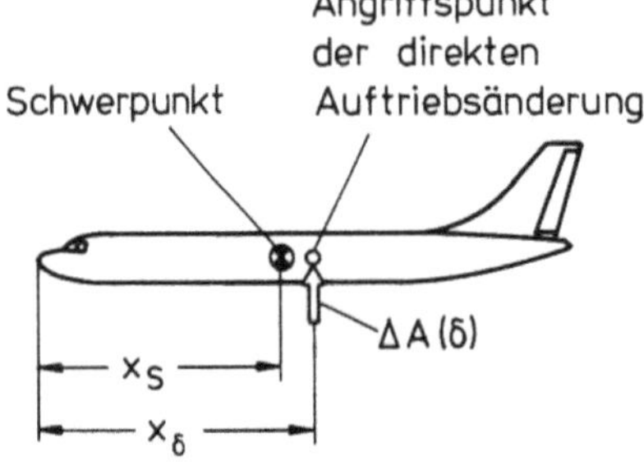

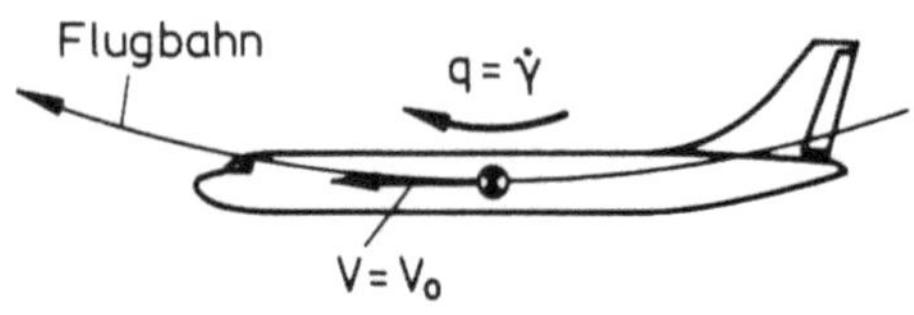

Bild 2.2.10. Angriffspunkt der   Bild 2.2.11. Abfangbahn -
direkten Auftriebsänderung   Kurzzeit-Manöverbereich

Besonderes Kennzeichen des Kurzzeit-Manöververhaltens ist darüber hinaus, daß die Geschwindigkeit konstant bleibt, d.h. es gilt

$$V \approx V_0 \; . \qquad (2.2.9)$$

Damit ergibt sich aus (2.2.7) durch Elimination von $\Delta\alpha$ für die erzielbare bahnsenkrechte Beschleunigung in Abhängigkeit vom Angriffspunkt x_δ der direkten Auftriebsänderung

$$V_0\dot\gamma = \frac{(\rho/2)V_0^2 S}{m} \; \frac{C_{m\alpha}/C_{A\alpha} + (x_\delta - x_S)/1_\mu}{C_{m\alpha}/C_{A\alpha} + C_{mq}(\rho/2)S\,1_\mu/m} \; C_{A\delta}\delta \; . \qquad (2.2.10)$$

Berücksichtigt man das stationäre Auftriebsgleichgewicht

$$A_0 = C_{A0}(\rho/2)V_0^2 S = mg \qquad (2.2.11)$$

und die normierte Masse

$$\mu = \frac{2m}{\rho S\,1_\mu}$$

sowie die Beziehung für den Zusatzlastfaktor

$$\Delta n = \frac{\Delta A}{mg} = \frac{V_0}{g}\dot\gamma \; , \qquad (2.2.12)$$

so erhält man aus (2.2.10) den folgenden Ausdruck

$$\Delta n = \frac{C_{A\delta}\delta}{C_{A0}} \; \frac{C_{m\alpha}/C_{A\alpha} + (x_\delta - x_S)/1_\mu}{C_{m\alpha}/C_{A\alpha} + C_{mq}/\mu} \; . \qquad (2.2.13)$$

Dieser Ausdruck läßt sich weiter vereinfachen, wenn man darin die Beziehungen für den Neutral- und den Manöverpunkt verwendet. Für den Neutralpunkt gilt

$$\frac{x_N - x_S}{1_\mu} = - \frac{C_{m\alpha}}{C_{A\alpha}} \; . \qquad (2.2.14)$$

Der Manöverpunkt ist gegeben durch

$$\frac{x_M - x_S}{1_\mu} = -\left(\frac{C_{m\alpha}}{C_{A\alpha}} + \frac{C_{mq}}{\mu}\right) \; . \qquad (2.2.15)$$

Damit erhält man aus (2.2.13) die folgende Beziehung für den Zusatzlastfaktor in Abhängigkeit vom Angriffspunkt der direkten Auftriebsänderung

$$\Delta n = \frac{C_{A\delta}{}^{\delta}}{C_{A0}} \frac{x_N - x_\delta}{x_M - x_S} \; . \tag{2.2.16}$$

<u>Erzielbarer Lastfaktor</u>

Untersucht man den Einfluß des Angriffspunktes, so zeigt sich als
grundsätzliche Eigenschaft, daß der erzielbare Lastfaktor um so größer ist, je kleiner x_δ ist, d.h. je weiter vorn der Angriffspunkt
liegt. Dies läßt sich - wie in Bild 2.2.12 graphisch erläutert ist -
an den folgenden Sonderfällen auf anschauliche Weise verdeutlichen:

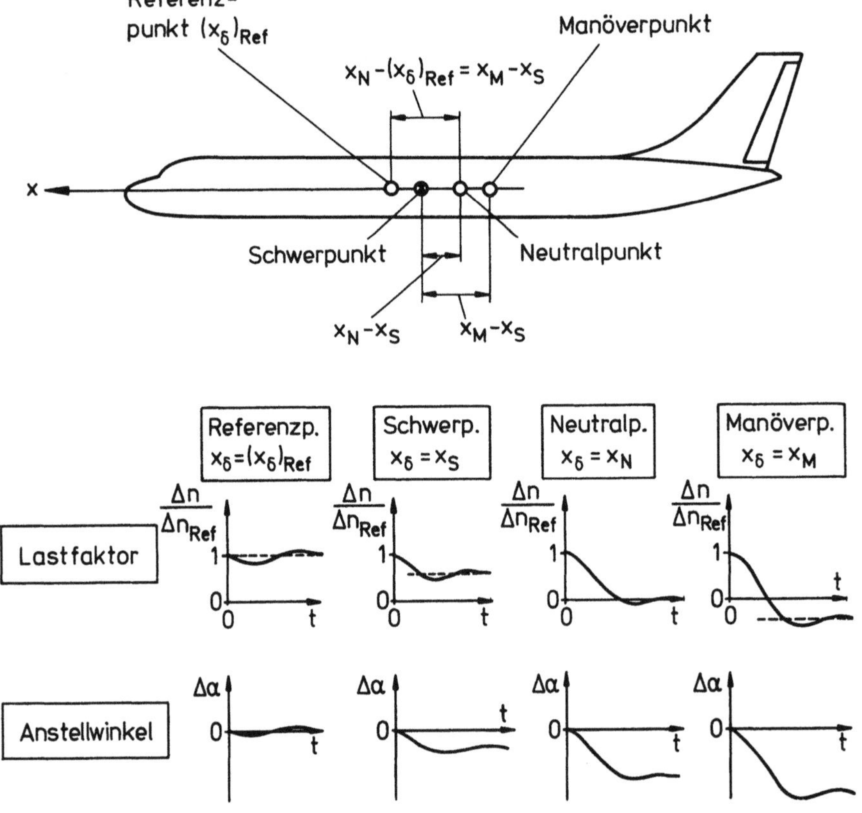

Bild 2.2.12. Einfluß des Auftriebsangriffspunktes auf die Dynamik im
Kurzzeit-Manöverbereich

A. Angriffspunkt in dem als Referenzwert $(x_\delta)_{Ref}$ bezeichneten Punkt

Dieser Punkt sei dadurch definiert, daß hier der Fall einer reinen Kraftsteuerung vorliegt, d.h. es treten keine Anstellwinkeländerungen auf ($\Delta\alpha=0$). Der dabei erzielbare Lastfaktor Δn_{Ref} ergibt sich aus der Auftriebsgleichung in (2.2.7) zu

$$\Delta n_{Ref} = \Delta n\big|_{\Delta\alpha=0} = \frac{C_{A\delta}\,\delta}{C_{A0}} \;. \tag{2.2.17}$$

Berücksichtigt man dies in (2.2.16), so läßt sich auch schreiben

$$\Delta n = \Delta n_{Ref}\,\frac{x_N - x_\delta}{x_M - x_S} \;. \tag{2.2.18}$$

Daraus folgt, daß der Referenzwert $(x_\delta)_{Ref}$, bei dem gerade $\Delta n = \Delta n_{Ref}$ erreicht wird, gegeben ist durch

$$(x_\delta)_{Ref} = x_N - (x_M - x_S) \;. \tag{2.2.19}$$

Dieses Ergebnis sagt aus, daß der Referenzpunkt um das gleiche Maß vor dem Neutralpunkt liegt wie der Schwerpunkt vor dem Manöverpunkt. Daraus folgt dann weiter (vgl. hierzu auch die Darstellung von Bild 2.2.12), daß der Referenzpunkt _vor_ dem Schwerpunkt liegt. Dies bedeutet, daß bei einer reinen Kraftsteuerung der Auftriebsangriffspunkt nicht mit dem Schwerpunkt zusammenfallen darf, sondern entsprechend (2.2.19) um den Abstand

$$x_S - (x_\delta)_{Ref} = x_M - x_N$$

davor liegen muß.

B. Angriffspunkt im Schwerpunkt ($x_\delta = x_S$)

Hier gilt mit (2.2.18) für den erzielbaren Lastfaktor

$$\frac{\Delta n}{\Delta n_{Ref}} = \frac{x_N - x_S}{x_M - x_S} < 1 \;.$$

Daraus folgt, daß der erzielbare Lastfaktor kleiner ist als der Referenzwert Δn_{Ref} der reinen Kraftsteuerung. Dies bedeutet, daß das Auftriebspotential der Auftriebssteuerfläche in diesem Fall nicht voll genutzt werden kann.

C. Angriffspunkt im Neutralpunkt $(x_\delta = x_N)$

Hier ergibt sich aus (2.2.18) für den Lastfaktor im quasistationären Zeitbereich

$$\Delta n = 0 \; ,$$

d.h. die Steuerfläche hat keinerlei Einfluß mehr auf den Auftrieb. Die Ursache hierfür ist darin zu sehen, daß eine Anstellwinkeländerung entsteht, die in ihrer Wirkung auf den Auftrieb gleich groß, jedoch von entgegengesetztem Vorzeichen ist, Bild 2.2.12.

D. Angriffspunkt im Manöverpunkt $(x_\delta = x_M)$

Hier gilt

$$\Delta n / \Delta n_{Ref} < 0 \; .$$

Damit wirkt der Auftrieb nunmehr in die unerwünschte Richtung, so daß bei Betätigung der Auftriebssteuerfläche zur Erzielung eines Höhengewinns der gegenteilige Effekt eintritt, d.h. das Flugzeug an Höhe verliert.

E. Bereich vor dem Referenzwert $(x_\delta < (x_\delta)_{Ref})$

Aus (2.2.18) ergibt sich mit (2.2.19) für den Lastfaktor

$$\frac{\Delta n}{\Delta n_{Ref}} = 1 + \frac{(x_\delta)_{Ref} - x_\delta}{x_M - x_S} > 1 \; .$$

Daraus folgt, daß die hier erzielbaren Lastfaktoren größer sind, als es der alleinigen Wirkung der Auftriebssteuerflächen entspricht. Dies beruht darauf, daß nun die Anstellwinkeländerung die direkte Auftriebsänderung unterstützt.

Die Tatsache, daß der Schwerpunkt nicht den bestmöglichen Angriffspunkt darstellt, läßt sich anschaulich deuten. Zu diesem Zweck sind in Bild 2.2.13 die Kräfte und Momente in der Abfangbewegung dargestellt. Hierbei führt die Krümmung der Flugbahn zu einem "dynamischen" Anstellwinkel am Höhenleitwerk, der einen zusätzlichen Auftrieb $\Delta A_H(q)$ und damit ein zusätzliches Nickdämpfungsmoment $\Delta M(q) = -r_H \Delta A_H(q)$ zur Folge hat. Um dieses Nickdämpfungsmoment (sowie auch das Flügel-Rumpf-Moment) zu kompensieren, muß die direkte Auftriebsän-

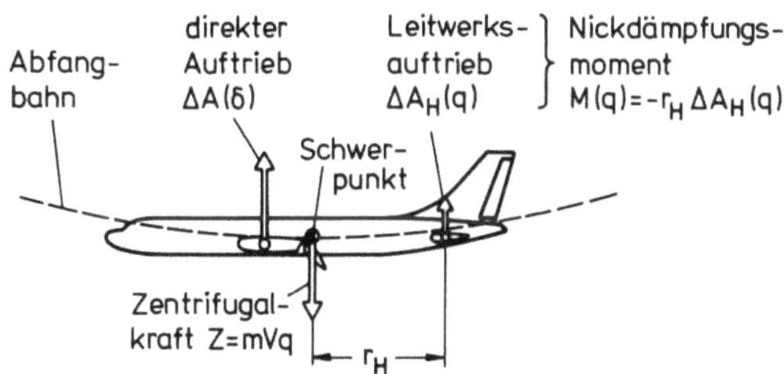

Bild 2.2.13. Momentengleichgewicht in der Abfangbewegung (Kurzzeit-Manöverbereich)

derung vor dem Schwerpunkt angreifen. Hierbei entspricht die Wirkung des Nickdämpfungsmomentes der Differenz zwischen Neutralpunkt und Manöverpunkt. Um die gleiche Differenz muß dann der Angriffspunkt der direkten Auftriebsänderung vor dem Schwerpunkt liegen. Andererseits macht Bild 2.2.13 unmittelbar deutlich, weshalb bei einer Lage des Angriffspunktes der direkten Auftriebsänderung im Schwerpunkt der erzielbare Lastfaktor reduziert wird. Hier kann die Kompensation des Nickdämpfungsmoments $\Delta M(q) = -r_H A_H(q)$ nicht über die direkte Auftriebsänderung $\Delta A(\delta)$ erfolgen, sondern nur dadurch, daß ein entgegengesetztes Anstellwinkelmoment entsteht. Dazu ist eine Anstellwinkelverminderung erforderlich, die der direkten Auftriebsänderung entgegenwirkt und somit den erzielbaren Lastfaktor verkleinert.

2.2.5 Empfindlichkeit des Lastfaktors gegenüber Schwerpunktverschiebungen

Die bisherige Betrachtung wirft die Frage auf, wie empfindlich der erzielbare Lastfaktor von der relativen Lage zwischen dem Schwerpunkt und dem Angriffspunkt der direkten Auftriebsänderung abhängt. Dies ist aus den folgenden Gründen wichtig:

1. Während der Angriffspunkt der direkten Auftriebsänderung für eine gegebene Konfiguration als fest angesehen werden kann, so trifft dies für den Schwerpunkt nicht zu. Hier muß vielmehr ein bestimmter Bereich nutzbar sein, der sich aus den unterschiedlichen Beladungsfällen ergibt. Daher ist im praktischen Betrieb mit Änderungen zu rechnen. Es ist deshalb zu klären, welche Auswirkungen dies auf

den erzielbaren Lastfaktor hat und ob dabei unzulässig große Unterschiede auftreten.

2. Ein mehr auslegungsorientierter Gesichtspunkt betrifft die Frage, ob der Angriffspunkt der direkten Auftriebsänderung sehr genau eingehalten werden muß oder ob hier größere Toleranzen zulässig sind. Dies gilt zum Beispiel im Hinblick auf die Tatsache, daß nicht der Anbringungsort von Spoiler oder Klappe unmittelbar den Angriffspunkt der zugeordneten Auftriebsänderung darstellt. Vielmehr muß hier das geänderte Strömungsfeld am Flügel berücksichtigt werden, so daß sich der Angriffspunkt aus einer Integration der Druckverteilung über einen größeren Bereich ergibt. In diesem Zusammenhang ist es wichtig zu wissen, ob es eine bestimmte Lage für den Angriffspunkt der direkten Auftriebsänderung gibt, bei der die Empfindlichkeit des Lastfaktors gegenüber Schwerpunktverschiebungen möglichst klein ist.

Aus (2.2.18) folgt, daß die größtmögliche Lastfaktoränderung bei der geringsten Differenz zwischen Manöverpunkt und Schwerpunkt erzielt wird. Dies ist bei der hintersten Schwerpunktlage x_{Sh} der Fall, d.h. es gilt

$$\Delta n_{max} = \Delta n_{Ref} \frac{x_N - x_\delta}{x_M - x_{Sh}} . \qquad (2.2.20a)$$

Dementsprechend wird die kleinste Lastfaktoränderung bei der vordersten Schwerpunktlage x_{Sv} erzielt, und zwar gilt hier

$$\Delta n_{min} = \Delta n_{Ref} \frac{x_N - x_\delta}{x_M - x_{Sv}} . \qquad (2.2.20b)$$

Das Verhältnis der beiden Werte ist dann gegeben durch

$$\frac{\Delta n_{max}}{\Delta n_{min}} = \frac{x_M - x_{Sv}}{x_M - x_{Sh}} . \qquad (2.2.21a)$$

Daraus folgt zunächst als bemerkenswertes Ergebnis, daß hierauf der Angriffspunkt der direkten Auftriebsänderung keinen Einfluß ausübt. Vielmehr ist das Verhältnis der beiden Extremwerte ausschließlich durch die Lage von Schwerpunkt und Manöverpunkt bestimmt. Um nun den Einfluß der Schwerpunktverschiebungen deutlicher darstellen zu können, ist eine Form zweckmäßig, die den nutzbaren Schwerpunktbereich

$$\Delta x_{Nutz} = x_{Sh} - x_{Sv}$$

berücksichtigt. Setzt man dies in (2.2.21a) ein, so erhält man die
folgende Beziehung

$$\frac{\Delta n_{max}}{\Delta n_{min}} = 1 + \frac{\Delta x_{Nutz}}{x_M - x_{Sh}} \ . \qquad (2.2.21b)$$

Berücksichtigt man nun die Tatsache, daß der nutzbare Schwerpunktbereich Δx_{Nutz} größenordnungsmäßig dem kleinsten Abstand $x_M - x_{Sh}$ zwischen
Schwerpunkt und Manöverpunkt entspricht, so folgt aus (2.2.21b) unmittelbar, daß Schwankungen im Lastfaktor von 100 % oder mehr möglich
sind. Dies ist an zwei numerischen Beispielen in Bild 2.2.14 veranschaulicht.

Die geschilderten großen Schwankungen des erzielbaren Lastfaktors infolge der normalen Schwerpunktverschiebungen können einer effektiven
Nutzung der direkten Auftriebssteuerung abträglich sein. Daher muß in
derartigen Fällen versucht werden, den Angriffspunkt der direkten Auftriebsänderung an die Schwerpunktlage anzupassen. Dieses wäre auch
noch aus einem weiteren Grund von Nutzen, da es nicht immer möglich

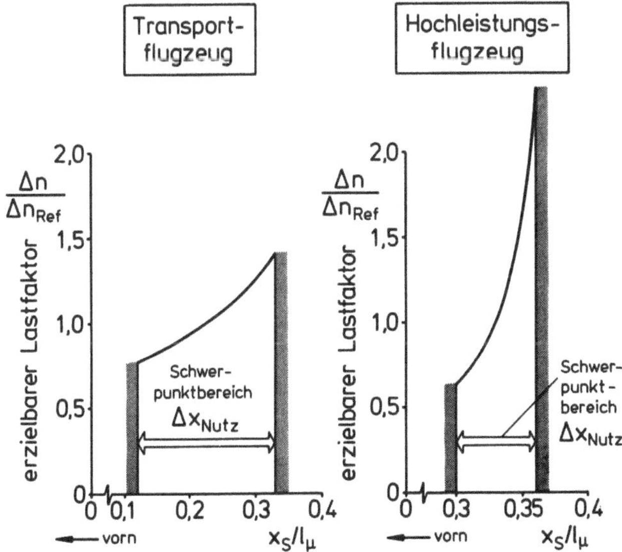

Bild 2.2.14. Erzielbarer Lastfaktor in Abhängigkeit von der Schwerpunktlage

sein wird, den Anbringungsort der Auftriebssteuerflächen entsprechend
den oben angegebenen Forderungen zu wählen. Vielmehr wird der konstruk-
tiv realisierbare Anbringungsort häufig auf bestimmte Bereiche des Flügels beschränkt sein und kann damit als vorgegeben angesehen werden.
Aus den geschilderten Überlegungen folgt, daß die Anpassung auf eine
Weise möglich sein muß, die zwar den Angriffspunkt der direkten Auftriebsänderung verschiebt, ohne den Anbringungsort der Auftriebssteuerfläche zu ändern. Dies wird durch eine Kopplung der Auftriebssteuerfläche mit dem Höhenruder erreicht. Bei gekoppeltem Ausschlag der Auftriebssteuerfläche und des Höhenruders gilt für die Beeinflussung des
Auftriebs und des Moments:

$$\Delta C_A = C_{A\delta}\delta + C_{A\eta}\eta \; ,$$

$$\Delta C_m = C_{A\delta}\delta \, \frac{x_S - x_\delta}{l_\mu} - C_{A\eta}\eta \, \frac{r_H}{l_\mu} \; .$$

$$(2.2.22)$$

Faßt man entsprechend der Darstellung von Bild 2.2.15 die Einzelkräfte
in einem äquivalenten mechanischen Ersatzsystem zusammen (d.h. in einem System mit gleicher Kraft- und Momentencharakteristik), so gilt
für den Angriffspunkt der resultierenden Auftriebsänderung (hier als
$x_{\delta eff}$ bezeichnet):

$$x_{\delta eff} - x_S = \frac{C_{A\delta}(x_\delta - x_S) + C_{A\eta}r_H\eta/\delta}{C_{A\delta} + C_{A\eta}\eta/\delta} \; . \qquad (2.2.23a)$$

Diese Beziehung macht deutlich, daß durch geeignete Wahl des Kopplungs-
verhältnisses η/δ die gewünschte Verschiebung des resultierenden An-

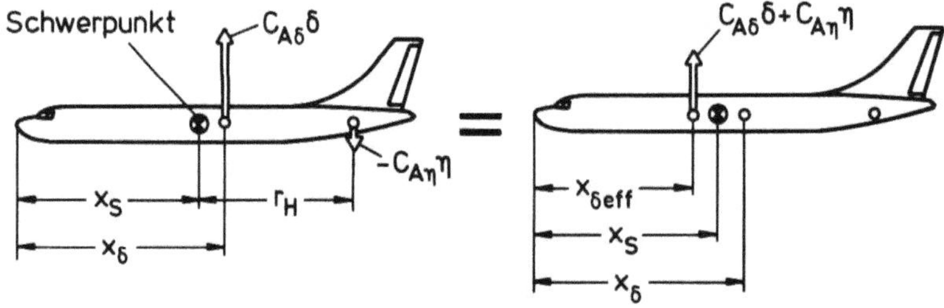

Bild 2.2.15. Änderung des effektiven Auftriebsangriffspunktes durch
Kopplung von Auftriebssteuerfläche und Höhenruder

griffspunktes $x_{\delta eff}$ möglich ist. Für den Fall $C_{A\delta} \gg C_{A\eta}|\eta/\delta|$ reduziert sich (2.2.23a) auf die folgende Form

$$x_{\delta eff} \approx x_{\delta} + \frac{C_{A\eta}}{C_{A\delta}} r_H \frac{\eta}{\delta} \ . \qquad (2.2.23b)$$

2.2.6 Langzeit-Auftriebsbeeinflussung

Allgemeine Betrachtung

Die bisherige Untersuchung galt dem Verhalten im Kurzzeit-Manöverbereich. Dies entspricht dem Zeitbereich, für den aufgrund möglicher Unzulänglichkeiten der konventionellen Rudersteuerung das Konzept der direkten Auftriebssteuerung entwickelt worden ist. Darüber hinaus ist für den Gesamtbewegungsvorgang auch die Langzeitwirkung zu betrachten, da hier die direkte Auftriebssteuerung wiederum ganz spezifische Merkmale aufweist und sich erheblich von der konventionellen Rudersteuerung als einer (nahezu) reinen Momentensteuerung unterscheidet. Das Langzeitverhalten kennzeichnet dabei den sich nach einer Steuerbetätigung einstellenden asymptotischen Endwert, der den neuen stationären Zustand darstellt. Hierbei ist zunächst nach Abschluß der Abfangbewegung der Zusatzlastfaktor auf Null zurückgegangen, und die Geschwindigkeit hat einen neuen Wert angenommen.

Eine geeignete Darstellung der Langzeit-Auftriebsbeeinflussung ist im C_A-α-Diagramm möglich. Zu diesem Zweck ist in Bild 2.2.16 zunächst für ein Flugzeug mit Höhenrudersteuerung das nutzbare Feld im C_A-α-Diagramm gezeigt, das insgesamt für die Steuerung und Trimmung zur Verfügung steht. Die obere und untere Begrenzung der Auftriebskurve ist dabei

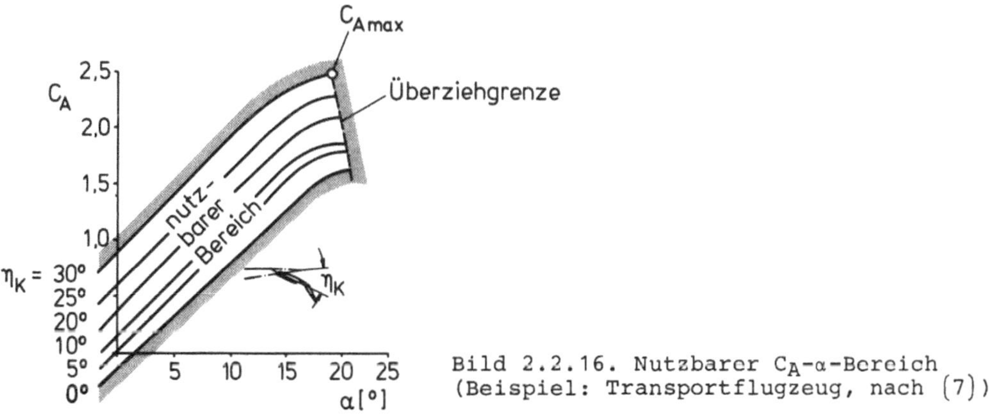

Bild 2.2.16. Nutzbarer C_A-α-Bereich (Beispiel: Transportflugzeug, nach (7))

durch den maximalen und minimalen Klappenausschlag η_{Kmax} und η_{Kmin}
gegeben. Der jeweils größte Anstellwinkel ist durch die Überzieh-
oder Abreißgrenze bestimmt. Der größtmögliche Auftriebsbeiwert C_{Amax}
ergibt sich durch den Schnittpunkt der C_A-α-Kurve für η_{Kmax} mit der
Überziehgrenze.

Mit der Darstellungsweise von Bild 2.2.16 kann man nun auch den C_A-
α-Bereich deutlich machen, der sich durch die Verwendung von Steuerflächen zur Erzeugung direkter Auftriebsänderungen ergibt. Dies ist
in Bild 2.2.17 erläutert, wobei als Beispiel Spoiler verwendet wurden. Ausgehend von einer mittleren, dem stationären Zustand entsprechenden Stellung (gestrichelte Kurve), sind positive Auftriebsänderungen durch Einfahren der Spoiler und negative Auftriebsänderungen durch Ausfahren möglich. Der Arbeitspunkt bewegt sich auf einer bestimmten Linie innerhalb des dargestellten Gesamtfeldes, wobei
der tatsächliche Verlauf dieser Linie von dem zugeordneten Anstell-

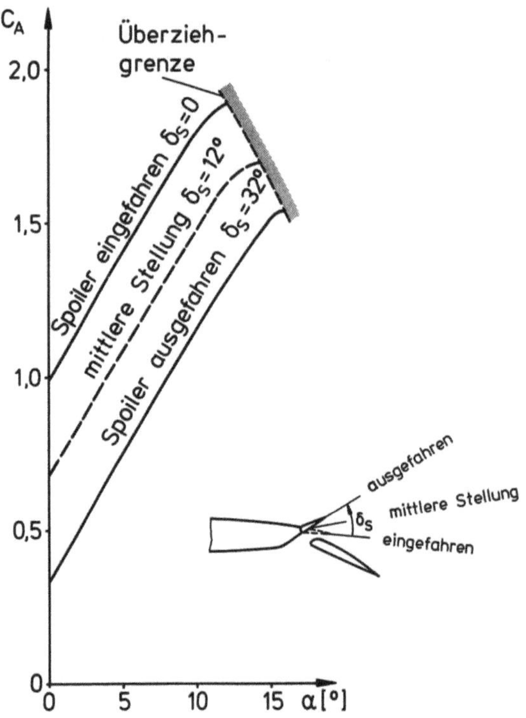

Bild 2.2.17. Nutzbarer C_A-α-Bereich für direkte Auftriebsänderungen
(Beispiel: Spoiler, nach (51))

winkelverlauf abhängt. Die Begrenzung des Feldes ist durch die voll
aus- und eingefahrene Stellung der Spoiler sowie durch die Überziehgrenze gegeben. Bei der weiteren Untersuchung muß man unterscheiden
zwischen der Langzeitänderung (d.h. der rein stationären Änderung des
Trimmzustandes) und der Änderung im Kurzzeit-Manöverbereich, die man
als quasistationär bezeichnen kann. Die rein stationäre Langzeitänderung sei als Trimmauftriebslinie bezeichnet und durch die Schreibweise

$$\left(\frac{dC_A}{d\alpha}\right)_{Tr}$$

gekennzeichnet. Die Änderung im Kurzzeit-Manöverbereich sei als Manöverauftriebslinie bezeichnet und im folgenden als

$$\left(\frac{dC_A}{d\alpha}\right)_n$$

geschrieben.

Beziehungen für Manöver- und Trimmauftriebslinie

Die Beziehung für die Manöverauftriebslinie errechnet sich aus den
folgenden Gleichungen für den Auftrieb und das Nickmoment im Kurzzeit-
Manöverbereich (vgl. hierzu (2.2.7)):

$$(\Delta C_A)_n = C_{A\alpha}\Delta\alpha + C_{A\delta}\delta \, ,$$

$$(\Delta C_m)_n = C_{m\alpha}\Delta\alpha - C_{A\delta}\delta \, \frac{x_\delta - x_S}{l_\mu} + C_{mq}\frac{q\,l_\mu}{V_0} = 0 \, .$$

$$(2.2.24)$$

Der Index n kennzeichnet dabei die quasistationären Änderungen des
Kurzzeit-Bereichs zur Erzielung einer Lastfaktoränderung. Zur Elimination der Drehgeschwindigkeit q müssen noch die folgenden Beziehungen berücksichtigt werden. Aus (2.2.12) folgt mit $\dot\gamma = q$

$$q = (g/V_0)\Delta n \, .   (2.2.25)$$

Außerdem gilt für den Zusatzlastfaktor

$$\Delta n = \frac{\Delta A}{mg} \, .$$

Mit $\Delta A=(\Delta C_A)_n(\rho/2)V_0^2 S$ und $A_0=C_{A0}(\rho/2)V_0^2 S=mg$ kann dann auch

$$\Delta n = \frac{(\Delta C_A)_n}{C_{A0}} \qquad\qquad (2.2.26)$$

geschrieben werden, so daß man unter Berücksichtigung von (2.2.25) erhält

$$q = \frac{g}{V_0}\,\frac{(\Delta C_A)_n}{C_{A0}}\ .$$

Eliminiert man q mit dieser Beziehung in (2.2.24) sowie auch δ, so läßt sich unter Verwendung der normierten Masse $\mu=2m/(\rho S\,l_\mu)$ für die Manöverauftriebslinie schreiben

$$\frac{(\Delta C_A)_n}{\Delta\alpha} = \left(\frac{dC_A}{d\alpha}\right)_n = \frac{C_{A\alpha}(x_\delta - x_S)/l_\mu + C_{m\alpha}}{(x_\delta - x_S)/l_\mu - C_{mq}/\mu}\ .$$

Daraus erhält man unter Berücksichtigung der Beziehungen für Neutral- und Manöverpunkt, $(x_N-x_S)/l_\mu=-C_{m\alpha}/C_{A\alpha}$ und $(x_M-x_N)/l_\mu=-C_{mq}/\mu$, die endgültige Form zu

$$\left(\frac{dC_A}{d\alpha}\right)_n = C_{A\alpha}\,\frac{x_N - x_\delta}{x_N - x_\delta - (x_M - x_S)}\ . \qquad (2.2.27)$$

Die Größe $C_{A\alpha}=\partial C_A/\partial\alpha$ stellt darin die übliche partielle Ableitung des Auftriebsbeiwertes nach dem Anstellwinkel bei Konstanthaltung aller anderen Einflußgrößen dar (vgl. zum Beispiel den Verlauf der Kurven in Bild 2.2.17 für konstante Spoilerstellung).

Die Trimmauftriebslinie ergibt sich aus den rein stationären Änderungen des Trimmzustandes. Hier gilt

$$A = (C_{A0} + \Delta C_A)\,(\rho/2)\,(V_0 + \Delta V)^2 S = mg\ ,$$

$$M = (C_{m0} + \Delta C_m)\,(\rho/2)\,(V_0 + \Delta V)^2 S\,l_\mu = 0\ .$$

Die Größen mit dem Index "0" beschreiben darin den stationären Ausgangszustand vor Beginn der Steuerbetätigung. Die Änderungen sind durch die Schreibweise ΔC_A, ΔV und ΔC_m gekennzeichnet. Im Ausgangszustand gilt

$$A_0 = C_{A0}(\rho/2)V_0^2 S = mg \;,$$

$$M_0 = C_{m0}(\rho/2)V_0^2 S \, l_\mu = 0 \;.$$

Die Änderungen der Beiwerte sind gegeben durch

$$\Delta C_A = C_{A\alpha}\Delta\alpha + C_{A\delta}\delta \;,$$

$$\Delta C_m = C_{m\alpha}\Delta\alpha - C_{A\delta}\delta \, \frac{x_\delta - x_S}{l_\mu} = 0 \;.$$

(2.2.28)

Die Zusammenfassung dieser beiden Beziehungen liefert dann für die
Trimmauftriebslinie

$$\left(\frac{dC_A}{d\alpha}\right)_{Tr} = C_{A\alpha}\, \frac{(x_\delta - x_S)/l_\mu + C_{m\alpha}/C_{A\alpha}}{(x_\delta - x_S)/l_\mu} \;.$$

Daraus ergibt sich unter Berücksichtigung der Beziehung $(x_N - x_S)/l_\mu =$
$-C_{m\alpha}/C_{A\alpha}$ für den Neutralpunkt die endgütlige Form zu

$$\left(\frac{dC_A}{d\alpha}\right)_{Tr} = C_{A\alpha}\, \frac{x_N - x_\delta}{x_S - x_\delta} \;. \qquad (2.2.29)$$

Höhenrudersteuerung

Die Beziehungen für die Manöver- und Trimmauftriebslinie sind nicht
nur für die direkte Auftriebssteuerung, sondern auch für die konventionelle Höhenrudersteuerung gültig, wenn man x_δ jeweils als den wirksamen Angriffspunkt der zum Steuern aufgebrachten Kraft auffaßt. Ausgangspunkt der Betrachtung seien daher die Verhältnisse bei der Höhenrudersteuerung. Hier stellt x_δ den Angriffspunkt der Auftriebsänderung
am Leitwerk dar, so daß gilt

$$x_\delta - x_S = r_H \;.$$

Berücksichtigt man nun noch die für die Höhenrudersteuerung normalerweise zutreffenden Relationen

$$x_N - x_S \ll r_H \;,$$

$$x_M - x_N \ll r_H \;,$$

so gilt für die Manöver- und Trimmauftriebslinie

$$\left(\frac{dC_A}{d\alpha}\right)_n \approx C_{A\alpha} \quad,$$

$$\left(\frac{dC_A}{d\alpha}\right)_{Tr} \approx C_{A\alpha} \quad.$$

(2.2.30)

Diese Beziehungen sagen aus, daß bei der Höhenrudersteuerung die Manöver- und Trimmauftriebslinie näherungsweise übereinstimmen und unmittelbar dem Auftriebsgradienten $C_{A\alpha}=\partial C_A/\partial\alpha$ entsprechen. Dieser Sachverhalt ist in Bild 2.2.18 dargestellt. Die genaue Erfassung der Manöver- und Trimmauftriebslinie zeigt einen geringfügig kleineren Anstieg, als dem Wert von $C_{A\alpha}$ entspricht. Daraus ergibt sich als kennzeichnendes Merkmal der Höhenrudersteuerung, daß 1. die beiden Auftriebslinien (praktisch) übereinstimmen und 2. näherungsweise mit $C_{A\alpha}$ zusammenfallen.

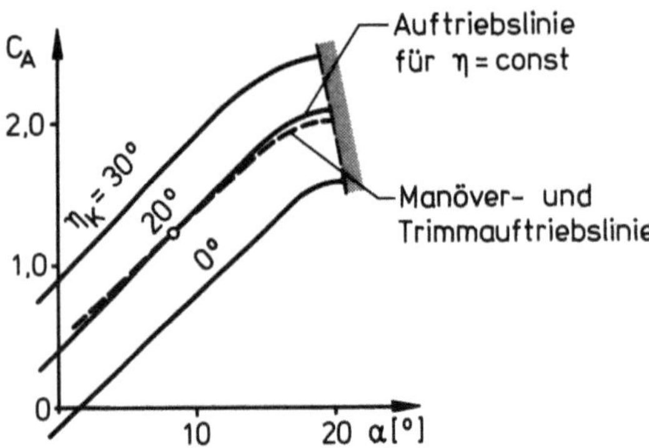

Bild 2.2.18. Manöver- und Trimmauftriebslinie bei konventioneller Höhenrudersteuerung

<u>Direkte Auftriebssteuerung</u>

Bei der direkten Auftriebssteuerung sind demgegenüber die Verhältnisse vollständig geändert. Dies ist in Bild 2.2.19 erläutert. Daraus geht hervor, daß sowohl die Lage der Manöver- und der Trimmauftriebslinie im C_A-α-Diagramm selbst wie auch ihre Lage relativ zueinander geändert ist.

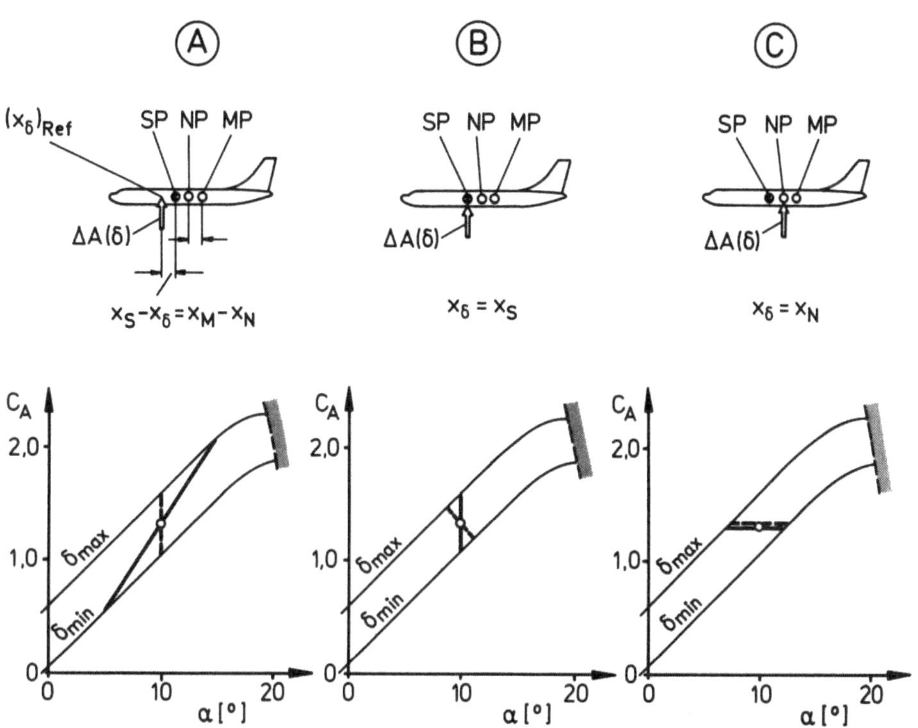

Bild 2.2.19. Manöver- und Trimmauftriebslinien bei der direkten Auftriebssteuerung
---- Manöverauftriebslinie (n); —— Trimmauftriebslinie (Tr)

Im Bildteil (A) ist der Fall der reinen Kraftsteuerung im Kurzzeit-
Manöverbereich gezeigt. Hier gilt mit $x_\delta = (x_\delta)_{Ref} = x_S - (x_M - x_N)$ nach
(2.2.27) und (2.2.29):

$$\left(\frac{dC_A}{d\alpha}\right)_n = \infty \quad \text{und} \quad \left(\frac{dC_A}{d\alpha}\right)_{Tr} = C_{A\alpha}\,\frac{x_M - x_S}{x_M - x_N} > 0 \; .$$

In der graphischen Darstellung von Bild 2.2.19 äußert sich dies darin,
daß die Manöverauftriebslinie (gestrichelte Linie) senkrecht auf der
α-Achse steht. Sie zeigt somit an, daß hier keine Anstellwinkeländerungen auftreten. Die Trimmauftriebslinie (durchgezogene Linie) entspricht
einer Geraden mit positiver Steigung, d.h. hier bleibt der Anstellwinkel nicht mehr konstant.

Bildteil (B) zeigt den Fall, bei dem der direkte Auftrieb im Schwerpunkt angreift. Mit $x_\delta = x_S$ gilt dann

$$\left(\frac{dC_A}{d\alpha}\right)_n = -C_{A\alpha}\,\frac{x_N - x_S}{x_M - x_N} < 0 \quad \text{und} \quad \left(\frac{dC_A}{d\alpha}\right)_{Tr} = \infty \;.$$

Nun steht die Trimmauftriebslinie senkrecht auf der α-Achse, d.h. es entstehen keine Anstellwinkeländerungen im stationären Zustand. Demgegenüber zeigt die Manöverauftriebslinie an, daß im Kurzzeit-Manöverbereich Anstellwinkeländerungen auftreten, die - entsprechend der negativen Steigung der Manöverauftriebslinie - dem direkten Auftrieb entgegenwirken.

Der letzte Teil $\copyright$ zeigt den Fall, bei dem der direkte Auftrieb im Neutralpunkt angreift. Hier gilt mit $x_\delta = x_N$:

$$\left(\frac{dC_A}{d\alpha}\right)_n = \left(\frac{dC_A}{d\alpha}\right)_{Tr} = 0 \;.$$

Dieser Fall ist dadurch gekennzeichnet, daß Manöver- und Trimmauftriebslinie zusammenfallen und parallel zur α-Achse verlaufen. Dies bedeutet, daß hier keine Änderung des Auftriebsbeiwertes eintritt und daß somit der direkte Auftrieb weder im Kurzzeit-Manöverbereich noch im Langzeitbereich eine Steuerung der Bahn ermöglichen würde.

Die starken Änderungen in der relativen Lage der Manöver- und Trimmauftriebslinie infolge relativ geringfügiger Verschiebungen des Schwerpunktes x_S und/oder des Angriffspunktes x_δ gehen auch aus der folgenden Beziehung für das Verhältnis der beiden Größen hervor (nach (2.2.27) und (2.2.29)):

$$\frac{(dC_A/d\alpha)_n}{(dC_A/d\alpha)_{Tr}} = \frac{x_S - x_\delta}{x_S - x_\delta - (x_M - x_N)} \;. \qquad (2.2.31)$$

Diese Beziehung zeigt unter Berücksichtigung von $x_M > x_N$ außerdem, daß im Bereich $x_N > x_\delta$ die Manöverauftriebslinie gegenüber der Trimmauftriebslinie nach links gedreht ist. Aus der Tatsache, daß Manöver- und Trimmauftriebslinie nicht gleichzeitig senkrecht auf der α-Achse stehen können, folgt weiter, daß es nicht möglich ist, sowohl im Kurzzeit-Manöverbereich als auch im Langzeitbereich eine reine Kraftsteuerung zu realisieren, bei der keine Anstellwinkeländerungen auftreten. Dies kann jeweils nur für einen der beiden Bereiche erreicht werden, während im anderen dann Auftriebsänderungen sowohl durch die Auftriebssteuerfläche als auch durch den Anstellwinkel hervorgerufen werden.

2.2.7 Überziehcharakteristik

Höhenrudersteuerung

Im hohen Anstellwinkelbereich ist die Begrenzung, die durch den maximal
möglichen Anstellwinkel bestimmt ist, von flugtechnisch großer Bedeutung. Hierbei spielen insbesondere Fragen der Flugsicherheit eine maßgebliche Rolle. Diese Begrenzung, in den vorangegangenen Bildern als
"Überziehgrenze" bezeichnet, darf nicht überschritten werden, um unkon-
trollierbare Flugzustände zu vermeiden. In der folgenden Betrachtung
wird gezeigt, daß hier die direkte Auftriebssteuerung wiederum ganz
spezifische Merkmale besitzt, die sich in deutlicher Weise von der
Überziehcharakteristik eines Flugzeugs mit Höhenrudersteuerung unterscheiden. Darüber hinaus bietet das Konzept der direkten Auftriebssteuerung die Möglichkeit, das Überziehen eines Flugzeugs zu vermeiden.

Zunächst seien auch hier wieder die bekannten Verhältnisse bei der Höhenrudersteuerung betrachtet. Das Überziehen bzw. das Erreichen der
Überziehgrenze ist durch unterschiedliche Ursachen möglich, die eine
Folge von Steuerbetätigungen und/oder Störeinwirkungen sind. Hierbei
ist folgendes zu betrachten:

- Kurzzeit-Manöverbereich (Manöverauftriebslinie)

- Stationärer Zustand (Trimmauftriebslinie)

- Böen-Einfluß (Vertikalböen)

Eine Darstellung hierzu ist in Bild 2.2.20 gegeben. Dort ist gezeigt,
wie - von einem nominellen Anflugzustand ausgehend - die Überzieh-

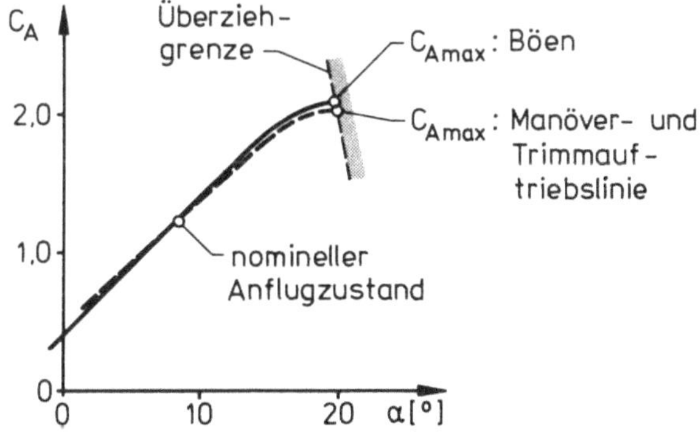

Bild 2.2.20. Überziehcharakteristik bei konventioneller Höhenrudersteuerung

grenze durch Böeneinwirkung und durch Steuerbetätigung auf der Manö-
ver- bzw. Trimmauftriebslinie erreicht werden kann. Die Böeneinwirkung erfolgt dabei auf einer Auftriebslinie konstanten Höhenruderwin-
kels (η=const), da die Böe eine effektive Vergrößerung des Anstellwinkels bedeutet. Der Vergleich der einzelnen Kurven zeigt nun, daß
(näherungsweise) keine Unterschiede im Abstand zwischen dem nominellen Anflugzustand und der Überziehgrenze vorhanden sind. Dies gilt
sowohl für den Anstellwinkel- als auch C_A-Abstand. Dementsprechend
können alle drei Fälle in einer einzigen Forderung zusammengefaßt
werden, die die nominelle Anfluggeschwindigkeit festlegt. Hierbei
wird üblicherweise das 1,3-fache der Überziehgeschwindigkeit gefor-
dert.

Direkte Auftriebssteuerung

Bei der direkten Auftriebssteuerung erfordert dagegen jeder der drei
Fälle eine gesonderte Behandlung, da die Bewegung im C_A-α-Diagramm
auf Linien erfolgt, die sich stark voneinander unterscheiden. Dies
ist in Bild 2.2.21 für den Fall $x_\delta < (x_\delta)_{Ref}$ erläutert. Für die Überziehcharakteristik im Kurzzeit-Manöverbereich ist die Manöverauftriebslinie entscheidend, und zwar durch ihre Schnittpunkte mit den
Begrenzungen des nutzbaren C_A-α-Bereichs. In dem vorliegenden Beispiel schneidet die Manöverauftriebslinie die durch δ_{max} gegebene Begrenzung, so daß hier die Überziehgrenze nicht erreicht wird. Die
Überziehcharakteristik des Langzeitverhaltens ist durch die Trimmauftriebslinie bestimmt, die im Beispiel von Bild 2.2.21 die Überziehgrenze schneidet. Der zugehörige Schnittpunkt legt dann den für Änderungen des Trimmzustandes zutreffenden Maximalauftrieb fest. Die für
die Begrenzung durch Böen maßgebenden Werte ergeben sich aus der Vergrößerung des effektiven Anstellwinkels, die durch das Auftreten der
Böe hervorgerufen wird. Dementsprechend ist für den böenbedingten
C_{Amax}-Wert die Linie mit δ=const bestimmend. Die vorangegangene Betrachtung zeigt außer dem unterschiedlichen Verhalten in den drei
Fällen, daß kleinere Abstände zwischen dem nominellen Anflugzustand
und den durch die Schnittpunkte mit den Begrenzungen bestimmten
C_{Amax}-Werten auftreten können als bei der konventionellen Höhenrudersteuerung. Jedoch ist es möglich, für Kombinationen von Manöver-
und Böeneffekten bzw. von Trimm- und Böeneffekten den größtmöglichen
Auftriebsbeiwert wie bei der konventionellen Höhenrudersteuerung zu
erreichen.

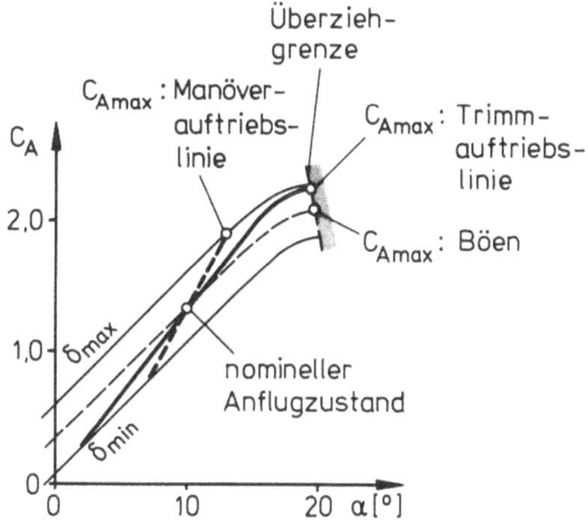

Bild 2.2.21. Mögliche Überziehcharakteristik der direkten Auftriebssteuerung

Bei der Gegenüberstellung der Überziehcharakteristik von konventioneller Höhenrudersteuerung und direkter Auftriebssteuerung sind noch weitere Gesichtspunkte zu beachten. Dies betrifft einmal die noch nicht
geklärte Frage, inwieweit es die potentielle Verbesserung der Bahnsteuerung durch Anwendung der direkten Auftriebssteuerung erlaubt, den Abstand zum größtmöglichen Auftrieb zu verringern.

Als weiteres Merkmal der direkten Auftriebssteuerung ist die Möglichkeit zu nennen, durch geeignete Auslegung das Überziehen des Flugzeugs
infolge von Steuereingriffen des Piloten zu verhindern. Eine solche
Möglichkeit beruht - wie in Bild 2.2.22 erläutert - darauf, daß Manö-
ver- und Trimmauftriebslinie im C_A-α-Feld so gelegt werden können, daß
sie keinen Schnittpunkt mit der Überziehgrenze aufweisen, sondern die
aus der Sicht des Überziehens unkritische Begrenzung durch δ_{max} schneiden. Dies ist erstens durch geeignete Wahl der Steigungen $(dC_A/d\alpha)_n$
und $(dC_A/d\alpha)_{Tr}$ der beiden Auftriebslinien möglich, die nach (2.2.27)
und (2.2.29) durch die Relation zwischen Schwerpunkt und Angriffspunkt
der direkten Auftriebsänderung beeinflußbar ist. Zum Beispiel ist in
Bild 2.2.22 der Fall dargestellt, bei dem der Auftriebsangriffspunkt dem
Referenzwert $(x_\delta)_{Ref}$ der reinen Kraftsteuerung im Kurzzeit-Manöverbereich entspricht. In diesem Fall ist stets gewährleistet, daß die Manöverauftriebslinie die unkritische δ_{max}-Begrenzung und nicht die Überziehgrenze schneidet, da sie hier senkrecht zur α-Achse verläuft. Generell läßt sich sagen, daß die Dynamik im Kurzzeit-Manöverbereich maßge-

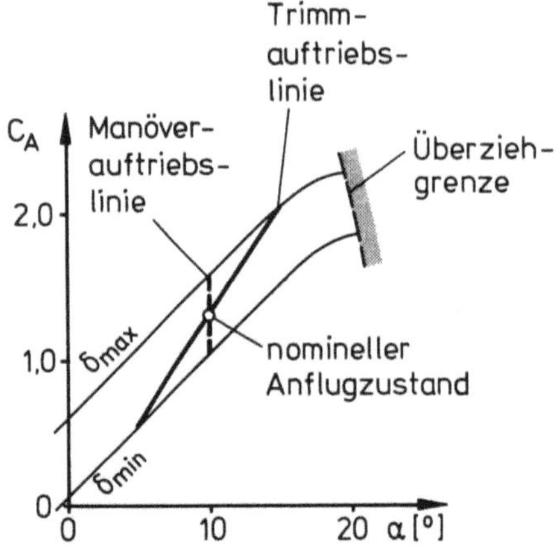

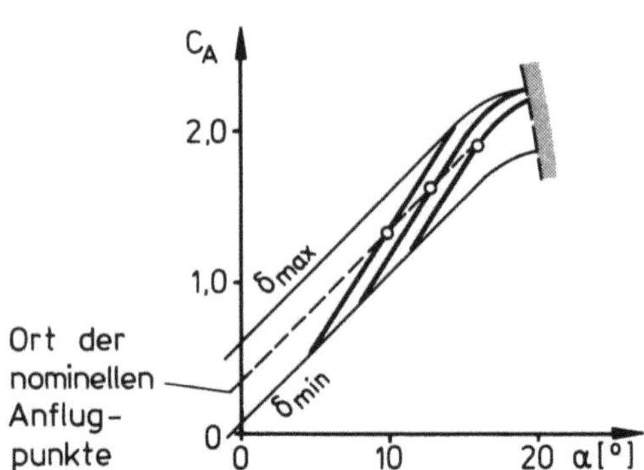

Bild 2.2.22. Vermeidung des   Bild 2.2.23. Änderung des
Überziehens bei Anwendung der   nominellen Anflugzustandes
direkten Auftriebssteuerung

bend ist für die Relation zwischen Schwerpunkt und Auftriebsangriffspunkt und daß damit die Steigungen der Manöver- und Trimmauftriebslinie
weitgehend festgelegt sind. Als zweite Wahlmöglichkeit für eine geeignete Lage von Manöver- und Trimmauftriebslinie kommt die Beeinflussung
des nominellen Anflugzustandes in Betracht. Dadurch ist eine Parallelverschiebung der Manöver- und Trimmauftriebslinien möglich, so daß ein
Schnittpunkt mit der Überziehgrenze vermeidbar wird. Eine Erläuterung
hierzu zeigt Bild 2.2.23, wobei der geschilderte Effekt der Parallelverschiebung am Beispiel der Trimmauftriebslinie dargestellt ist, die
von der Überziehproblematik her wegen ihrer kleineren Steigung kriti-
scher ist. Die Verschiebung des nominellen Anflugpunktes wird dabei
durch eine Änderung des Nickmomentes erreicht. Sie erfolgt näherungsweise auf einer Linie δ=const. Dies entspricht der Änderung des Trimmzustandes bei der konventionellen Höhenrudersteuerung, bei der der Eingriff über das Ruder die gleiche Verschiebung des C_A-Wertes im stationären Anflugzustand hervorruft.

Die bisherige Betrachtung der Überziehcharakteristik befaßte sich mit
dem quasistationären Verhalten im Kurzzeit-Manöverbereich sowie mit
dem stationären Langzeitverhalten. Außerdem sind dynamische Einschwin-
gungsvorgänge möglich, bei denen ein Überschreiten der Überziehgrenze
auftreten kann, (50).

2.2.8 Automatische Anpassung des Auftriebsangriffspunkts

Wie in Kap. 2.2.5 dargelegt, sind erhebliche Unterschiede des erzielbaren Lastfaktors bei Schwerpunktverschiebungen möglich, die einer effektiven Nutzung der direkten Auftriebssteuerung abträglich sind. Um
derartige Unterschiede zu vermeiden, wäre eine Kopplung mit dem Höhenruder erforderlich, wobei der Kopplungsgrad eine Funktion der Schwerpunktlage darstellt. Dies setzt wiederum die Kenntnis der Schwerpunktlage bzw. ihrer im Fluge auftretenden Änderungen voraus. Eine andere
Möglichkeit besteht darin, die Anstellwinkeländerungen, die infolge
einer Betätigung der Auftriebssteuerfläche entstehen, durch eine Rück-
führung über das Höhenruder wieder auf Null zu bringen. Hierzu ist eine Zusatzeinrichtung erforderlich, die automatisch die Bestimmung eines geeigneten Ruderausschlags übernimmt. Dies ist in Bild 2.2.24
schematisch dargestellt. Ohne die Frage über Aufbau und Funktionsweise
einer derartigen Zusatzeinrichtung im einzelnen zu behandeln, seien im
folgenden die grundsätzlichen Effekte diskutiert.

Zunächst ist festzustellen, daß bei Vermeidung von Anstellwinkeländerungen für jede Schwerpunktlage der gleiche Lastfaktor erzielt wird,
da hiermit eine Art indirekte Anpassung des tatsächlichen Auftriebsangriffspunktes an den von der Schwerpunktlage abhängigen Referenzwert $(x_\delta)_{Ref}$ vorliegt. Außerdem ist es nunmehr möglich, die direkte
Auftriebssteuerung sowohl im Kurzzeit-Manöverbereich als auch im Langzeitbereich als eine reine Kraftsteuerung zu realisieren, bei der keine
Anstellwinkeländerungen auftreten. Dies ist - wie vorn dargelegt -
sonst nicht erreichbar, da der Anstellwinkel entweder nur im Kurzzeit-
Manöverbereich konstant gehalten werden kann oder im Langzeitbereich,
jedoch nicht gleichzeitig in beiden Bereichen.

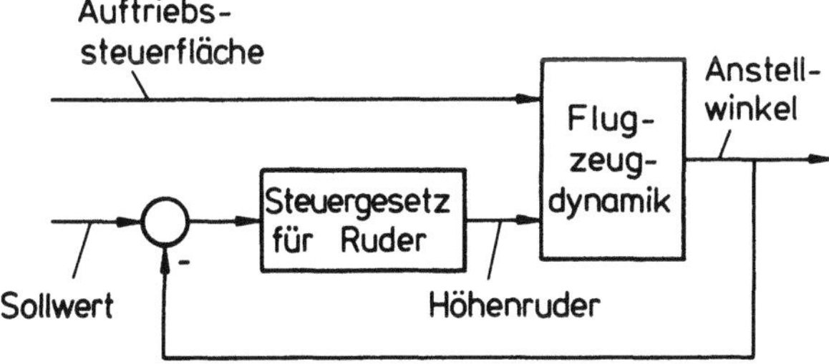

Bild 2.2.24. Blockschaltbild für eine Zusatzeinrichtung zur Vermeidung von Anstellwinkelabweichungen

Als weiterer Effekt der geschilderten Möglichkeit ist die Beeinflussung
der Überziehcharakteristik zu nennen. Dies ist in Bild 2.2.25 erläutert.
Aufgrund der Tatsache, das der Anstellwinkel konstant gehalten wird,
stehen die Manöver- und Trimmauftriebslinie beide gleichzeitig senkrecht
auf der α-Achse, so daß sie nunmehr zusammenfallen. Daher besitzen
sie den gleichen Abstand zur Überziehgrenze, so daß hier keine Unterschiede mehr zwischen beiden bestehen. Außerdem schneiden Manöver-
und Trimmauftriebslinie nun stets die δ_{max}-Begrenzung und nicht die
Überziehgrenze, so daß ein Überziehen bei Betätigung der Auftriebssteuerfläche vermieden wird.

Abschließend ist noch eine Bemerkung zum nominellen Anflugzustand
erforderlich. Hierbei geht es um die Frage, ob bei Anwendung der
direkten Auftriebssteuerung der Auftriebsbeiwert des nominellen Anflugzustandes gegenüber dem Vergleichsfall bei Höhenrudersteuerung
verringert werden muß oder nicht. Eine Erläuterung dazu zeigt Bild
2.2.26. Der Fall (1) entspricht einem Anflug mit gleichem nominellen
Anstellwinkel, so daß hier der Auftriebsbeiwert um dasjenige Maß zu
verringern ist, das als Auftriebspotential für positive Auftriebsänderungen verfügbar sein muß. Eine andere Möglichkeit besteht darin,
den Anflug mit gleichem nominellen Auftriebsbeiwert durchzuführen,
so daß die Anfluggeschwindigkeit unverändert beibehalten werden könnte.
Letzteres entspricht dem Fall (2) in Bild 2.2.26. Hier hat das Flugzeug zwar einen größeren Anstellwinkel, jedoch können - wie in der

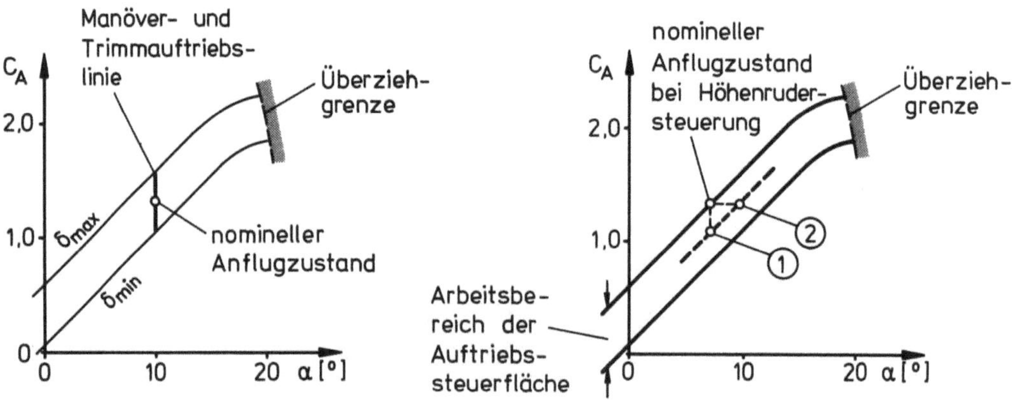

Bild 2.2.25. Überziehcharakteristik bei künstlicher Konstanthaltung des Anstellwinkels

Bild 2.2.26. Nomineller Anflugzustand
der direkten Auftriebssteuerung im
Vergleich zur Höhenrudersteuerung

vorangegangenen Betrachtung dargelegt - die Manöver- und Trimmabstände
zur Überziehgrenze trotzdem auf unverändertem Niveau gehalten werden,
wobei es gleichzeitig noch möglich ist, das Überziehen des Flugzeugs
zu verhindern.

2.2.9 Langzeit-Flugbahnstabilität

Allgemeine Betrachtung

Die bisherige Betrachtung des Langzeitverhaltens hatte die Beeinflussung des Auftriebs zum Inhalt. Für die Langzeitwirkung der direkten
Auftriebssteuerung ist außerdem noch ein weiterer Effekt zu betrachten,
der sich aus der Widerstands- und Schubcharakteristik ergibt. Dieser
Effekt ist bei Flugzeugen mit konventioneller Höhenrudersteuerung unter der Bezeichnung "Flugbahnstabilität" bekannt und betrifft die Lang-
zeit-Steuerprobleme beim genauen Einhalten der Flugbahn (10, 75). Er
kennzeichnet das dynamische Verhalten, das sich aus dem Zusammenwirken
von Pilot und Flugzeug ergibt. Treten beim Bemühen des Piloten, die
Flugbahn möglichst genau einzuhalten, Höhenabweichungen auf, so wirkt
er ihnen durch Höhenruderausschläge entgegen. Hierbei sind die Auswirkungen in zwei Zeitbereichen zu unterscheiden. Dies sind erstens die
kurzzeitigen Änderungen, die durch die Auftriebsgleichung bei annä-
hernd konstanter Geschwindigkeit ($m\,V_0\dot{\gamma}=\Delta A$) bestimmt sind und die dem
Kurzzeit-Manöverbereich entsprechen. Der zweite Zeitbereich kennzeichnet die Langzeitwirkungen, die den stationären Endwerten nach Abklin-
gen der Störungen bzw. der Steuereingriffe entsprechen. Diese Langzeitwirkungen werden durch die Widerstands-Schubcharakteristik bestimmt. Obwohl es sich bei der zu untersuchenden Frage um ein Problem
der Dynamik handelt, ist die Beschreibung der Flugbahnstabilität mit
Parametern möglich, die den stationären Zustand kennzeichnen. Dies
gilt insbesondere auch für das Kriterium, das über die Frage der Flugbahnstabilität oder -instabilität entscheidet.

Zunächst sei das Problem der Flugbahnstabilität wiederum für die Höhenrudersteuerung behandelt.

Grundbeziehungen

Ein geeigneter Parameter zur Beschreibung der Flugbahnstabilität ist
die Relation $d\gamma/dV$ zwischen Bahnwinkel und Geschwindigkeit, die sich
nach einem Höhenruderausschlag im stationären Zustand einstellt. Die

Relation $d\gamma/dV$ errechnet sich aus den stationären Änderungen des Kraft- und Momentengleichgewichts, für die unter Vernachlässigung des Einflusses von α_F gilt

$$F_0 + \Delta F - (W_0 + \Delta W) - mg \sin(\gamma_0 + \Delta\gamma) = 0 \ ,$$

$$A_0 + \Delta A - mg \cos(\gamma_0 + \Delta\gamma) = 0 \ , \qquad (2.2.32a)$$

$$M_0 + \Delta M = 0 \ .$$

Der zugehörige stationäre Ausgangszustand vor Beginn des Höhenruderausschlags, der hier als Horizontalflug ($\gamma_0=0$) vorausgesetzt wird, ist gegeben durch

$$F_0 - W_0 = 0 \ ,$$

$$A_0 - mg = 0 \ , \qquad (2.2.32b)$$

$$M_0 = 0 \ .$$

Die Änderungen errechnen sich damit unter Linearisierung der trigonometrischen Funktionen zu

$$\Delta F - \Delta W - mg\Delta\gamma = 0 \ ,$$

$$\Delta A = 0 \ , \qquad (2.2.32c)$$

$$\Delta M = 0 \ .$$

Um die folgende Herleitung sowohl für die Höhenrudersteuerung als auch für die später zu betrachtende direkte Auftriebssteuerung verwendbar zu machen, sei δ eine generelle Stellgröße zur Beeinflussung von Auftrieb, Widerstand und Nickmoment, die in einem zunächst noch beliebigen Punkt x_δ angreife. Später ist x_δ dann dem Leitwerkshebelarm bei der Höhenrudersteuerung oder dem Auftriebsangriffspunkt bei der direkten Auftriebssteuerung zuzuordnen. Die Änderungen der aerodynamischen Kräfte und Momente schreiben sich nun unter Vernachlässigung aller Größen, in denen Produkte kleiner Werte vorkommen, in folgender Form

$$\Delta W = \left(2(C_W)_0 \Delta V/V_0 + C_{W\alpha}\Delta\alpha + C_{W\delta}\delta \right)(\rho/2)V_0^2 S \;,$$

$$\Delta A = \left(2C_{A0}\Delta V/V_0 + C_{A\alpha}\Delta\alpha + C_{A\delta}\delta \right)(\rho/2)V_0^2 S \;, \qquad (2.2.33)$$

$$\Delta M = \left[C_{m\alpha}\Delta\alpha - C_{A\delta}\delta\,\frac{x_\delta - x_S}{l_\mu} \right](\rho/2)V_0^2 S\, l_\mu \;.$$

Hierbei wurde für den stationären Widerstandsbeiwert wiederum die Schreibweise $(C_W)_0$ verwendet, um Mißverständnisse gegenüber der Schreibweise für den Nullwiderstand C_{W0} der Polaren $C_W = C_{W0} + k\, C_A^2$ zu vermeiden. Es gilt somit $(C_W)_0 = C_{W0} + k\, C_{A0}^2$.

Der Schub ist gegeben durch

$$F = F_0\,(V/V_0)^{n_V} \;, \qquad (2.2.34a)$$

so daß man für seine Änderung erhält

$$\Delta F = n_V F_0\,\frac{\Delta V}{V_0} \qquad (2.2.34b)$$

bzw. mit (2.2.32b)

$$\Delta F = n_V W_0\,\frac{\Delta V}{V_0} \;. \qquad (2.2.34c)$$

Der Übergang auf die Beiwertschreibweise ergibt dann das folgende Gleichungssystem

$$\begin{pmatrix} (2-n_V)(C_W)_0 & C_{W\alpha} & C_{A0} \\[2mm] 2C_{A0} & C_{A\alpha} & 0 \\[2mm] 0 & C_{m\alpha} & 0 \end{pmatrix} \begin{pmatrix} \Delta V/V_0 \\[2mm] \Delta\alpha \\[2mm] \Delta\gamma \end{pmatrix} = \begin{pmatrix} -C_{W\delta}/C_{A\delta} \\[2mm] -1 \\[2mm] (x_\delta - x_S)/l_\mu \end{pmatrix} C_{A\delta}\,\delta \;.$$

$$(2.2.35)$$

Daraus errechnet sich der auf eine Steuerbetätigung δ folgende stationäre Gradient $d\gamma/d(V/V_0)$ unter Verwendung der Schreibweise $\partial C_W/\partial C_A = C_{W\alpha}/C_{A\alpha}$ für den Widerstandsanstieg sowie der Beziehung für den Neutralpunkt $(x_N - x_S)/l_\mu = -C_{m\alpha}/C_{A\alpha}$ zu

$$-\frac{1}{2}\,\frac{d\gamma}{d(V/V_0)} = \left(1 - \frac{n_V}{2}\right)\frac{(C_W)_0}{C_{A0}} - \left(1 - \frac{x_N - x_S}{x_N - x_\delta}\right)\frac{\partial C_W}{\partial C_A} - \frac{x_N - x_S}{x_N - x_\delta}\,\frac{C_{W\delta}}{C_{A\delta}} \;. \qquad (2.2.36)$$

Höhenrudersteuerung

Betrachtet man nun ein Flugzeug mit Höhenrudersteuerung, so gilt unter Berücksichtigung der hierfür zutreffenden Größenrelation ($C_{W\delta} \rightarrow C_{W\eta}$, $C_{A\delta} \rightarrow C_{A\eta}$, $x_\delta - x_S \rightarrow r_H$):

$$\left| C_{W\delta}/C_{A\delta} \right| \ll 1 ,$$

$$\left| x_N - x_S \right| \ll \left| x_N - x_\delta \right| .$$

Damit reduziert sich der Ausdruck von (2.2.36) auf die Form

$$- \frac{1}{2} \frac{d\gamma}{d(V/V_0)} = \left(1 - \frac{n_V}{2} \right) \frac{(C_W)_0}{C_{A0}} - \frac{\partial C_W}{\partial C_A} . \qquad (2.2.37)$$

Aus dieser Beziehung geht hervor, daß der Gradient $d\gamma/d(V/V_0)$ unterschiedliches Vorzeichen haben kann, je nachdem, wie die Widerstands-Schubcharakteristik beschaffen ist. Für

$$\left(1 - \frac{n_V}{2} \right) \frac{(C_W)_0}{C_{A0}} - \frac{\partial C_W}{\partial C_A} > 0 \qquad (2.2.38a)$$

ist der Gradient $d\gamma/d(V/V_0)$ negativ, d.h. es gilt

$$\frac{d\gamma}{d(V/V_0)} < 0 .$$

Dies bedeutet, daß bei Betätigung des Höhenruders in Richtung "Drücken" eine Geschwindigkeitserhöhung mit einer negativen Bahnwinkeländerung gekoppelt ist. Da im Kurzzeit-Manöverbereich die Ruderbetätigung in Richtung "Drücken" zu einer Anstellwinkelverkleinerung und daher zu einer negativen Lastfaktor- und somit auch negativen Bahnwinkeländerung führt, bedeutet dies gleichzeitig, daß Kurzzeit- und Langzeit-Bahnwinkeländerung vorzeichenmäßig übereinstimmen. Die gegenteilige Zuordnung liegt vor, wenn die Relation

$$\left(1 - \frac{n_V}{2} \right) \frac{(C_W)_0}{C_{A0}} - \frac{\partial C_W}{\partial C_A} < 0 \qquad (2.2.38b)$$

und damit

$$\frac{d\gamma}{d(V/V_0)} > 0$$

gilt. Hier tritt bei Erhöhung der Geschwindigkeit infolge "Drücken"
des Höhenruders eine positive Bahnwinkeländerung ein, d.h. das Flugzeug steigt. Da im Kurzzeit-Manöverbereich durch "Drücken" des Höhenruders stets eine negative Lastfaktoränderung erfolgt, ist nunmehr
die Kurzzeit-Änderung der Langzeit-Änderung entgegengesetzt. Dies bedeutet für die Steuerung der Flugbahn, daß z.B. bei einer Abweichung
von der Flugbahn nach oben der Pilot mit einer Ruderbetätigung im
Sinne von Drücken die Abweichung im Kurzzeit-Manöverbereich rückgängig machen kann. Die Langzeitwirkung führt jedoch zu einem Steigwin-
kel und damit wiederum zu einer Abweichung in der Flugbahn nach oben.

Das Kriterium für den Unterschied zwischen Kurzzeit- und Langzeit-
Bahnwinkeländerung ist durch die Widerstands-Schubcharakteristik entsprechend den Relationen (2.2.38a,b) gegeben. Dieser aus statischen
Kenngrößen gebildete Parameter sagt aus, daß im Fall (2.2.38a) das
dynamische System aus Pilot und Flugzeug bei der betrachteten Bahn-
führungsaufgabe stabil ist, d.h. das Flugbahnstabilität vorhanden ist.
Demgegenüber tritt im Fall (2.2.38b) Flugbahninstabilität ein.

Schub-Widerstandskurve

Unter Verwendung der Beziehungen (2.2.38a,b) ist eine häufig angewandte, anschauliche Darstellung des Problems der Flugbahnstabilität
anhand des Verlaufs von Schub und Widerstand in Abhängigkeit von der
Fluggeschwindigkeit möglich. Hierzu wird die Schub-Widerstandskurve
in zwei Bereiche aufgeteilt, die man "Vorder-" und "Rückseite" nennt.
Die graphische Darstellung in Bild 2.2.27 macht dies auf anschauliche Weise deutlich. Wie daraus hervorgeht, gilt für die "Vorderseite"
der Schub-Widerstandskurve die Beziehung dF/dV<dW/dV, d.h. bei einer
Geschwindigkeitsvergrößerung wächst die Differenz zwischen Widerstand

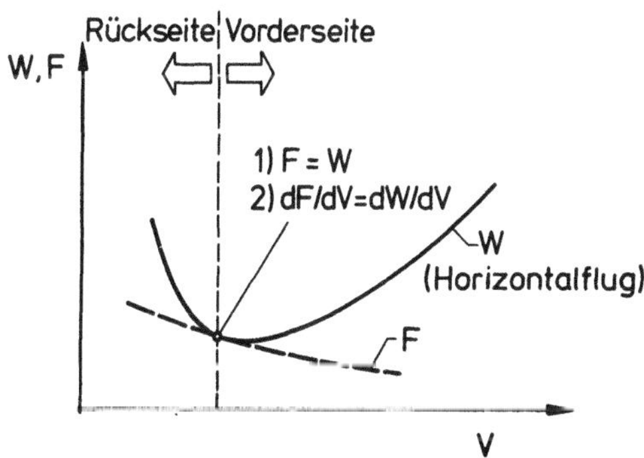

Bild 2.2.27. Vorder- und Rückseite
der Schub-Widerstandskurve

und Schub an. Auf der "Rückseite" besteht die umgekehrte Relation $dF/dV > dW/dV$. Die Grenze zwischen "Vorder-" und "Rückseite" ist dann durch die folgenden Beziehungen gegeben:

$$\frac{dF}{dV} = \frac{dW}{dV} \;,$$

$$F = W \;.$$

$$(2.2.39)$$

Der Widerstand

$$W = C_W (\rho/2) V^2 S$$

stellt wegen $C_W = C_W(C_A)$ eine Funktion von Geschwindigkeit V und Auftriebsbeiwert C_A dar, wobei letzterer durch die Horizontalflug-Bedingung $(A = mg)$

$$C_A = \frac{mg}{(\rho/2) V^2 S}$$

festgelegt ist. Berücksichtigt man nun die folgende Beziehung für die Differentiation nach V

$$\frac{dW}{dV} = \frac{\partial W}{\partial V} + \frac{\partial W}{\partial C_A} \frac{dC_A}{dV}$$

sowie den Schubverlauf $F = F_0 (V/V_0)^{n_V}$ für die Umgebung des betrachteten Bezugszustandes (Index "0"), so ergibt sich aus (2.2.39):

$$n_V \frac{F_0}{V_0} = 2 (C_W)_0 \frac{\rho}{2} V_0 S + \frac{\rho}{2} V_0^2 S \frac{\partial C_W}{\partial C_A} \frac{dC_A}{dV} \;. \qquad (2.2.40a)$$

Mit der aus der Auftriebsgleichung $C_A = 2mg/(\rho V^2 S)$ folgenden Beziehung

$$\left. \frac{dC_A}{dV} \right|_{V=V_0} = -2 \frac{mg}{(\rho/2) V_0^3 S} = -2 \frac{C_{A0}}{V_0}$$

sowie der Widerstandsgleichung

$$F_0 = W_0 = (C_W)_0 (\rho/2) V_0^2 S$$

erhält man die endgültige Form zu

$$\left(1 - \frac{n_V}{2} \right) \frac{(C_W)_0}{C_{A0}} - \frac{\partial C_W}{\partial C_A} = 0 \;. \qquad (2.2.40b)$$

Der Vergleich mit (2.2.38a,b) zeigt, daß beide Betrachtungsweisen zum
gleichen Ergebnis führen. Dies bedeutet, daß der Flug auf der "Vorderseite" der Schub-Widerstandskurve dem Fall (2.2.38a) entspricht. Somit
liegt hier Flugbahnstabilität vor. Demgegenüber tritt beim Flug auf
der "Rückseite" der Schub-Widerstandskurve, der dem Fall (2.2.38b) zugeordnet ist, das Problem der Flugbahninstabilität auf.

Abschließend sei erwähnt, daß bei Triebwerken mit geschwindigkeitsun-
abhängigem Schub ($n_V=0$) besonders einfache Verhältnisse vorliegen. Hier
entspricht die Beziehung (2.2.40b) der Bedingung des minimalen Widerstandes im Horizontalflug, der somit dann die Grenze zwischen "Vorder-"
und "Rückseite" bildet. Dies ergibt sich auch unmittelbar aus Bild
2.2.27, weil für $n_V=0$ der Schub eine Parallele zur Abszisse darstellt
und deshalb die Widerstandskurve in ihrem Minimum berührt.

Direkte Auftriebssteuerung

Wendet man die obigen Überlegungen auf die direkte Auftriebssteuerung
an, so sind wiederum die Langzeitänderungen der Widerstands-Schubcharakteristik zu untersuchen. Hierfür kann ebenfalls die Beziehung
(2.2.36) herangezogen werden, wobei die δ-Größen jetzt die Werte der
Auftriebssteuerfläche darstellen. Die direkte Auftriebsbeeinflussung
hat im Hinblick auf das Langzeitverhalten entscheidende Änderungen zur
Folge. Dies sei zunächst für den Fall untersucht, bei dem der Angriffspunkt des direkten Auftriebs mit dem Schwerpunkt zusammenfällt ($x_\delta=x_S$).
Hier reduziert sich (2.2.36) auf die Form

$$-\frac{1}{2}\frac{d\gamma}{d(V/V_0)}\bigg|_{x_\delta=x_S} = \left(1-\frac{n_V}{2}\right)\frac{(C_W)_0}{C_{A0}} - \frac{C_{W\delta}}{C_{A\delta}} \, . \qquad (2.2.41)$$

Diese Beziehung sagt aus, daß die Widerstandscharakteristik der Auftriebssteuerfläche maßgeblich den Gradienten $d\gamma/dV$ beeinflußt. Hierbei können positive Werte von $C_{W\delta}/C_{A\delta}$ aus der Sicht der Flugbahnstabilität ungünstig sein, sofern sie den Betrag des Ausdrucks $(1-n_V/2)$
$(C_W)_0/C_{A0}$ erreichen bzw. übersteigen. Demgegenüber tritt bei negativen Werten von $C_{W\delta}/C_{A\delta}$ ein derartiger Effekt grundsätzlich nicht auf.
Die unterschiedlichen Vorzeichen von $C_{W\delta}/C_{A\delta}$ stellen nun charakteristische Merkmale der einzelnen aerodynamischen Möglichkeiten zur Erzeugung direkter Auftriebsänderungen dar. Positive Werte sind insbesondere für Klappen typisch. Ein Beispiel hierzu ist in Bild 2.2.28

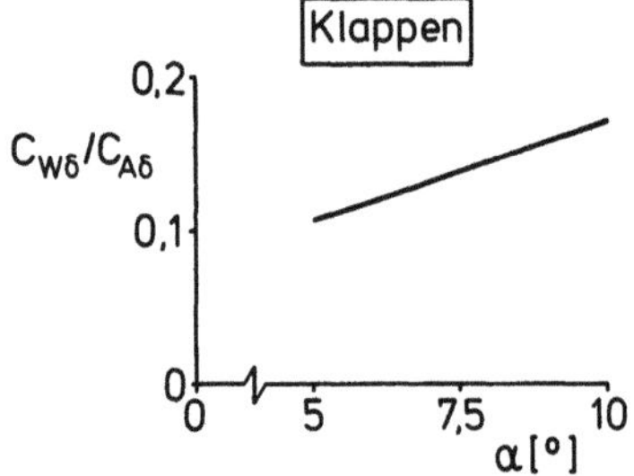

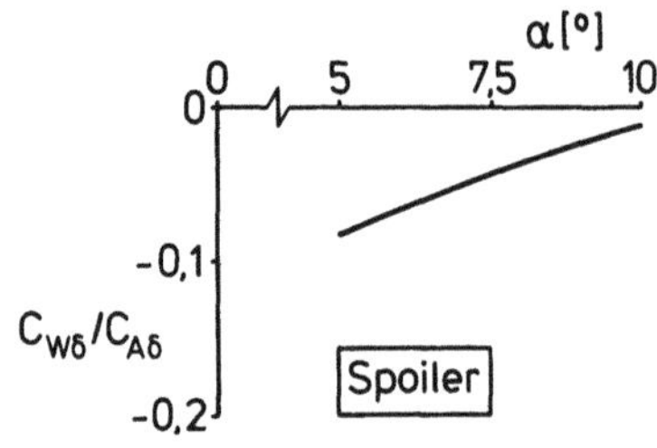

Bild 2.2.28. Verhältnis von
Widerstand und Auftrieb bei
Klappen (Transportflugzeug)

Bild 2.2.29. Verhältnis von
Widerstand und Auftrieb bei
Spoilern (Transportflugzeug)

dargestellt. Die bei einer Vergrößerung des Auftriebs eintretende Widerstandszunahme ist bei Klappen stets vorhanden, da die Vergrößerung
des Klappenwinkels sowohl den Profilwiderstand als auch den auftriebsabhängigen Widerstand erhöht. Demgegenüber ist bei Spoilern ein ande-
res Verhalten möglich. Dies ist an einem Beispiel in Bild 2.2.29 dargestellt. Hier tritt - durch das Einfahren der Spoiler zur Erhöhung
des Auftriebs - eine starke Abnahme des Formwiderstandes ein. Dies beruht darauf, daß das Gebiet der abgelösten Strömung hinter dem Spoiler,
welches für die Widerstandserhöhung verantwortlich ist, mit Verkleinerung des Spoilerausschlags zurückgeht.

Während Klappen aus der Sicht der Flugbahnstabilität eine ungünstige
Zuordnung von Widerstand zu Auftrieb besitzen, kann die günstige Wirkung der Spoiler dazu genutzt werden, die Bahnstabilitätsprobleme eines Flugzeugs auf der "Rückseite" der Schub- bzw. Widerstandskurve zu
verbessern. Dies ist in Bild 2.2.30 erläutert. Dort ist der Fall gezeigt, in dem sich ein Flugzeug bei konventioneller Höhenrudersteuerung auf der "Rückseite" der Schub-Widerstandskurve befindet. Die Verwendung von Spoilern zur direkten Auftriebssteuerung würde dann - innerhalb ihres Wirkungsbereichs - zu einem Widerstandsverlauf führen,
der den Verhältnissen auf der "Vorderseite" der Schub-Widerstandskurve
entspricht, wo keine Steuerungsprobleme durch Flugbahnstabilität
auftreten.

Die bisherige Betrachtung galt dem Fall, bei dem der Auftriebsangriffspunkt im Schwerpunkt liegt. Im folgenden wird nun der allgemeinere Fall

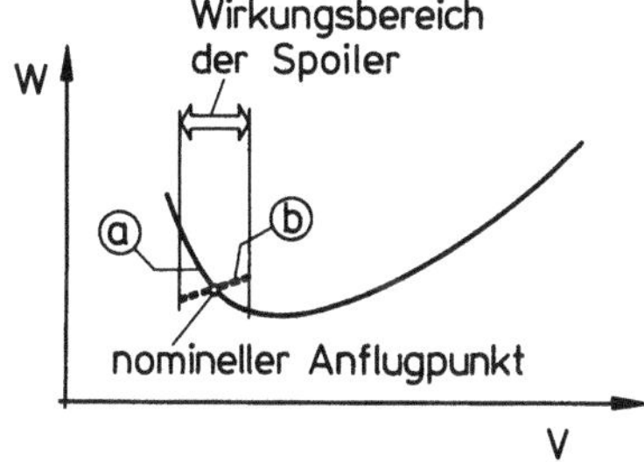

Bild 2.2.30. Widerstandsverlauf

a) Höhenrudersteuerung

b) direkte Auftriebssteuerung mit Spoilern

behandelt, daß diese beiden Punkte nicht mehr zusammenfallen. Hierfür
läßt sich die allgemeingültige Beziehung (2.2.36) unter Berücksichtigung von (2.2.41) in die folgende Form überführen

$$\frac{d\gamma}{d(V/V_0)} = \frac{d\gamma}{d(V/V_0)}\bigg|_{x_\delta=x_S} + 2\,\frac{x_S - x_\delta}{x_N - x_\delta}\left(\frac{\partial C_W}{\partial C_A} - \frac{C_{W\delta}}{C_{A\delta}}\right). \qquad (2.2.42)$$

Der zu betrachtende Bereich des Auftriebsangriffspunktes sei der Teil
vor dem Schwerpunkt, da im dahinter liegenden Teil das Auftriebspotential der Auftriebssteuerfläche zu wenig genutzt werden kann (vgl.
hierzu Kapitel 2.2.4 und 2.2.5). Im Bereich vor dem Schwerpunkt ist
der Quotient $(x_S-x_\delta)/(x_N-x_\delta)$ positiv, so daß die folgenden Aussagen
gültig sind: Der Einfluß von $C_{W\delta}/C_{A\delta}$ wird - da er in (2.2.42), rechts
mit umgekehrten Vorzeichen wie in (2.2.41) auftritt - mit Verschiebung
des Auftriebsangriffspunktes nach vorn verringert. Demgegenüber übt
der anstellwinkelbedingte Widerstandsanstieg $\partial C_W/\partial C_A = C_{W\alpha}/C_{A\alpha}$ nun wieder
einen Einfluß auf $d\gamma/dV$ aus. Die Wirkung von $\partial C_W/\partial C_A$ ist aus der Sicht
der Flugbahnstabilität ungünstig und wächst mit Verschiebung des Auftriebsangriffspunktes nach vorn an. Der beschriebene Effekt infolge
Verschiebung des Auftriebsangriffspunktes x_δ beruht darauf, daß für
$x_\delta \neq x_S$ stationäre Anstellwinkeländerungen entstehen, die ihrerseits die
Widerstandsbilanz über den Term $\partial C_W/\partial C_A$ beeinflussen. In dem hier betrachteten Bereich $x_\delta < x_S$ üben sie ähnlich wie bei der Höhenrudersteuerung eine ungünstige Wirkung aus.

2.2.10 Übergangs-Zeitverhalten (Transientes Zeitverhalten)

Primäre Aufgabe der direkten Auftriebssteuerung ist es, die gewünschten Auftriebsänderungen möglichst schnell zu erzeugen, um Abweichungen
von einer vorgegebenen Sollbahn ausgleichen zu können. Dies gilt insbesondere für den anfänglichen Zeitbereich, in dem die konventionelle

Höhenrudersteuerung infolge der Drehträgheit der Flugzeuge einen Zeitverzug in der Bahnantwort aufweist, der bei Heckleitwerksflugzeugen
und insbesondere bei Nur-Flügel-Flugzeugen noch durch den in die falsche Richtung wirkenden Ruderauftrieb vergrößert wird. Auf der Basis
dieser Überlegungen bietet sich eine Kopplung der direkten Auftriebssteuerung mit der konventionellen Höhenrudersteuerung an. Dabei hat
die direkte Auftriebssteuerung die Aufgabe, in dem anfänglichen Zeitbereich, in dem die Antwort des Flugzeugs auf das Höhenruder ungenü-
gend ist, für eine schnelle Reaktion des Flugzeugs zu sorgen, die die
Nachteile der Drehträgheit sowie des in die falsche Richtung wirkenden
Ruderauftriebs ausgleicht. In dem danach folgenden Zeitbereich, in dem
Zeitverhalten und Wirksamkeit der Höhenrudersteuerung allein ausreichend sind, kann die direkte Auftriebsänderung wieder zurückgenommen
werden. Das beschriebene Verhalten ist in Bild 2.2.31 erläutert, wo
die Einzelbeträge der Höhenrudersteuerung und der direkten Auftriebssteuerung (Fall 1 und 2) sowie die daraus resultierende Gesamtantwort

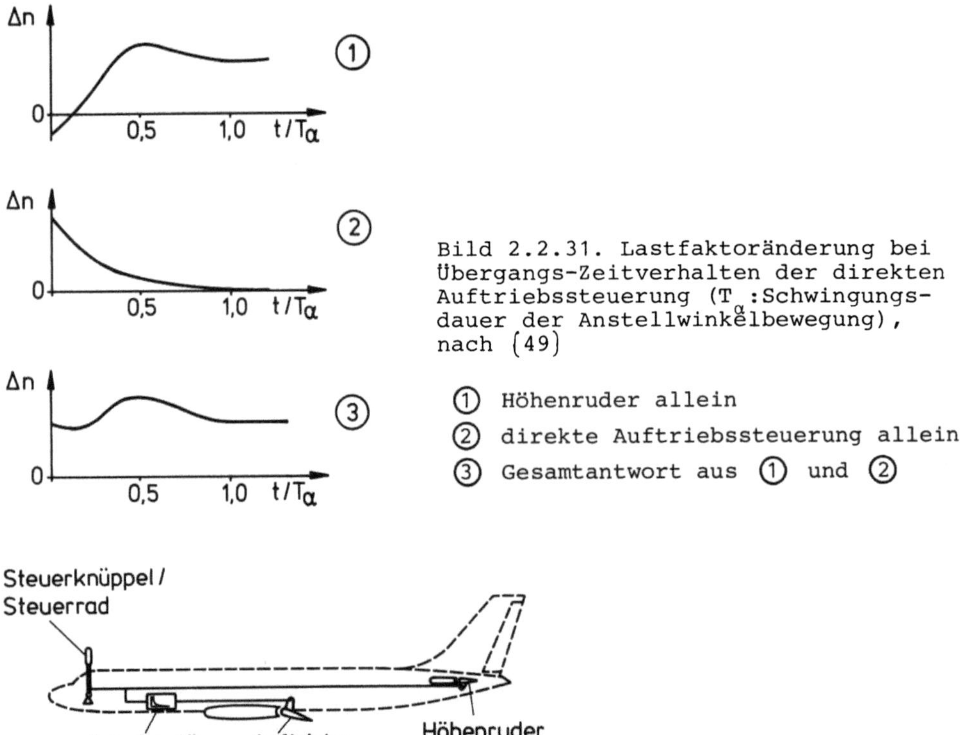

Bild 2.2.31. Lastfaktoränderung bei
Übergangs-Zeitverhalten der direkten
Auftriebssteuerung (T_α:Schwingungs-
dauer der Anstellwinkelbewegung),
nach (49)

① Höhenruder allein
② direkte Auftriebssteuerung allein
③ Gesamtantwort aus ① und ②

Bild 2.2.32. Schematische Darstellung der Kopplung von Auftriebssteuerfläche und Höhenruder über ein "washout"-System

(Fall 3) dargestellt sind. Das Zurücknehmen der direkten Auftriebsänderung, hier als Übergangs-Zeitverhalten (engl. "transient") bezeichnet, erfolgt über ein zusätzliches, "washout" genanntes System, das diese "Ausblendung" automatisch vornimmt. Die Funktionsweise der beschriebenen Kopplung von Höhenrudersteuerung und direkter Auftriebssteuerung ist schematisch in Bild 2.2.32 dargestellt.

Aufgrund der Tatsache, daß die Auftriebssteuerfläche nach einer kurzen Zeit des Ausschlags wieder in ihre neutrale (mittlere) Stellung zurückkehrt, steht bei der direkten Auftriebssteuerung mit Übergangs-Zeitcharakteristik das Auftriebspotential der Auftriebssteuerfläche auch bei aufeinanderfolgenden Ausschlägen in der gleichen Richtung von neuem wieder zur Verfügung. Andererseits hat die Kopplung mit dem Höhenruder zur Folge, daß eine Trennung von Lage- und Bahnänderung nicht möglich ist.

2.2.11 Weitere Anwendungsmöglichkeiten der direkten Auftriebsbeeinflussung

Außer der bisher betrachteten Anwendung der direkten Einflußnahme auf den Auftrieb ergeben sich noch weitere Möglichkeiten zur Steuerung von Bahn oder Lage des Flugzeugs, die die Höhenrudersteuerung grundsätzlich nicht bietet. Eine Erläuterung hierzu zeigt Bild 2.2.33. Zunächst ist dort als Fall 1 die bisher betrachtete Möglichkeit dargestellt, bei der die Steuerung der Bahn unter Konstanthaltung des Anstellwinkels als des Winkels zwischen Flugzeug und Bahnrichtung erfolgt, so daß hier die Nicklage- und Bahnwinkeländerung gleich sind, d.h. es gilt

$$\Delta\alpha = 0 \; ,$$

$$\Delta\gamma = \Delta\Theta \; .$$

(2.2.43)

Fall 2 entspricht einer Steuerung des Flugbahnwinkels γ unter Konstanthaltung des Flugzeuglagewinkels Θ. Dies bedeutet, daß aufgrund der für die Längsbewegung gültigen Beziehung

$$\Theta = \gamma + \alpha$$

die Änderung des Flugbahnwinkels durch eine gleichgroße Änderung des Anstellwinkels ausgeglichen wird. Damit erhält man

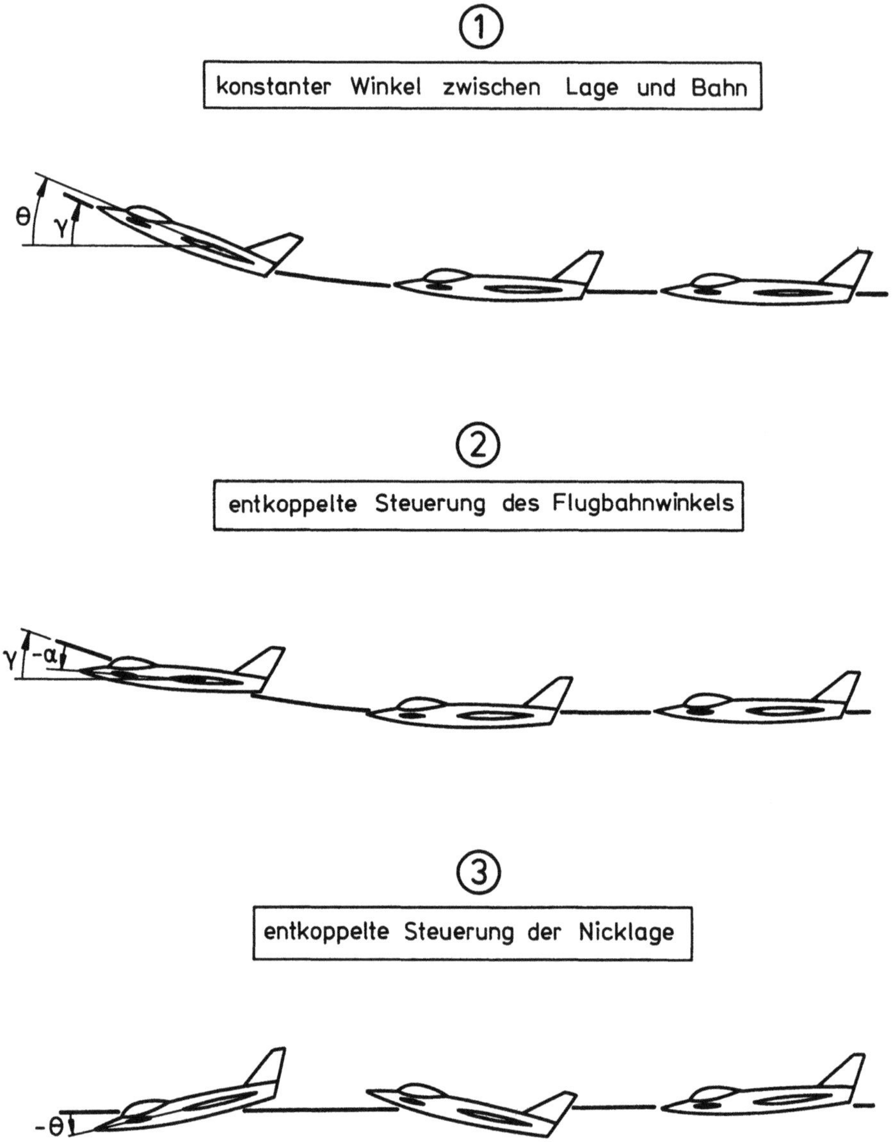

Bild 2.2.33. Anwendungsmöglichkeiten der direkten Auftriebsbeeinflussung

① Bahnänderung bei konstantem Anstellwinkel
② Bahnänderung bei konstanter Nicklage
③ Nicklageänderung bei konstantem Bahnwinkel

$$\Delta\Theta = 0 \ ,$$

$$(2.2.44)$$

$$\Delta\alpha = -\Delta\gamma \ .$$

Fall 3 zeigt eine Möglichkeit zur Steuerung der Nicklage ohne Änderung
der Flugbahn. Hier gilt

$$\gamma = \Theta - \alpha = const \ ,$$

so daß die Änderungen gegeben sind durch

$$\Delta\gamma = 0 \ ,$$

$$(2.2.45)$$

$$\Delta\alpha = \Delta\Theta \ .$$

In den Fällen 2 und 3 ist eine Anstellwinkeländerung erforderlich.
Daher ist hier eine große Beeinflussung des Momentenhaushaltes möglich, zu deren Ausgleich eine Kopplung mit dem Höhenruder notwendig
wird. Außerdem hat die Anstellwinkeländerung auch Auswirkungen auf
den Auftriebshaushalt zur Folge, die wegen der starken Abhängigkeit
des Auftriebs vom Anstellwinkel erheblich sind. Will man hier größere
Winkel realisieren (d.h. im Fall 2 größere Bahn- und im Fall 3 größere Lagewinkeländerungen), so muß die Auftriebssteuerfläche eine
ausreichend große Beeinflussung des Auftriebs ermöglichen. Die Maximalwerte im Fall 3 ergeben sich zum Beispiel aus der Beziehung

$$\Delta A = 0 \ .$$

Bei konstanter Geschwindigkeit bedeutet dies

$$\Delta C_A = C_{A\alpha}\Delta\alpha + C_{A\delta}\delta = 0 \ .$$

Damit erhält man für die maximalen Änderungen von Lage- bzw. Anstellwinkel

$$\Delta\Theta_{max} = \Delta\alpha_{max} = -(C_{A\delta}/C_{A\alpha})\delta_{max} \ .$$

Hier ist zu prüfen, ob für größere Werte die möglichen Auftriebsänderungen durch Klappen oder Spoiler ausreichen oder ob hier nicht vielmehr größere Teile des Flügels beweglich gestaltet sein müssen (zum
Beispiel der gesamte äußere Teil).

2.2.12 Einfluß der Auftriebssteuerflächen auf die Stabilität

Anordnung in Schwerpunktnähe

Die für die direkte Auftriebssteuerung erforderlichen Auftriebssteuerflächen beeinflussen die Stabilität des Flugzeugs. Die Art der Beeinflussung hängt davon ab, ob die Auftriebssteuerfläche in der Nähe des
Schwerpunktes angebracht ist oder ob es sich um eine Auftriebssteuerfläche am Rumpfbug handelt. Die Anordnung der Auftriebssteuerfläche
in Schwerpunktnähe sei als erstes betrachtet. Die Beeinflussung der
Stabilität beruht hier darauf, daß die Auftriebssteuerfläche (Klappe,
Spoiler) für den Anflugzustand in eine mittlere Stellung ausgefahren
wird und dadurch die aerodynamischen Beiwerte und Derivative gegenüber dem Vergleichsfall der nicht ausgeschlagenen Steuerfläche ändert. Ein möglicher Effekt betrifft hierbei auch eine Auswirkung auf
die statische Stabilität. Dies ist zum Beispiel dann der Fall, wenn
eine Abwindgradientenänderung durch die geänderten Auftriebsverhält-
nisse am Flügel infolge des Ausfahrens der Auftriebssteuerfläche entsteht. Für die Beeinflussung der dynamischen Stabilität ist außer den
Folgen einer Änderung der statischen Stabilität insbesondere auch die
Änderung der Gleitzahl $(C_W)_0/C_{A0}$ zu berücksichtigen. Die Gleitzahlän-
derung wirkt sich in erster Linie auf die Phygoide aus, während die
Anstellwinkelbewegung davon praktisch nicht beeinflußt wird. Dies ergibt sich aus der Näherungsbetrachtung der Eigenwerte in Kapitel 1.5.
Nach (1.5.42) gilt für die Phygoide in dem dimensionslosen Zeitbereich
t/τ (mit $\tau = \mu l_\mu / V_0$):

$$\zeta_P = -\frac{\sigma_P}{\omega_{nP}} \approx \frac{1 - n_V/2}{\sqrt{2}} \frac{(C_W)_0}{C_{A0}} \, ,$$

$$\omega_{nP} \approx \sqrt{2} \, C_{A0} \, .$$

$$(2.2.46)$$

Aus diesen Beziehungen folgt, daß die Beeinflussung der Gleitzahl
$(C_W)_0/C_{A0}$ durch die Auftriebssteuerfläche zu einer Änderung der Phy-
goid-Dämpfung führt. Die Anwendung von Spoilern als Auftriebssteuerfläche hat dann eine stabilisierende Wirkung, da hier die Gleitzahl
vergrößert wird.

Anordnung am Rumpfbug

Die zweite zu betrachtende Konfiguration ist die Anordnung der Auftriebssteuerflächen am Bug. Hier sind mehrere Auswirkungen möglich,

die sowohl die statische als auch die dynamische Stabilität betreffen. Die Beeinflussung der statischen Stabilität läßt sich in der
folgenden Weise abschätzen (vgl. auch Bild 2.2.34): Für den durch
eine Anstellwinkeländerung auftretenden Zusatzauftrieb gilt bei voll
verstellbarer Auftriebssteuerfläche

$$\Delta A = C_{A\delta}\Delta\alpha_{\text{örtl}}\,\overline{q}\,S\ . \tag{2.2.47}$$

Hierbei ist die örtliche Anstellwinkeländerung unter Berücksichtigung
des von Flügel und Rumpf hervorgerufenen Aufwindfeldes gegeben durch

$$\Delta\alpha_{\text{örtl}} = \left(1 + \frac{\partial\overline{\alpha}_w}{\partial\alpha}\right)\Delta\alpha\ . \tag{2.2.48}$$

Für die Momentenänderung erhält man

$$\Delta M = \Delta A(x_S - x_\delta)\ .$$

Der Übergang auf die Beiwertschreibweise liefert

$$\Delta C_m = C_{A\delta}\left(1 + \frac{\partial\overline{\alpha}_w}{\partial\alpha}\right)\Delta\alpha\,\frac{x_S - x_\delta}{l_\mu}\ . \tag{2.2.49}$$

Die Änderung der Anstellwinkelstabilität ist dann gegeben durch
$(\Delta C_{m\alpha}=\partial(\Delta C_m)/\partial\alpha)$:

$$\Delta C_{m\alpha} = C_{A\delta}\left(1 + \frac{\partial\overline{\alpha}_w}{\partial\alpha}\right)\frac{x_S - x_\delta}{l_\mu}\ . \tag{2.2.50}$$

Dieser Ausdruck ist positiv, da alle Terme auf der rechten Seite ebenfalls positiv sind. Daraus folgt, daß die Anstellwinkelstabilität $C_{m\alpha}$
des Gesamtflugzeugs und - unter Berücksichtigung des im stabilen Fall
negativen Zahlenwertes von $C_{m\alpha}$ - damit auch die statische Stabilität
verringert werden. Dem entspricht - wie anschaulich aus der Darstellung von Bild 2.2.34 hervorgeht - eine Verschiebung des Neutralpunktes
nach vorn.

Die dynamische Stabilität wird auf unterschiedliche Weise beeinflußt.
Hierzu gehört erstens die Auswirkung, die sich aus der Verringerung
der statischen Stabilität ergibt. Dieser Effekt betrifft bei der hier
vorausgesetzten Eigenstabilität des Flugzeugs hauptsächlich die Anstellwinkelbewegung. Dafür gilt nach (1.5.41) im dimensionslosen Zeitbereich t/τ:

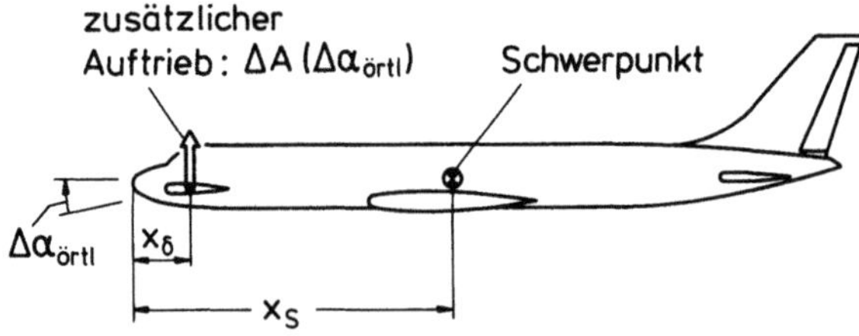

Bild 2.2.34. Anstellwinkelbedingter Auftrieb der Auftriebssteuerfläche

$$\sigma_\alpha \approx -\frac{1}{2}\left[C_{A\alpha} - \left(\frac{l_\mu}{i_y}\right)^2 (C_{mq} + C_{m\dot\alpha})\right] ,$$

$$\omega_{n\alpha}^2 \approx -\mu\left(\frac{l_\mu}{i_y}\right)^2\left[C_{m\alpha} + C_{A\alpha}\frac{C_{mq}}{\mu}\right] .$$

$$(2.2.51)$$

Aus diesen Beziehungen geht hervor, daß die (ungedämpfte) Frequenz
$\omega_{n\alpha}$ der Anstellwinkelbewegung durch die Reduzierung der statischen
Stabilität verringert wird. Ein weiterer Effekt beruht auf der Änderung der Nickdämpfung C_{mq} durch die Bugsteuerfläche. Für diesen
Effekt ist der dynamische Anstellwinkel α_{dyn} maßgebend, der bei einer Nickbewegung an der Bugsteuerfläche entsteht (vgl. dazu den in
Kapitel 1.5 betrachteten analogen Effekt am Höhenleitwerk). Hierfür
gilt

$$\alpha_{dyn} = -\arctan\frac{q(x_S - x_\delta)}{V_0}$$

bzw. in linearisierter Form

$$\alpha_{dyn} = -\frac{q(x_S - x_\delta)}{V_0} .$$

$$(2.2.52)$$

Mit dem dadurch hervorgerufenen Zusatzauftrieb

$$\Delta A = C_{A\delta}\alpha_{dyn}\overline{q}\, S$$

erhält man für das Nickdämpfungsmoment

$$\Delta M = \Delta A(x_S - x_\delta)$$

bzw.

$$\Delta M = -C_{A\delta}(q/V_0)(x_S - x_\delta)^2\overline{q}\, S .$$

$$(2.2.53)$$

Das Dämpfungsderivativ schreibt sich unter Berücksichtigung der Definitionsgleichung

$$\Delta C_{mq} = \partial (\Delta C_m) / \partial (q\, l_\mu / V)$$

in der folgenden Form

$$\Delta C_{mq} = -C_{A\delta} \left(\frac{x_S - x_\delta}{l_\mu}\right)^2 . \qquad (2.2.54)$$

Dieser Ausdruck ist negativ. Daraus folgt, daß die Bugsteuerfläche die bereits vorhandene Nickdämpfung des Flugzeugs, die einen negativen Zahlenwert hat ($C_{mq}<0$), vergrößert. Das Ergebnis von (2.2.54) entspricht unmittelbar der Anschauung, wonach die Bugsteuerfläche eine gegen die Drehbewegung wirkende Kraft erzeugt. Die Erhöhung der Nickdämpfung hat qualitativ für die Eigenwerte zur Folge, daß Dämpfung und Frequenz der Anstellwinkelbewegung (σ_α und $\omega_{n\alpha}$) vergrößert werden, (2.2.51).

2.3 Direkte Seitenkraftsteuerung

2.3.1 Seitliche Bahnsteuerung

Die direkte Seitenkraftsteuerung bietet - ähnlich wie die direkte Auftriebssteuerung - die Möglichkeit, die Flugbahn durch unmittelbare Änderung der Kräfte zu steuern, wobei hier die Bewegung in der Seitenebene erfolgt, vgl. dazu auch die Zusammenstellung von Arbeiten zu diesem Thema unter (3, 4, 6, 8, 11, 14, 16, 19, 22-24, 29, 31, 32, 35, 37-40, 46-48, 51-54, 57, 61, 62, 64-67, 69, 71-74). Die Wirkungsweise der seitlichen Bahnsteuerung beruht darauf, daß über geeignet anzubringende Steuerflächen eine Seitenkraft erzeugt wird, die direkt zu einer Seitenbeschleunigung und damit zu der gewünschten Kursänderung führt. Dadurch ist es möglich, Kurskorrekturen durchzuführen, ohne daß das Flugzeug seine Roll-Lage ändert. In Bild 2.3.1 ist die Wirkungsweise der direkten Seitenkraftsteuerung erläutert, wobei zum Vergleich auch die konventionelle Kursänderungstechnik dargestellt ist. Das Bild macht deutlich, daß die direkte Seitenkraftsteuerung ein Kurvenflug- bzw. Kursänderungsmanöver ermöglicht, das aus einer Bewegung in nur einem Freiheitsgrad besteht. Demgegenüber stellt die konventionelle Kursänderungstechnik ein Flugmanöver in drei Freiheitsgraden dar. Wie nämlich aus der

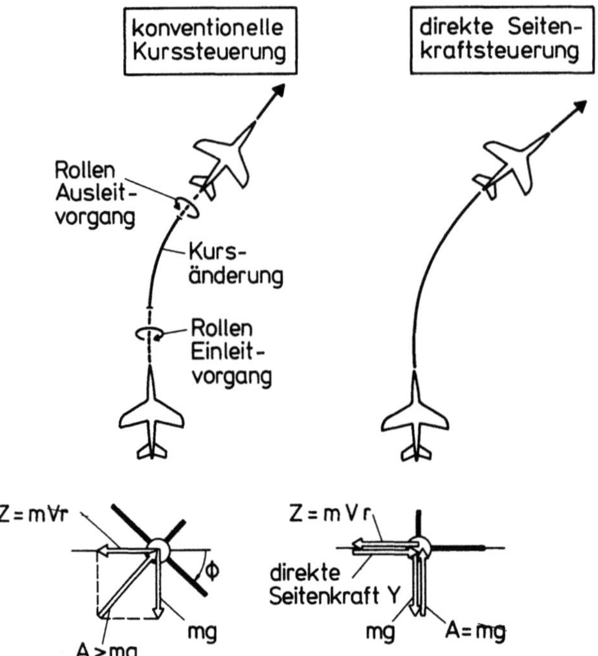

Bild 2.3.1. Konventionelle Kursänderungstechnik und direkte Seitenkraftsteuerung

Darstellung von Bild 2.3.1 hervorgeht, ist bei der konventionellen
Kurvenflugtechnik zunächst eine Rollbewegung um die Längsachse als
Einleitvorgang erforderlich. Dadurch wird der Auftriebsvektor geneigt,
so daß er eine in der Kurvenflugebene wirkende Komponente aufweist.
Erst diese Komponente bewirkt die gewünschte Kursänderung, d.h. eine
Bewegung in der Gier- bzw. Azimutebene. Damit die in lotrechter Richtung vorhandene Auftriebskomponente weiterhin zum Ausgleich des Ge-
wichts ausreicht (A cosϕ=mg, Bild 2.3.1) und außerdem eine möglichst
große Seitenbeschleunigung erreicht wird, ist es erforderlich, den
Auftrieb zu vergrößern. Daher ist auch eine Bewegung um die Nickachse
notwendig. Bei Beendigung des Manövers ist wiederum eine Bewegung um
die Rollachse - dieses Mal als Ausleitvorgang - erforderlich, damit
das Flugzeug in seine horizontale Ausgangslage zurückkehrt. Das konventionelle Kursänderungsmanöver stellt demnach eine Bewegung in drei
Freiheitsgraden dar, und zwar sind dies: Rollen, Nicken und Gieren.
Dementsprechend komplex sind auch die vom Piloten durchzuführenden
Steuerbetätigungen für die drei Achsen, bei denen zudem noch eine Ko-
ordinierung der Ruderausschläge untereinander erforderlich sein kann.

Ein Beispiel für erhöhte Anforderungen an eine derartige Koordinie-
rung zeigt Bild 2.3.2, das den Kurveneinleitvorgang für ein Überschall-
Transportflugzeug im Langsamflug darstellt. Das Bild macht deutlich,
daß dem rechteckförmigen Querruderausschlag ein Verlauf des Seiten-
ruderausschlags zugeordnet ist, der erheblich komplizierter ist. Außerdem zeigt sich an den auftretenden ζ-Werten, daß der Bedarf an Sei-
tenruder-Momenten zum Giermomentenausgleich sehr groß sein kann. Dazu
trägt in dem vorliegenden Fall insbesondere die Rückwirkung der Roll-
beschleunigung über das Deviationsmoment ($I_{xz}\dot{p}$) bei, die ein besonderes Merkmal schlanker Konfigurationen ist (große Neigung der Haupt-
trägheitsachse, kleines Verhältnis von Roll- zur Gier-Drehträgheit).

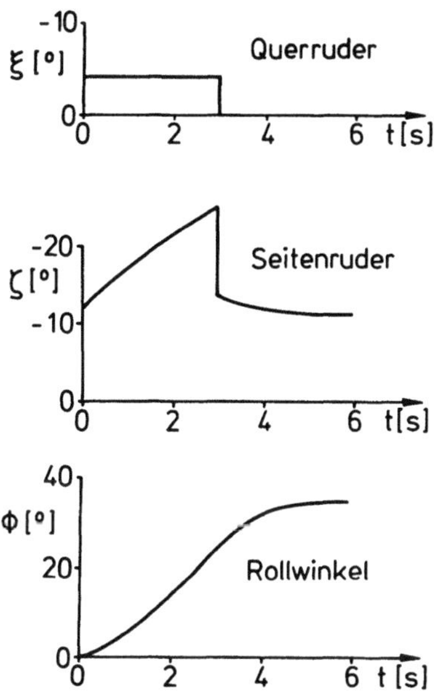

Bild 2.3.2. Koordinierter Kurveneinleitvorgang für ein Überschall-
Transportflugzeug im Langsamflug, nach (17)

2.3.2 Erzielbare Kursänderungsleistung

Allgemeine Betrachtung

Der vorangegangene Abschnitt befaßte sich grundsätzlich mit der Steuerungstechnik und den Freiheitsgraden bei einem Kursänderungsmanöver,
ohne auf die erzielbare Kursänderungsleistung einzugehen. Ein geeignetes Maß hierfür ist der in einer gegebenen Zeit erreichbare Kursände-

rungswinkel $\Delta\chi$ bzw. die erzielbare Kursänderungsgeschwindigkeit $\dot{\chi}$ als
seine zeitliche Ableitung. Die konventionelle Kursänderungstechnik hat
aufgrund erheblicher Auftriebsreserven den Vorteil, große Lastfaktoren
bzw. über entsprechende Rollwinkel auch große Seitenbeschleunigungen
und damit hohe Kursänderungsgeschwindigkeiten erreichen zu können.
Derartig hohe Werte sind außerhalb des Anwendungsbereichs der direkten Seitenkraftsteuerung, da sie unzulässig große Steuerflächen erfordern würden. Daher wird zur Erzielung großer Kursänderungswinkel
die konventionelle Kursänderungstechnik aus der Sicht der Flugleistungen die (weitaus) bessere Methode sein. Anders liegen die Verhältnisse, wenn es um die erzielbare Kursänderungsleistung bei kurzen Steuerzeiten geht, wie sie beispielsweise für kleinere Bahnän-
derungen bzw. zur Korrektur von Abweichungen beim präzisen Einhalten
einer gegebenen Flugbahn notwendig sind. Während bei der direkten
Seitenkraftsteuerung die Kursänderung sofort in vollem Umfang einsetzt,
ist bei der konventionellen Kurvenflugtechnik ein Zeitverzug bis zum
Erreichen einer gewissen Mindest-Kursänderungsgeschwindigkeit unvermeidlich. Dies beruht darauf, daß der Rollwinkel, der überhaupt erst
die Kursänderung ermöglicht, nicht sofort den gewünschten Wert annimmt,
sondern in einem Einleitvorgang zu Anfang aufgebaut werden muß. Am Ende
ist er in einem Ausleitvorgang wieder abzubauen. In den dafür erforderlichen Zeitabschnitten ist keine bzw. nur eine verminderte Kursänderungsgeschwindigkeit $\dot{\chi}$ möglich. Außerdem kann bei kleineren Bahnkorrekturen
oder sonstigen zeitlichen Beschränkungen der erreichbare Rollwinkel aufgrund der zur Verfügung stehenden Gesamtsteuerzeit auf Werte begrenzt
sein, die kleiner sind, als es der maximal möglichen Seitenbeschleunigung entspricht. Auch dies wirkt sich leistungsmindernd auf die erzielbare Kursänderungsgeschwindigkeit aus, da die hohe Seitenbeschleunigung
der konventionellen Kurvenflugtechnik erst bei großen Rollwinkeln vorhanden ist, die in einem solchen Fall nicht ausgenutzt werden können.

Kursänderungsleistung bei konventioneller Steuerungstechnik

Die mit der obigen Betrachtung zusammenhängenden Fragen werden im folgenden näher behandelt. Ausgangspunkt ist die Kursänderungsgeschwindigkeit $\dot{\chi}$, die beim konventionellen Kurvenflug durch die Schräglage des
Flugzeugs um den Rollwinkel Φ erzielt werden kann. Sie ergibt sich aus
der Zentrifugalkraft-Gleichung des Kurvenflugs, für die gilt (vgl. auch
Bild 2.3.3):

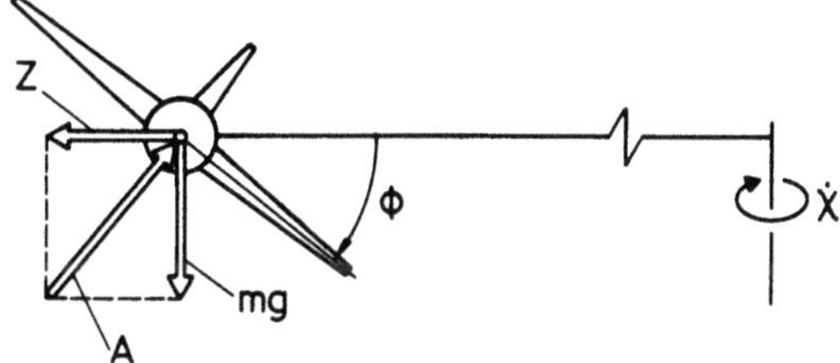

Bild 2.3.3. Kräftegleichgewicht
beim konventionellen Kurvenflug

$$Z = m\, V_0\, \dot{\chi}$$

bzw.

$$\dot{\chi} = \frac{Z}{m\, V_0} \ . \tag{2.3.1}$$

Mit

$$Z = A\, \sin\Phi \ ,$$
$$\tag{2.3.2}$$
$$mg = A\, \cos\Phi$$

erhält man

$$\dot{\chi} = \frac{g}{V_0}\, \tan\Phi \ .$$

Daraus ergibt sich der bei einer bestimmten Steuerzeit t_{St} erzielbare Kursänderungswinkel zu

$$\chi = \frac{g}{V_0}\, \int_0^{t_{St}} \tan\Phi \ dt \ . \tag{2.3.3}$$

Der Rollwinkel Φ kann bei kurzzeitigen Kursänderungsmanövern nicht als konstanter Wert angesehen werden, vielmehr sind die Änderungen in der Einleit- und Ausleitphase mit zu berücksichtigen. Für die hier vorzunehmende grundsätzliche Untersuchung ist es zweckmäßig, den Rollwinkelverlauf anhand einer Ein-Freiheitsgrad-Betrachtung um die Längsachse zu ermitteln. Sie führt, ausgehend von der Rollmomentengleichung

$$I_x \dot{p} = L \ , \tag{2.3.4}$$

mit

$$L = \overline{q}\, S\, s \left(C_{lp} p\, s/V_0 + C_{l\xi}\, \xi \right)$$

und der normierten Masse der Seitenbewegung

$$\mu_S = \frac{2m}{\rho\, S\, s} \tag{2.3.5}$$

zu der folgenden Differentialgleichung in der Rollwinkelgeschwindigkeit p

$$\frac{\mu_S i_x^2}{s V_0 C_{1p}}\, \dot{p} - p = \frac{V_0}{s}\frac{C_{1\xi}}{C_{1p}}\,\xi\ .$$

Dafür läßt sich mit der Rollzeitkonstanten

$$T_R = -\frac{\mu_S i_x^2}{s V_0 C_{1p}} \tag{2.3.6}$$

sowie mit der im stationären Zustand erreichbaren Rollwinkelgeschwindigkeit

$$p_{stat} = -\frac{V_0}{s}\frac{C_{1\xi}}{C_{1p}}\,\xi \tag{2.3.7}$$

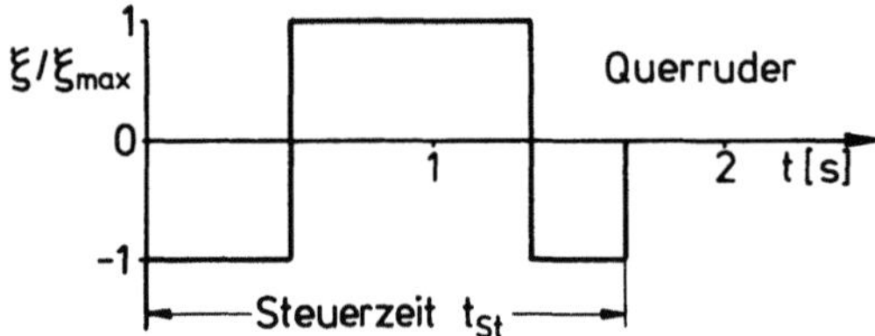

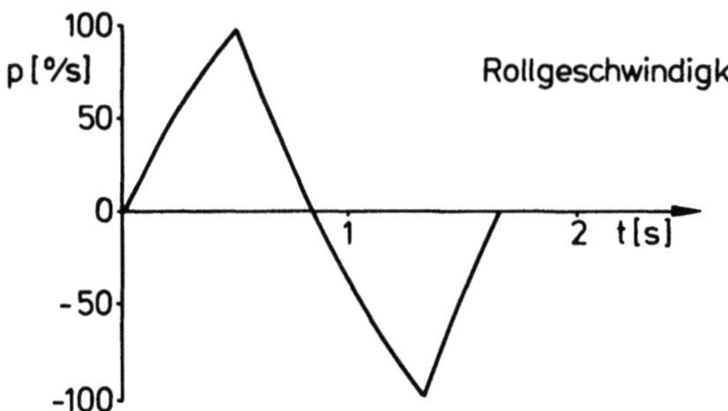

Bild 2.3.4. Verlauf der Größen der Rollbewegung bei einem kurzzeitigen Kursänderungsmanöver, p_{Stat}=250 °/s, T_R=1,0 s

auch schreiben

$$T_R \dot{p} + p = p_{stat} \; .$$ (2.3.8)

Die Lösung dieser Differentialgleichung ergibt unter Berücksichtigung von

$$\Phi = \int p \, dt$$

bei sprungförmiger Querruderbetätigung und verschwindenden Anfangswerten $p(0)=0$ und $\Phi(0)=0$ die folgende Beziehung für den Hängewinkel:

$$\Phi = p_{stat} T_R \left(t/T_R - (1 - e^{-t/T_R}) \right) \; .$$ (2.3.9)

Um bei beschränkten Steuerzeiten eine möglichst große Kursänderung $\dot{\chi}=(g/V_0)\tan\Phi$ zu erzielen, ist es erforderlich, den Hängewinkel so schnell wie möglich aufzubauen und bei Beendigung des Manövers wieder auf Null zurückzuführen. Dies entspricht einer sprungförmigen Betätigung des Querruders bis zu den maximal möglichen Werten gemäß der Darstellung von Bild 2.3.4. Dort ist weiter der zugehörige Verlauf der Rollgeschwindigkeit und des Hängewinkels gezeigt. Daraus folgt, daß bei kurzzeitigen Kursänderungsmanövern bereits vor Erreichen des maximal nutzbaren Kurvenflug-Hängewinkels der Ausleitvorgang beginnen muß. Nur bei Manövern, die zeitlich weniger einengenden Beschränkungen unterliegen, wird der maximal nutzbare Hängewinkel erreicht, der durch den höchstzulässigen Lastfaktor gemäß

$$n = \frac{A}{mg}$$

begrenzt ist. Aus (2.3.2) ergibt sich für den zugeordneten Hängewinkel

$$\cos\Phi = \frac{1}{n}$$ (2.3.10)

<u>Vergleich zwischen konventioneller Steuertechnik und direkter Seitenkraftsteuerung</u>

Wertet man die auf die beschriebene Art erzielbaren Kursänderungswinkel bei konventioneller Steuertechnik in Abhängigkeit von der Steuerzeit t_{St} aus, so erhält man den in Bild 2.3.5 gestrichelt dargestellten Zusammenhang. Die dabei verwendeten Zahlenwerte für T_R und p_{stat} überdecken einen weiten Bereich unterschiedlicher Konfigurationen.

In Bild 2.3.5 sind ebenfalls die erreichbaren Kurswinkel für die direkte Seitenkraftsteuerung eingetragen, die - wie weiter unten gezeigt wird - linear von der Steuerzeit abhängen. Der Vergleich der
Werte für beide Steuerungsarten zeigt, daß bei kurzen Steuerungszei-
ten die direkte Seitenkraftsteuerung schnellere Kurskorrekturen ermöglicht. Dies bedeutet, daß sie nicht nur aus der Sicht der Steuerung und des Bewegungsablaufs einfacher ist, sondern bei kleinen
Kursänderungen auch Flugleistungsvorteile besitzt.

Im folgenden sind die Beziehungen zwischen Kursänderungswinkel χ und
der Seitenbeschleunigung n_y für die direkte Seitenkraftsteuerung zusammengestellt. Ausgangspunkt hierfür ist das Kräftegleichgewicht in
Seitenrichtung (vgl. Bild 2.3.6). Bezeichnet man die direkte Seitenkraft mit Y_{DSK}, so gilt

$$Y_{DSK} = Z = m \, V_0 \dot{\chi} \; .$$

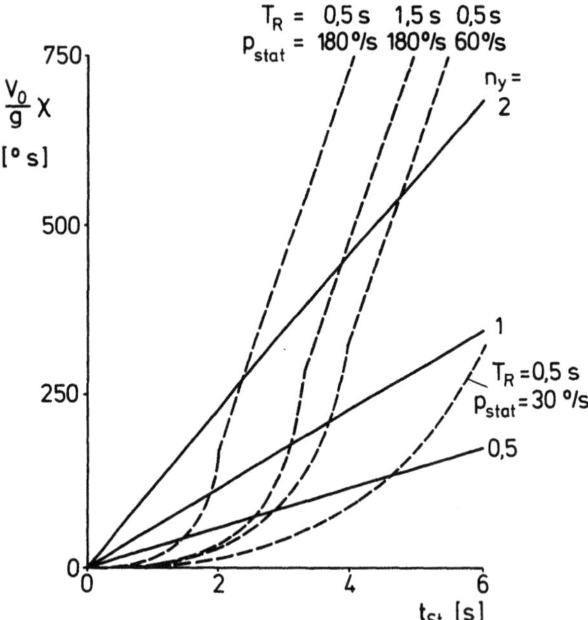

Bild 2.3.5. Erzielbare Kursänderung in Abhängigkeit von der Steuerzeit t_{St}

---- konventionelle Kursänderung, n_{max}=5

——— direkte Seitenkraftsteuerung

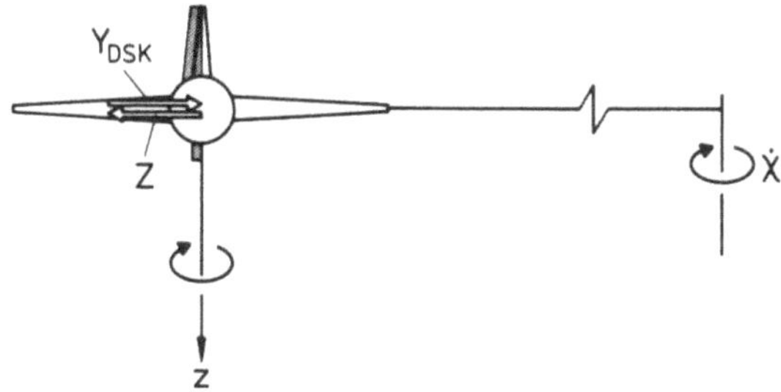

Bild 2.3.6. Bahnnormales Kräftegleichgewicht bei der direkten Seitenkraftsteuerung

Daraus folgt für die Kursänderungsgeschwindigkeit

$$\dot{\chi} = \frac{Y_{DSK}}{V_0 m} \; .$$

(2.3.11)

Die erzielbare Seitenbeschleunigung als Vielfaches von g ist durch die folgende Beziehung gegeben

$$n_y = \frac{Y_{DSK}}{mg} \; .$$

(2.3.12)

Berücksichtigt man dies in (2.3.11), so gilt für die Kursänderungsgeschwindigkeit

$$\dot{\chi} = (g/V_0) n_y \; .$$

Daraus erhält man unter Berücksichtigung der konstanten Seitenbeschleunigung n_y=const für den Kursänderungswinkel bei einer gegebenen Steuerzeit t_{St} den schon erwähnten linearen Zusammenhang

$$\chi = \frac{g}{V_0} \, n_y t_{St} \; .$$

(2.3.13)

Die vorangegangene Betrachtung zeigt außerdem, daß die erwünschte Seitenbeschleunigung n_y und damit auch die Kursänderungsgeschwindigkeit sofort in vollem Umfange wirksam sind, so daß die Kursänderung ohne Zeitverzug eintritt.

Die in Bild 2.3.5 verwendeten Beschleunigungswerte für die direkte Seitenkraftsteuerung orientieren sich an dem Bereich bis etwa n_y=1, der als realisierbar angesehen wird. Auch darüber hinaus gehende Werte sind - abhängig von Geschwindigkeit und Höhe - möglich (vgl.

$\bigl(64\bigr)$). In diesem Zusammenhang stellt sich die Frage, welches Beschleunigungsniveau der Pilot in seitlicher Richtung toleriert. Hier ist festzustellen, daß er gegenüber Seitenbeschleunigungen weitaus empfindlicher ist als gegenüber Vertikalbeschleunigungen. Dieser Aspekt muß ebenso in Rechnung gestellt werden wie die aerodynamische Realisierbarkeit eines gewünschten Beschleunigungsniveaus.

2.3.3 Möglichkeiten der Seitenkrafterzeugung

Seitenkräfte können auf rein aerodynamische Weise oder auch unter Verwendung des Antriebssystems erzeugt werden. Folgende Möglichkeiten kommen hierfür in Betracht:

- Steuerflächen am Flügel

- Steuerflächen am Rumpfmittelteil

- Steuerflächen am Rumpfbug

- Kopplung einer unsymmetrischen Widerstandssteuerfläche mit dem Seitenruder

- Schwenkung des Schubvektors

Aerodynamische Seitenkraftsteuerflächen

Bei den drei ersten Möglichkeiten wird die Seitenkraft über spezielle aerodynamische Steuerflächen erzeugt. Als unmittelbare Form der Seitenkrafterzeugung kann man die Anordnung der Steuerflächen am Flügel oder am Rumpfmittelteil bezeichnen. Denn hier greift die Seitenkraft in Schwerpunktnähe - bezogen auf die Längsachse des Flugzeugs - an, so daß keine oder nur geringe Giermomente entstehen. Ein Beispiel ist in Bild 2.3.7 gezeigt. Der mit einer derartigen Anordnung mögliche Seitenkraftkoeffizient

$$c_Y = \frac{Y_{DSK}}{(\rho/2)V^2 S}$$

ist als Funktion vom Anstellwinkel angegeben. Steuerflächen am Rumpfbug stellen die dritte vorn erwähnte Möglichkeit dar. Ein Beispiel für die vertikale Anordnung ist in Bild 2.3.8 gezeigt. Bemerkenswert an diesem Beispiel, wie auch an anderen Konfigurationen mit vertikalen Steuerflächen $\bigl(32,\ 61\bigr)$, ist die starke Abnahme der wirksamen Seitenkraft mit dem Anstellwinkel, die der effektiven Nutzung bei größeren Anstell-

Bild 2.3.7. Wirksamkeit von Seitenkraftsteuerflächen im Flügelbereich, nach (74)

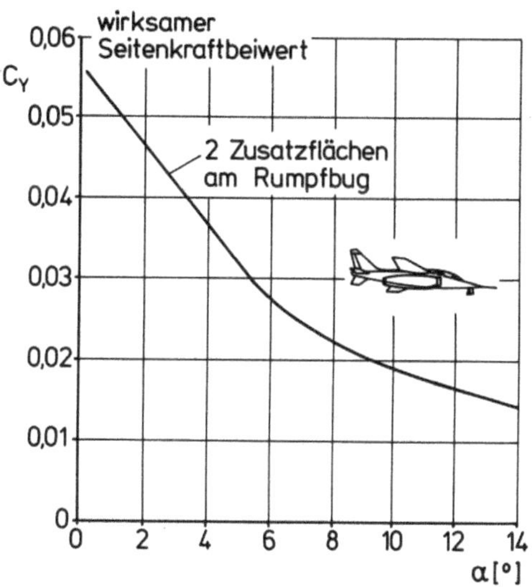

Bild 2.3.8. Wirksamkeit von Seitenkraftsteuerflächen am Rumpfbug, nach (74)

winkeln abträglich ist. Die Anordnung von Steuerflächen am Rumpfbug macht eine Kopplung mit dem Seitenruderausschlag erforderlich, um unerwünschte Giermomente kompensieren zu können. Die mit dem Seitenruderausschlag verknüpfte Seitenkraft wirkt dabei in die gleiche Richtung wie die Seitenkraft der Steuerfläche am Rumpfbug. Dies führt zu einer Verstärkung der Wirkung der Bugsteuerfläche. Die Darstellung von Bild 2.3.9 macht diesen Sachverhalt auf anschauliche Weise deutlich. Im Vergleich zu der ebenfalls dargestellten Anordnung der Steuerflächen in Schwerpunktnähe wird die Buganordnung eine kleinere Steuerfläche benötigen, sofern nicht Interferenzeffekte überwiegen und zu einem anderen Ergebnis führen.

Eine Besonderheit stellt die horizontale Anordnung von Steuerflächen am Rumpfbug dar, die auch als Enten- oder Canardkonfiguration bezeichnet wird. Damit ist es ebenfalls möglich, Seitenkräfte zu erzielen. Derartige Steuerflächen ergeben bei differentiellem (unsymmetrischem) Ausschlag ein unsymmetrisches Strömungsfeld. Infolge einer Interferenzwirkung mit der Flügel-Rumpf-Kombination entsteht eine Seitenkraft. Ein Beispiel für solche, oft auch als kurzgekoppelte Bugleitwerks-Anordnung

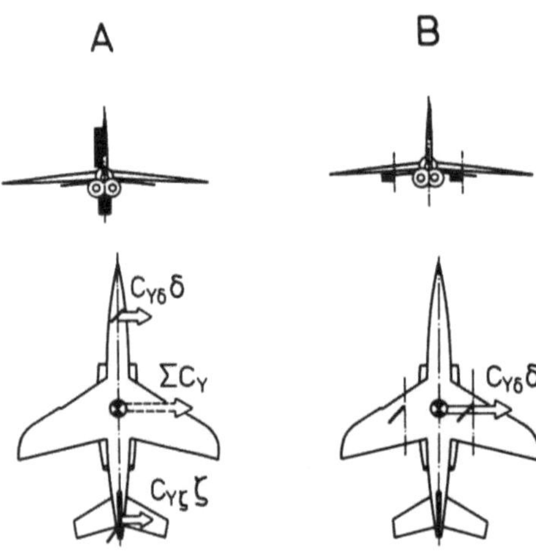

Bild 2.3.9. Vergleich der wirksamen
Seitenkräfte

A : vertikale Bugsteuerfläche

B : Steuerfläche in Schwerpunktnähe

bezeichneten Steuerflächen ist in Bild 2.3.10 gezeigt. Die Seitenkraft
wirkt in Richtung des negativ ausgeschlagenen Flächenteils (d.h. Hinterkante nach oben). Aus dieser Darstellung geht weiter hervor, daß der zum
Giermomentenausgleich notwendige Seitenruderausschlag die Bugleitwerks-
Seitenkraft unterstützt. Außerdem ist bemerkenswert, daß die Wirksamkeit der Steuerflächen bei hohen Anstellwinkeln sogar noch zunimmt.

Die beschriebene Anordnung der horizontalen Bugsteuerflächen besitzt den
Vorteil, daß sie nicht nur für die direkte Seitenkraftsteuerung, sondern

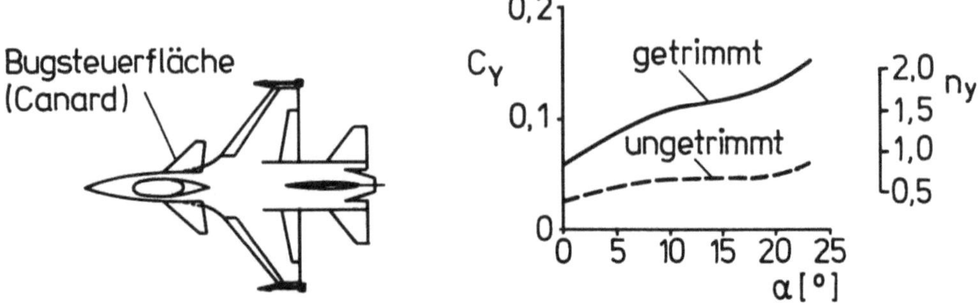

Bild 2.3.10. Wirksamkeit von horizontalen Bugsteuerflächen
(M=0,9; H=3000 m; δ_{BB}=10°; δ_{StB}=-30°), nach [64]

auch für die direkte Auftriebssteuerung verwendbar ist. Daher ist hier
eine Widerstandsverringerung und Gewichtseinsparung im Vergleich zu se-
paraten Steuerflächen in horizontaler und vertikaler Richtung möglich.
Eine weitere Anordnungsmöglichkeit zur gemeinsamen Verwendung für beide
Steuerungsarten besteht darin, die Bugsteuerflächen mit einer V-Stellung
zu versehen. Ein symmetrischer Ausschlag ergibt Auftriebsänderungen,
während ein unsymmetrischer Ausschlag eine Seitenkraft hervorruft.

Kopplung einer unsymmetrischen Widerstandssteuerfläche mit dem Seitenruder

Dies läßt sich - wie in Bild 2.3.11 graphisch erläutert ist - als eine
indirekte Methode zur Seitenkrafterzeugung charakterisieren. Denn die
unsymmetrische Widerstandssteuerfläche ergibt - für sich allein betrachtet - keine Seitenkraft, sondern nur ein Giermoment. Erst der Ausgleich des Giermomentes über das Seitenruder führt zu einer Seitenkraft.
Diese im Rahmen von Experimentalprogrammen angewandte Methode hat den
Nachteil, daß die Seitenkrafterzeugung mit stärkerer Widerstandserhöhung verbunden ist und nur die Seitenruder-Seitenkraft als maximal er-
reichbarer Wert zur Verfügung steht. Andererseits ist es hierbei möglich,
bei Nichtbenutzung die Steuerflächen voll einzufahren, so daß sich keine Konfigurationsänderungen gegenüber einem Flugzeug ohne direkte Seitenkraftsteuerung ergeben und somit der Zusatzwiderstand separat ange-
brachter Seitenkraftsteuerflächen nicht vorhanden ist. Die Erzeugung
unsymmetrischen Widerstandes kann auch auf eine aerodynamisch andere
Weise erfolgen, die nicht tankähnliche Außenkörper am Flügel zur Voraussetzung hat. Dies ist zum Beispiel in Kombination mit Querrudern
möglich, wobei Spreizklappen als Widerstandssteuerflächen dienen können.
Eine derartige Konzeption wurde bei der Northrop A-9 angewandt, (32).

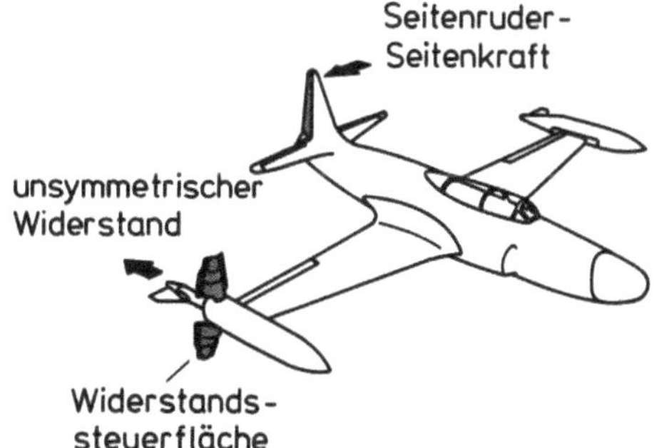

Bild 2.3.11. Seitenkrafterzeugung durch unsymmetrische Widerstandssteuerfläche, nach (22)

Seitenkrafterzeugung durch Schubschwenkung

Auch durch Umlenkung des Schubvektors ist es möglich, Seitenkräfte zu
erzeugen. Die prinzipielle Wirkungsweise ist in Bild 2.3.12 erläutert.
Dort ist weiter gezeigt, daß innerhalb des betrachteten Schwenkbereichs
von $\delta_F = 20^{\circ}$ erhebliche Seitenkomponenten des Schubs (F_y) mit nahezu li-
nearem Verlauf möglich sind, während andererseits die Änderung des
Schubs in Längsrichtung (F_x) sehr viel geringer ist. Diese Art der Seitenkrafterzeugung ist insbesondere für STOL-Flugzeuge (Kurzstartflug-
zeuge) von Interesse, bei denen die direkte Seitenkraftsteuerung für die
später noch zu betrachtende Seitenwindlandung angewandt werden kann.
Voraussetzung für größere Schub-Seitenkräfte ist nämlich, daß die Triebwerke auf einem höheren Leistungsniveau arbeiten. Dies ist bei STOL-
Flugzeugen auch für den Landeanflug gegeben, wenn sie das Antriebssystem
mit zur Hochauftriebserzeugung verwenden. Andererseits bietet der extreme Langsamflug der STOL-Flugzeuge wegen des geringen Staudrucks und der
dadurch benötigten großen Steuerflächen ungünstige Voraussetzungen zur
Erzeugung von Seitenkräften auf aerodynamische Weise.

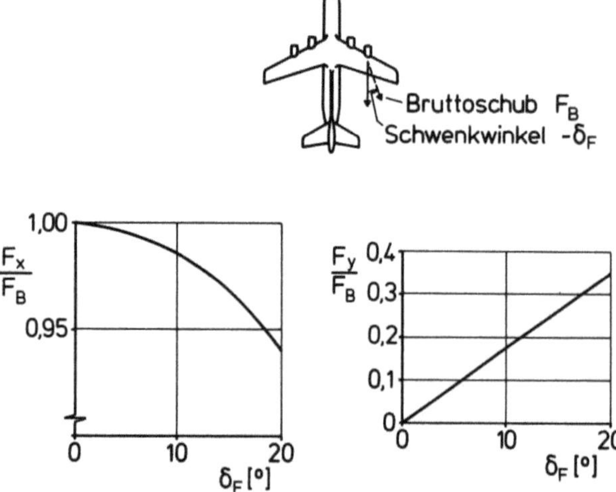

Bild 2.3.12. Seitenkrafterzeugung durch Schwenkung des Schubvektors,
nach (31)

2.3.4 Kopplungseffekte

Eine wichtige Frage betrifft Kopplungseffekte, die bei einem Ausschlag
der Seitenkraftsteuerfläche in der Roll- und Nickachse auftreten können. Derartige Kopplungseffekte sind unerwünscht und sollten möglichst
klein gehalten werden, um die Bewegung in diesen beiden Freiheitsgraden nicht anzuregen. Sofern sie nicht vermeidbar und auch nicht vom
Piloten beherrschbar sind, ist zu ihrem Ausgleich eine Kopplung der
Seitenkraftsteuerfläche mit Quer-, Seiten- oder Höhenruder oder eine
Regelung zur Konstanthaltung von Roll- oder Nicklage erforderlich. In
den Bildern 2.3.13 und 2.3.14 sind Beispiele zu Kopplungsmomenten um
Roll- und Nickachse gezeigt. Maßgebend für solche Kopplungsauswirkun-
gen ist insbesondere auch die Interferenz der Seitenkraftsteuerfläche
mit dem Flügel und/oder dem Rumpf.

Eine Besonderheit stellen die Unsymmetrie- und Kopplungseffekte dar,
die bei der Anordnung von Seitenkraftsteuerflächen am Flügel eintreten können. Hierbei sind unterschiedlich große Kopplungsmomente und
Seitenkräfte möglich, je nachdem, ob die Steuerfläche nach links oder
nach rechts ausgeschlagen wird. Dies ist in Bild 2.3.15 erläutert, wo
dieser Unterschied aus der Gegenüberstellung der Wirkung der Steuerflächen 1 und 2 (bzw. 3 und 4) hervorgeht. Hierbei ist zu berücksichtigen, daß der gezeigte Ausschlag der Steuerfläche 2 nach rechts einem
Ausschlag der Steuerfläche 1 nach links äquivalent ist (entsprechend
auch für die Steuerflächen 3 und 4).

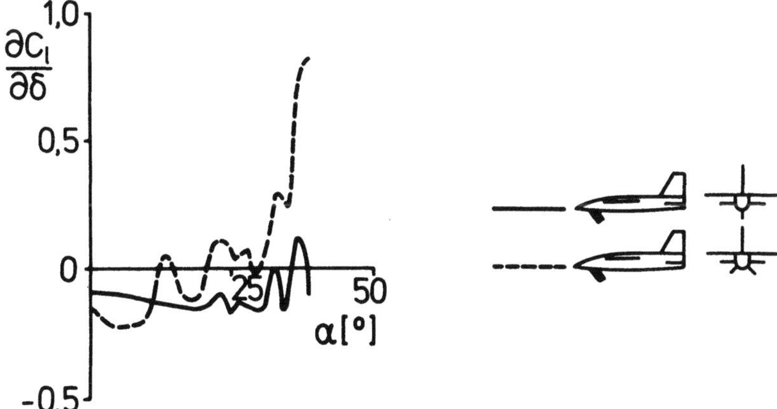

Bild 2.3.13. Roll-Kopplungsmomente von Seitenkraftsteuerflächen am
Rumpfbug, nach (61)

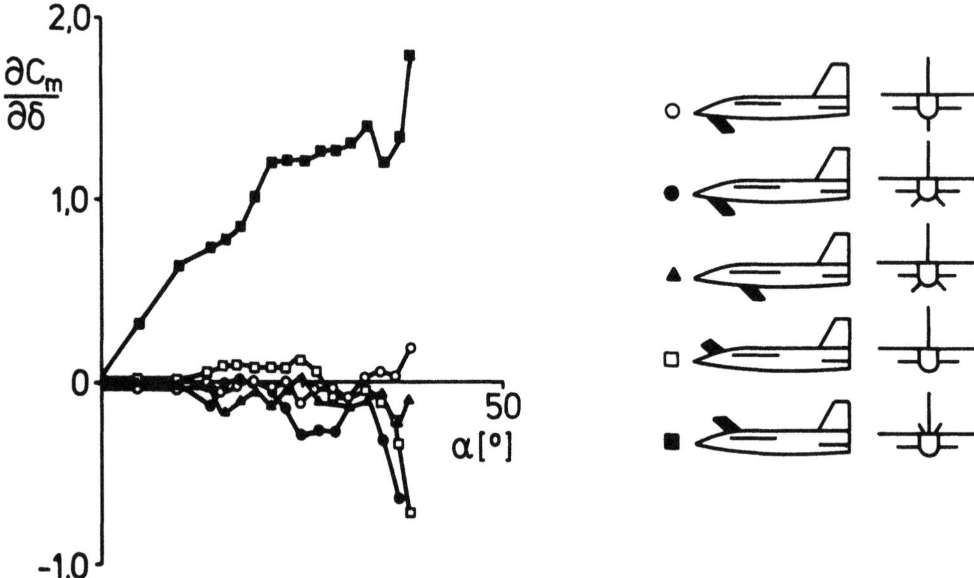

Bild 2.3.14. Nick-Kopplungsmomente von Seitenkraftsteuerflächen am
Rumpfbug, nach (61)

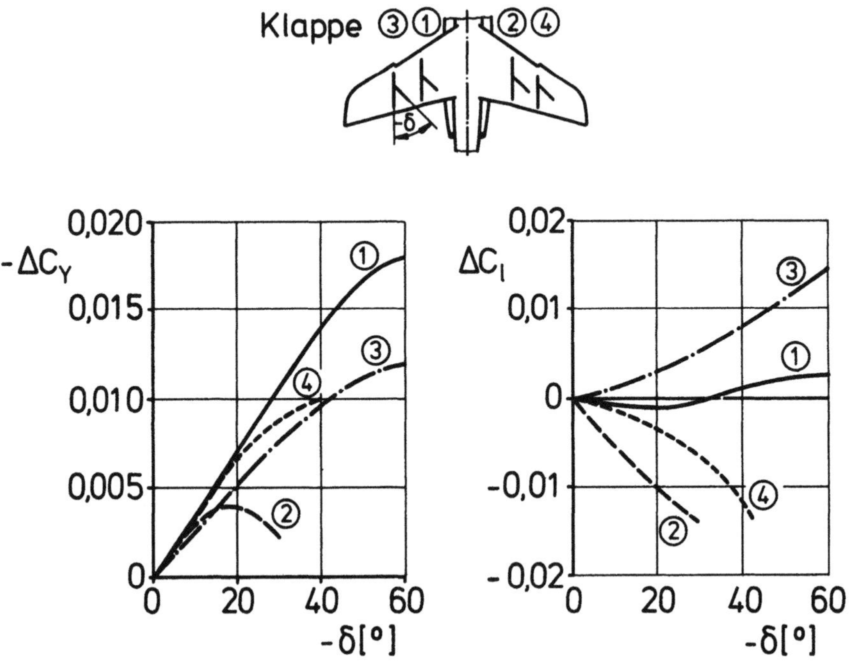

Bild 2.3.15. Unsymmetrie- und Kopplungseffekte von Steuerflächen am
Flügel, nach (14)

2.3.5 Angriffspunkt der direkten Seitenkraft

Grundbeziehungen

Ähnlich wie bei der direkten Auftriebssteuerung ist auch bei der direkten Seitenkraftsteuerung nicht der Schwerpunkt der für eine reine Kraftsteuerung zu wählende Angriffspunkt, sondern ein Punkt, der um ein bestimmtes Maß davor liegt. Ausgangspunkt für die Behandlung dieser Frage ist die Seitenkraft- und Giermomentengleichung des Kursänderungsmanövers, die wegen

$$\dot{\beta} = 0 \quad \text{und damit} \quad r = \dot{\chi}$$

aufgrund der Horizontallage des Flügels lauten:

$$m \, V_0 r = Y \ ,$$

$$N = 0 \ .$$

Der Übergang auf die Beiwertschreibweise ergibt unter Vernachlässigung des Seitenkraftderivativs C_{Yr} die folgende Form

$$m \, V_0 r = (C_{Y\delta}\delta + C_{Y\beta}\beta)(\rho/2)V_0^2 S \ ,$$

$$0 = C_{Y\delta}\delta \, \frac{x_S - x_\delta}{s} + C_{n\beta}\beta + C_{nr} \frac{rs}{V_0} \ . \tag{2.3.14}$$

Darin kennzeichnet der Term x_δ - wie in Bild 2.3.16 dargestellt - den Angriffspunkt der Seitenkraft. Der erzielbare Lastfaktor in y-Richtung ist nach (2.3.12) gegeben durch

$$n_y = \frac{Y}{mg} = \frac{V_0}{g} \, r \ .$$

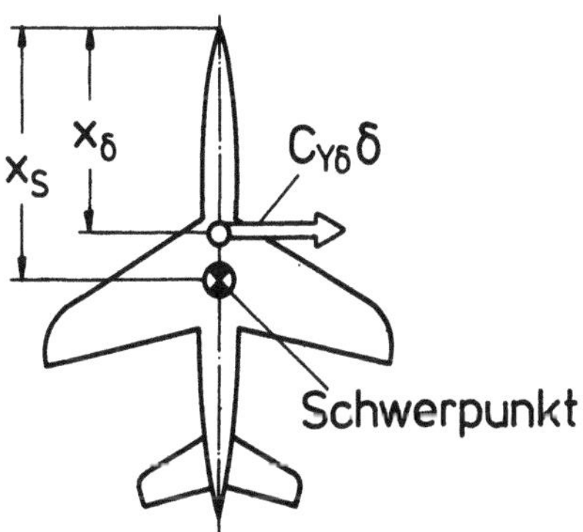

Bild 2.3.16. Angriffspunkt der direkten Seitenkraft

Fordert man nun, daß kein Schiebewinkel auftritt, und kennzeichnet diesen als Referenzzustand anzusehenden Fall mit dem Index "Ref", so ergibt sich aus der Seitenkraftgleichung von (2.3.14) unter der Annahme $\beta=0$ der folgende Ausdruck

$$(n_y)_{Ref} = \frac{C_{Y\delta}\,\delta\,(\rho/2)\,V_0^2\,S}{mg} \cdot$$

Mit $C_{A0}=2mg/(\rho V_0^2 S)$ wird daraus

$$(n_y)_{Ref} = \frac{C_{Y\delta}\,\delta}{C_{A0}} \cdot \qquad (2.3.15)$$

Die Frage stellt sich nun, welcher Angriffspunkt $x_\delta=(x_\delta)_{Ref}$ diesem Wert zugeordnet ist. Allgemein gilt für die Seitenbeschleunigung in dem zunächst noch beliebigen Angriffspunkt x_δ die folgende, durch Elimination von β aus (2.3.14) resultierende Beziehung unter Verwendung der normierten Masse nach (2.3.5)

$$n_y = \frac{C_{Y\delta}\,\delta}{C_{A0}} \, \frac{C_{n\beta}/C_{Y\beta} + (x_\delta - x_S)/s}{C_{n\beta}/C_{Y\beta} + C_{nr}/\mu_S} \cdot \qquad (2.3.16)$$

Der Vergleich mit (2.3.15) zeigt nun, daß für den folgenden Wert des Seitenkraftangriffspunktes die Referenz-Seitenbeschleunigung $(n_y)_{Ref}$ erreicht wird:

$$\frac{(x_\delta)_{Ref} - x_S}{s} = \frac{C_{nr}}{\mu_S} \cdot \qquad (2.3.17)$$

Da dieser Ausruck wegen $C_{nr}<0$ negativ ist, gilt $(x_\delta)_{Ref}<x_S$, d.h. der Referenzwert des Seitenkraftangriffspunktes liegt vor dem Schwerpunkt. Mit (2.3.15) und (2.3.17) lä3t sich (2.3.16) umformen zu

$$n_y = (n_y)_{Ref} \, \frac{C_{n\beta}/C_{Y\beta} + (x_\delta - x_S)/s}{C_{n\beta}/C_{Y\beta} + ((x_\delta)_{Ref} - x_S)/s} \cdot \qquad (2.3.18)$$

Auch aus dieser Beziehung wird deutlich, daß zur vollen Nutzung des Seitenkraftpotentials der Seitenkraftsteuerflächen der Angriffspunkt vor dem Schwerpunkt liegen muß. Liegt er im Schwerpunkt, so wird die erzielbare Seitenbeschleunigung reduziert. Es zeigt sich somit, daß hier qualitativ die gleiche Abhängigkeit vorliegt wie bei der direkten Auftriebssteuerung. Allerdings sind die quantitativen Auswirkungen

weitaus geringer. Dies ist an zwei Beispielflugzeugen in Bild 2.3.17
erläutert, das die erzielbare Seitenbeschleunigung bei gegebenem Seitenkraftangriffspunkt für den nutzbaren Schwerpunktbereich zeigt.

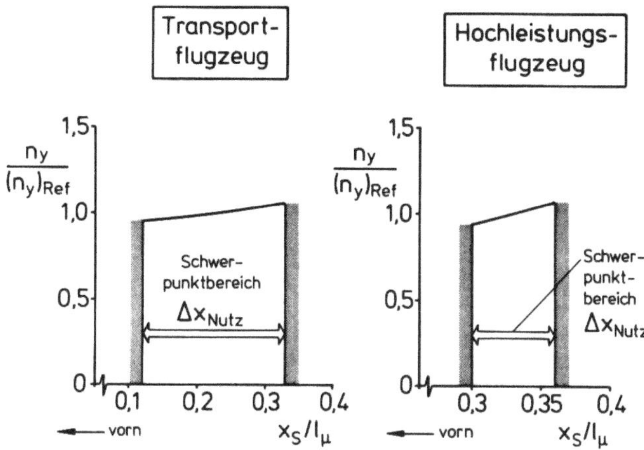

Bild 2.3.17. Erzielbare Seitenbeschleunigung in Abhängigkeit von der
Schwerpunktlage

Physikalische Deutung

Die Ursache für die Unempfindlichkeit der erzielbaren Seitenbeschleunigung gegenüber Schwerpunktverschiebungen ist in der Tatsache zu sehen,
daß die folgende Relation gilt (aus der Gegenüberstellung von (2.3.16)
mit (2.2.13) als der einander entsprechenden Beziehungen für die direkte Seitenkraft- und die direkte Auftriebssteuerung):

$$\left| \frac{C_{n\beta}}{C_{Y\beta}} \right| \gg \frac{l_\mu}{s} \left| \frac{C_{m\alpha}}{C_{A\alpha}} \right| . \tag{2.3.19}$$

Der darin zum Ausdruck kommende physikalische Hintergrund läßt sich
noch deutlicher machen, wenn man berücksichtigt, daß das Verhältnis
$C_{n\beta}/C_{Y\beta}$ als "effektiver" Angriffspunkt $x_{N\beta}$ gedeutet werden kann, in
dem die Schiebe-Seitenkraft $C_{Y\beta}$ angreifen muß, um ein Giermoment von
der Größe $C_{n\beta}$ zu erzeugen. Dies ist in Bild 2.3.18 erläutert, wobei
vereinfachend für den Rumpf nur ein freies Moment $(C_{n\beta})_R$ entsprechend
der potentialtheoretischen Betrachtungsweise vorausgesetzt wird. Die
Zusammenfassung des Rumpf- und Leitwerksmoments in dem resultierenden
Angriffspunkt $x_{N\beta}$ zeigt der rechte Bildteil. Hierfür gilt

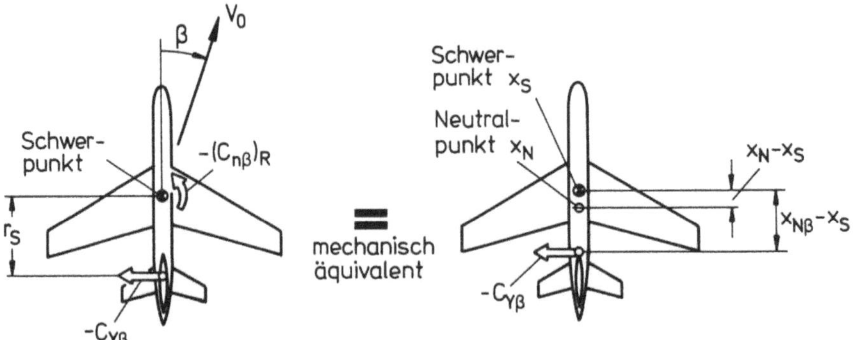

Bild 2.3.18. Effektiver Angriffspunkt der Schiebe-Seitenkraft

$$\frac{C_{n\beta}}{C_{Y\beta}} = - \frac{x_{N\beta} - x_S}{s} \,.$$

(2.3.20)

Die Relation (2.2.19) läßt sich nun unter Berücksichtigung der Beziehung für den Neutralpunkt

$$\frac{x_N - x_S}{l_\mu} = - \frac{C_{m\alpha}}{C_{A\alpha}}$$

umformen zu

$$|x_{N\beta} - x_S| \gg |x_N - x_S| \,.$$

(2.3.21)

Dies bedeutet, daß der effektive Angriffspunkt $x_{N\beta}$ der Schiebe-Seiten-kraft sehr viel weiter hinter dem Schwerpunkt liegt als der Neutral-punkt x_N der Längsbewegung, der den Angriffspunkt der anstellwinkel-bedingten Auftriebsänderungen darstellt. Die Schwerpunktverschiebungen im üblichen Rahmen führen daher zu relativ kleineren Änderungen des Hebelarms und wirken sich somit weniger stark aus, so daß die erziel-bare Seitenbeschleunigung weitaus unempfindlicher ist. Dies macht auch die folgende, unter Verwendung von (2.3.20) mögliche Umformung von (2.3.18) deutlich

$$n_y = (n_y)_{Ref} \frac{x_{N\beta} - x_\delta}{x_{N\beta} - (x_\delta)_{Ref}} \,.$$

(2.3.22)

Eine anschauliche Erläuterung für die Tatsache, daß der Angriffspunkt der direkten Seitenkraft $(x_\delta)_{Ref}$ vor dem Schwerpunkt liegt, ist in Bild 2.3.19 gegeben. Dort ist gezeigt, daß die Krümmung der Flugbahn zu einer Änderung der Anströmrichtung der einzelnen Flugzeugbauteile führt. Daraus ergibt sich ein Giermoment, zu dem insbesondere die am Seitenleitwerk vorhandene Gier-Seitenkraft $(C_{Yr})_S$ beiträgt. Hierfür gilt auf linearisierter Basis

$$\Delta C_n = -(C_{Yr})_S \; \frac{r \; r_S}{V_0} \; . \qquad (2.3.23)$$

Um dieses Giermoment auszugleichen, muß der Angriffspunkt x_δ vor dem Schwerpunkt liegen. Außerdem folgt aus der Darstellung von Bild 2.3.19, daß im Fall $x_\delta = x_S$ der Ausgleich des obigen Momentes ΔC_n nur über ein Schiebe-Giermoment $C_{n\beta}\beta$ möglich ist. Der dazu erforderliche Schiebewinkel führt zu einer Seitenkraft, die der Wirkung von $C_{Y\delta}\delta$ entgegengerichtet ist.

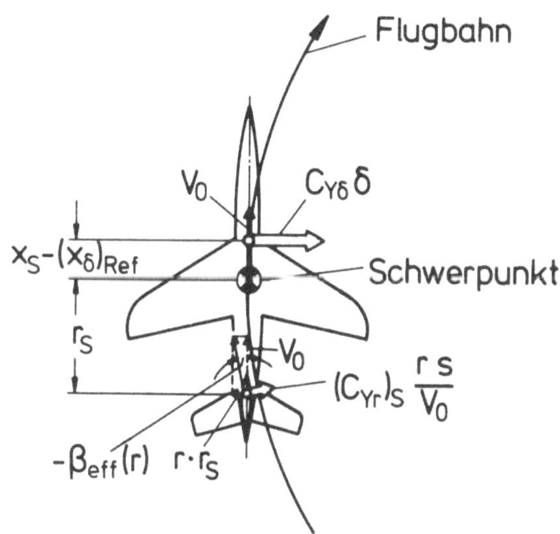

Bild 2.3.19. Angriffspunkt der direkten Seitenkraft bei einer Kursänderung ohne Schiebewinkel

2.3.6 Drei-Freiheitsgrad-Betrachtung

Grundbeziehungen

Die bisherige Betrachtung befaßte sich grundsätzlich mit der Frage des Angriffspunktes der direkten Seitenkraft unter Außerachtlassung aller

Nebeneffekte. Hierzu zählen insbesondere auch mögliche Kopplungsmomente
um die Rollachse. Die Berücksichtigung derartiger Effekte erfordert
eine verfeinerte Betrachtung, die alle Freiheitsgrade der Seitenbewegung umfaßt, d.h. die Seitenkraft- sowie die Gier- und die Rollmomentengleichung. Treten solche Effekte auf, so wird eine Kopplung der Seitenkraftsteuerfläche mit Quer- und Seitenruder notwendig. Ein Querruderausschlag wird bereits auch dann erforderlich, wenn die Seitenkraftsteuerfläche selbst keine Rollmomente hervorruft, jedoch das Rollmoment
des Seitenruders (sofern die Notwendigkeit zu einer Kopplung mit diesem
besteht) oder auch das Gier-Rollmoment C_{lr} nicht vernachlässigbar sind.

Die Betätigung der Seitenkraftsteuerfläche beeinflußt nicht nur das statische Kräfte- und Momentengleichgewicht, sondern auch die Dynamik des
Flugzeugs. Dies gilt insbesondere für den Anfangsbereich nach einer Steuerbetätigung, in dem Einschwingvorgänge ablaufen. Derartige Vorgänge
seien als nicht störend vorausgesetzt - eine solche Voraussetzung sei
gegebenenfalls durch eine automatische Steuereinrichtung oder einen Regler gewährleistet -, so daß die hier vorzunehmende Grundsatzbetrachtung
weiterhin auf den stationären Teil des Kursänderungsmanövers beschränkt
bleiben kann. Für das Kräfte- und Momentengleichgewicht in den drei
Freiheitsgraden der Seitenbewegung gilt dann

$$Y = m\, V_0 r \; ,$$

$$N = 0 \; ,$$

$$L = 0 \; .$$

Der Übergang auf die Beiwertschreibweise ergibt für einen schiebefreien
Flug ($\beta=0$) unter Berücksichtigung der Lastfaktor-Beziehung

$$n_y = \frac{V_0 r}{g}$$

das folgende Gleichungssystem (mit $Y = C_Y \bar{q}\, S$, $N = C_n \bar{q}\, S\, s$, $L = C_l \bar{q}\, S\, s$):

$$\begin{pmatrix} C_{Yr} - \mu_S & C_{Y\zeta} & C_{Y\xi} \\[2mm] C_{nr} & C_{n\zeta} & C_{n\xi} \\[2mm] C_{lr} & C_{l\zeta} & C_{l\xi} \end{pmatrix} \begin{pmatrix} n_y C_{A0}/\mu_S \\[2mm] \zeta \\[2mm] \xi \end{pmatrix} = - \begin{pmatrix} 1 \\[2mm] -\dfrac{x_\delta - x_S}{s} \\[2mm] -z_\delta/s \end{pmatrix} C_{Y\delta}\, \delta \; .$$

$$(2.3.24)$$

Darin stellt z_δ den Hebelarm der Seitenkraftsteuerfläche senkrecht zur x-y-Ebene dar, der auch - im Sinne eines Effektivwertes - die Rollmomente durch Interferenz mit Flügel und/oder Rumpf berücksichtigt. Die infolge eines Ausschlags δ der Seitenkraftsteuerfläche erzielbare Seitenbeschleunigung sowie die (für $\beta=0$) erforderlichen Ruderwinkel berechnen sich gemäß den folgenden Beziehungen

$$n_y = \frac{\mu_S}{C_{A0}} \frac{D_{n,\delta}}{D} C_{Y\delta}\delta \ ,$$

$$\zeta = \frac{D_{\zeta,\delta}}{D} C_{Y\delta}\delta \ , \qquad\qquad (2.3.25a)$$

$$\xi = \frac{D_{\xi,\delta}}{D} C_{Y\delta}\delta \ ,$$

wobei die Zähler- und Nennerdeterminanten gegeben sind durch

$$D = (C_{Yr}-\mu_S)(C_{n\zeta}C_{1\xi}-C_{1\zeta}C_{n\xi}) - C_{nr}(C_{Y\zeta}C_{1\xi}-C_{1\zeta}C_{Y\xi}) + C_{1r}(C_{Y\zeta}C_{n\xi}-C_{n\zeta}C_{Y\xi}) \ ,$$

$$D_{n,\delta} = -C_{n\zeta}C_{1\xi}+C_{1\zeta}C_{n\xi} - \frac{x_\delta-x_S}{s}(C_{Y\zeta}C_{1\xi}-C_{1\zeta}C_{Y\xi}) + \frac{z_\delta}{s}(C_{Y\zeta}C_{n\xi}-C_{n\zeta}C_{Y\xi}) \ ,$$

$$D_{\zeta,\delta} = C_{nr}C_{1\xi}-C_{1r}C_{n\xi} + \frac{x_\delta-x_S}{s}((C_{Yr}-\mu_S)C_{1\xi}-C_{1r}C_{Y\xi}) - \frac{z_\delta}{s}((C_{Yr}-\mu_S)C_{n\xi}-C_{nr}C_{Y\xi}) \ ,$$

$$D_{\xi,\delta} = -C_{nr}C_{1\zeta}+C_{1r}C_{n\zeta} - \frac{x_\delta-x_S}{s}((C_{Yr}-\mu_S)C_{1\zeta}-C_{1r}C_{Y\zeta}) + \frac{z_\delta}{s}((C_{Yr}-\mu_S)C_{n\zeta}-C_{nr}C_{Y\zeta}) \ .$$

$$(2.3.25b)$$

Kopplungsfreie Lage des Seitenkraftangriffspunktes

Die Beziehungen nach (2.3.25a,b) gelten bei beliebigem Angriffspunkt x_δ, z_δ der Seitenkraftsteuerfläche und ermöglichen ein schiebefreies Kursänderungsmanöver ($\beta=0$). Andererseits kann jedoch auch durch geeignete Wahl des Seitenkraftangriffspunktes erreicht werden, daß keine Ruderausschläge notwendig sind. Die zugehörigen x_δ- und z_δ-Werte ergeben sich aus der Forderung, daß dann gelten muß:

$$D_{\zeta,\delta} = 0 \ ,$$

$$D_{\xi,\delta} = 0 \ .$$

Eine einfache Herleitung ist möglich, wenn man das Kraft- und Momentengleichgewicht (2.3.24) in der für $\zeta=0$ und $\xi=0$ gültigen Form untersucht. Hier gilt

$$
\begin{pmatrix} c_{Yr} - \mu_S \\ \\ c_{nr} \\ \\ c_{lr} \end{pmatrix} \frac{c_{A0}}{\mu_S}\, n_y = - \begin{pmatrix} 1 \\ \\ -\dfrac{x_\delta - x_S}{s} \\ \\ -z_\delta/s \end{pmatrix} c_{Y\delta}\, \delta \; . \qquad (2.3.26)
$$

Daraus ergeben sich unmittelbar die gesuchten Werte $(x_\delta)_{Ref}$ und $(z_\delta)_{Ref}$ für den interessierenden Seitenkraftangriffspunkt zu

$$
\frac{(x_\delta)_{Ref} - x_S}{s} = \frac{c_{nr}/\mu_S}{1 - c_{Yr}/\mu_S} \; ,
$$

$$
\frac{(z_\delta)_{Ref}}{s} = \frac{c_{lr}/\mu_S}{1 - c_{Yr}/\mu_S} \; . \qquad (2.3.27)
$$

Für die dabei erzielbare Seitenbeschleunigung gilt

$$
(n_y)_{Ref} = \frac{1}{1 - c_{Yr}/\mu_S}\, \frac{c_{Y\delta}}{c_{A0}}\, \delta \; . \qquad (2.3.28)
$$

Der Index "Ref" dient zur Kennzeichnung der Tatsache, daß dies dem bereits behandelten Referenzfall entspricht, der bei der Darstellung der grundsätzlichen Zusammenhänge in Abschnitt 2.3.5 eingeführt worden ist. Anzumerken bleibt, daß in den Beziehungen (2.3.27) und (2.3.28) anders als in Abschnitt 2.3.5 auch der Einfluß von c_{Yr} berücksichtigt wird.

Kopplung von Bugsteuerfläche und Seitenruder

Seitenkraftsteuerflächen am Rumpfbug werden - wie qualitativ bereits dargelegt - in ihrer Wirkung durch den zum Giermomentenausgleich erforderlichen Seitenruderausschlag unterstützt. Dieser Verstärkungseffekt, der im folgenden unter Verwendung der Beziehungen (2.3.25a,b) quantitativ erfaßt wird, ist durch die Relation zwischen dem effektiven Hebelarm der Seitenkraftsteuerfläche (einschließlich der Interfe-

renzmomente mit Flügel und Rumpf) und dem Leitwerkshebelarm in bezug
auf den Schwerpunkt bestimmt. Für den erzielbaren Lastfaktor gilt gemäß (2.3.25a) allgemein

$$n_y = \frac{\mu_S}{C_{A0}} \frac{D_{n,\delta}}{D} C_{Y\delta}\,\delta \; .$$

Läßt man im Hinblick auf die hier interessierende Fragestellung die
Kopplungseffekte von Quer- und Seitenruder außer Betracht ($C_{l\zeta}=0$,
$C_{n\xi}=0$, $C_{Y\xi}=0$), so gilt mit

$$C_{n\zeta} = -(r_S/s)C_{Y\zeta} \qquad\qquad (2.3.29)$$

und den Beziehungen für $D_{n,\delta}$ und D nach (2.3.25b)

$$n_y = \frac{1 + (x_S - x_\delta)/r_S}{1 - \dfrac{s}{r_S}\dfrac{C_{nr}/\mu_S}{1 - C_{Yr}/\mu_S}} \; \frac{C_{Y\delta}\,\delta/C_{A0}}{1 - \dfrac{C_{Yr}}{\mu_S}} \; .$$

Berücksichtigt man die Beziehung $(n_y)_\delta = C_{Y\delta}\,\delta/C_{A0}$ als die potentielle
Beschleunigungsfähigkeit bei alleiniger Wirksamkeit der Seitenkraftsteuerfläche, so läßt sich unter Vernachlässigung von C_{Yr} auch schreiben

$$n_y = \frac{r_S + x_S - x_\delta}{r_S - s\,C_{nr}/\mu_S} \; (n_y)_\delta \; . \qquad\qquad (2.3.30)$$

Diese Form macht quantitativ die Rolle deutlich, die die Kopplung von
Seitenkraftsteuerfläche und Seitenruder als "Verstärkungsfaktor" hat.
Er ist unbedeutend, sofern $|x_S-x_\delta| \ll r_S$ gilt. Bei gleicher Größenordnung
jedoch liefert er einen erheblichen Beitrag. Die Anbringung der Seitenkraftsteuerfläche am Rumpfbug bedeutet infolge der Kopplung mit dem
Seitenruder zwar eine Komplizierung des Steuersystems, erlaubt aber eine
Verkleinerung der Steuerfläche gegenüber der Anordnung im Bereich des
Schwerpunkts, wenn man die Forderung nach einer bestimmten Seitenbe-
schleunigungsfähigkeit zugrunde legt und ungünstige Interferenzeffekte
ausschließen kann.

2.3.7 Weitere Anwendungsmöglichkeiten der direkten Seitenkraftsteuerung

Die bisher behandelte Anwendungsmöglichkeit der direkten Seitenkraftbe-
einflussung läßt sich als eine Methode zur Änderung der Flugbahn charakterisieren, bei der die Flugzeuglängsachse in Richtung des Geschwindigkeitsvektors zeigt ($\beta=0$) und bei der eine konstante Gierwinkeldreh-
geschwindigkeit $\dot\psi$ vorhanden ist. Diese Art der schiebefreien Kursänderung wird deshalb auch als $\dot\psi$-Methode bezeichnet. Darüber hinaus gibt es
noch weitere Anwendungsmöglichkeiten. Dies ist in Bild 2.3.20 erläutert,
in dem zum Vergleich auch die bisher betrachtete $\dot\psi$-Methode mit dargestellt ist (linker Bildteil). Im mittleren Bildteil ist eine Methode
gezeigt, bei der das Flugzeug eine seitliche Versetzung unter Konstanthaltung seiner Lage durchführt. Hierbei entsteht ein Schiebewinkel, der
zu der Bezeichnung "β-Methode" geführt hat. Die β-Methode ist im Hinblick auf die erzielbaren Seitengeschwindigkeiten weniger leistungsfähig
als die $\dot\psi$-Methode. Dies beruht darauf, daß die Seitenkraft der Steuerflächen nicht voll für die Bahnänderung genutzt werden kann, da ihr die
Seitenkraft infolge des Schiebewinkels entgegengerichtet ist. Darüber
hinaus kann der Aufbau des Schiebewinkels bei der β-Methode zu einer ver-
stärkten Anregung der Dynamik der Seitenbewegung führen. Diese Überle-

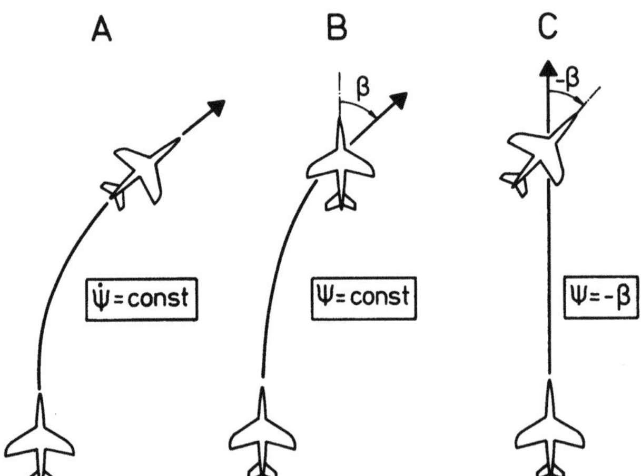

Bild 2.3.20. Anwendungsmöglichkeiten der direkten Seitenkraftsteuerung

A schiebefreie Kursänderung ohne Roll-Lage

B seitliches Versetzen mit konstanter Lage

C Änderung der Gierlage bei konstanter Bahn

gungen zeigen, daß mit der $\dot{\Psi}$-Methode die schnelleren Kursänderungen möglich sind. Der Vorteil der β-Methode besteht darin, daß seitliche Versetzungen unter Konstanthaltung der Gierlage durchgeführt werden können.

Im rechten Teil von Bild 2.3.20 ist noch eine dritte Anwendungsmöglichkeit gezeigt. Hier ändert das Flugzeug seine Gierlage, ohne daß eine Änderung der Flugbahn eintritt ($\Psi=-\beta$), wobei der Flügel in seiner horizontalen Lage verbleibt ($\Phi=0$). In diesem Fall dient die Seitenkraftsteuerfläche zum Ausgleich der Seitenkraft infolge des Schiebewinkels, damit keine (translatorische) Bewegung in seitlicher Richtung eintritt.

Im folgenden werden am Beispiel der Seitenwindlandung die Anwendungsmöglichkeiten der direkten Seitenkraftsteuerung zur Durchführung eines Fluges mit Schiebewinkel ohne Bahnänderung (bei horizontaler Flügellage) sowie die dazu erforderlichen Ruderausschläge betrachtet.

2.3.8 Seitenwindlandung

Konventionelle Steuertechnik

Die Möglichkeit zum Ausgleich der Schiebe-Seitenkraft durch die Seitenkraftsteuerflächen kann für eine Verbesserung der Landung mit Seitenwind genutzt werden (vgl. hierzu auch (4, 31, 35, 40)). Zur Erläuterung dieser Frage sei die Problematik der Seitenwindlandung kurz dargelegt. In Bild 2.3.21 ist gezeigt, welche Möglichkeiten zur Landung mit Seitenwind bei konventioneller Steuertechnik bestehen. Bei der im linken Bildteil dargestellten "Crab"-Methode ist der Geschwindigkeitsvektor (bezogen auf das erdfeste System) auf die Landebahn ausgerichtet, während die Flugzeuglängsachse in eine andere Richtung zeigt. Ihre Richtung ist dadurch bestimmt, daß die aus der Bewegung des Flugzeugs gegenüber der Erde und der Windgeschwindigkeit resultierende Anströmrichtung in der Symmetrie-Ebene des Flugzeugs liegt. Daher ist hier kein (aerodynamischer) Schiebewinkel vorhanden, so daß auch keine Kräfte in Seitenrichtung auftreten. Der Winkel zwischen Flugzeuglängsachse und Bewegungsrichtung gegenüber der Erde, der als "Crab"-Winkel bezeichnet wird, hängt von der Größe des Geschwindigkeitsvektors (relativ zur Erde) und der Windgeschwindigkeit ab. Die Tatsache, daß die Richtung der Flugzeuglängsachse nicht mit der Landebahnrichtung übereinstimmt, macht eine Drehbewegung des Flugzeugs um seine Gierachse unmittelbar vor dem Aufsetzen bzw. vor dem Lande-Rollvorgang erforder-

lich. Dadurch wird erreicht, daß das (üblicherweise nicht um die Hoch-
achse drehbare) Fahrwerk mit dem Flugzeug in die Landebahnrichtung gedreht wird und das Flugzeug in der korrekten Richtung ausrollt.

Bei der zweiten in Bild 2.3.21 dargestellten Methode zeigt zwar die
Längsachse des Flugzeugs in Richtung der Landebahn, jedoch wird das
Flugzeug nun nicht mehr symmetrisch angeströmt, so daß ein Schiebe-
winkel auftritt. Dieser Schiebewinkel, der zu der Bezeichnung Schiebe-

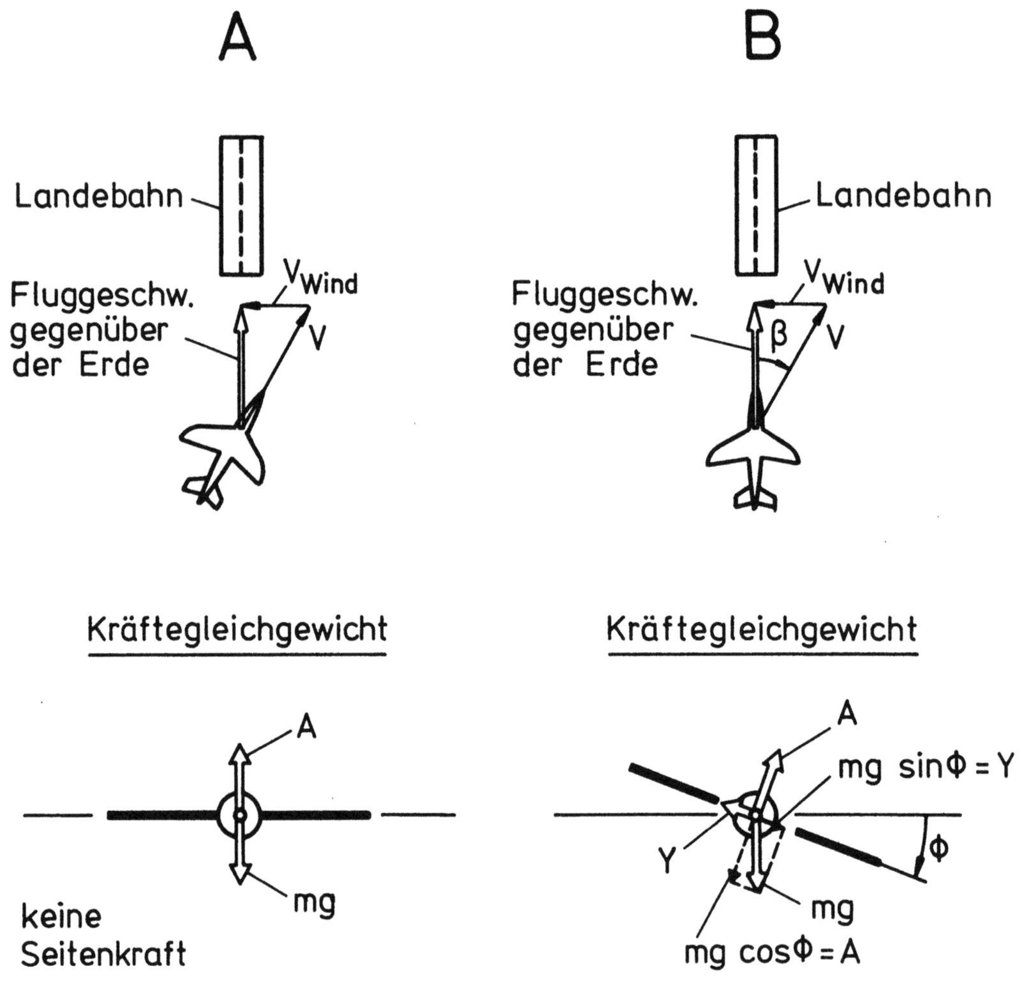

Bild 2.3.21. Konventionelle Methoden der Seitenwindlandung

A "Crab"-Methode

B Schiebewinkel-Methode

winkel-Methode geführt hat, ruft eine Seitenkraft hervor, zu deren
Ausgleich ein Hängewinkel erforderlich wird (vgl. hierzu die Darstellung des Kräftegleichgewichts in Bild 2.3.21). Als Nachteil des
Hängewinkels erweist es sich, daß die dem Wind zugewandte Flügelhälfte näher am Boden ist und daß bei Nichtaufrichten dieser Flügel-
seite unmittelbar vor dem Aufsetzen ein unsymmetrischer Landestoß auf
das Flugzeug einwirkt. Zu ergänzen bleibt, daß häufig eine Kombination
der beiden beschriebenen Methoden praktiziert wird.

Die Geschwindigkeitsdreiecke in Bild 2.3.21 machen deutlich, daß sowohl
für den Schiebewinkel als auch den "Crab"-Winkel die folgende Beziehung
gilt

$$\beta = \arcsin(V_{Wind}/V) \ .$$

Geht man nun davon aus, daß die Seitenwindgeschwindigkeit V_{Wind} bei der
Landung infolge der atmosphärischen Verhältnisse als vorgegebene Größe
anzusehen ist, so sagt diese Beziehung aus, daß die auszusteuernden
Schiebewinkel (bzw. "Crab"-Winkel) um so größer sind, je kleiner die
Anfluggeschwindigkeit V ist. Daraus folgt, daß hier insbesondere die
STOL-Flugzeuge mit ihren extrem niedrigen Landegeschwindigkeiten hohen
Forderungen unterliegen.

Seitenwindlandung mittels direkter Seitenkraftsteuerung

Bei der Seitenwindlandung kann die direkte Seitenkraftsteuerung den
Seitenkraftausgleich durch aerodynamische Mittel vornehmen und damit
den Anflug mit Schieben, jedoch ohne Hängewinkel ermöglichen. Dies
ist in Bild 2.3.22 erläutert. Dort ist der Vergleich zur "Crab"-Me-
thode mitaufgeführt. Die Darstellung zeigt, daß die direkte Seitenkraftsteuerung den Vorteil der "Crab"-Methode (d.i. kein Hängewinkel)
mit dem Vorteil der Schiebewinkel-Methode (d.i. kein Unterschied zwischen Flugzeuglängsachse und Landebahnrichtung) verbindet. Damit ermöglicht es die direkte Seitenkraftsteuerung, die Landung bei Seitenwind auf die gleiche Weise durchzuführen wie im Fall ohne Seitenwind.
Die beschriebene Anwendungsmöglichkeit der direkten Seitenkraftsteuerung gilt bis zu Schiebewinkelwerten, bis zu denen der Seitenkraftausgleich vollständig erreicht wird. Bei Werten, die über dem maximal
aussteuerbaren Schiebewinkel liegen, ist dann eine Kombination mit den
konventionellen Anflugmethoden notwendig.

Der zum Ausgleich des Schiebewinkels erforderliche Ausschlag der Seitenkraftsteuerflächen errechnet sich aus dem Kraft- und Momentengleichgewicht der Seitenbewegung, d.h. aus

$$Y = 0 \; ,$$
$$N = 0 \; ,$$
$$L = 0 \; .$$

Der Übergang auf die Beiwertschreibweise ergibt unter der Voraussetzung linearer Zusammenhänge

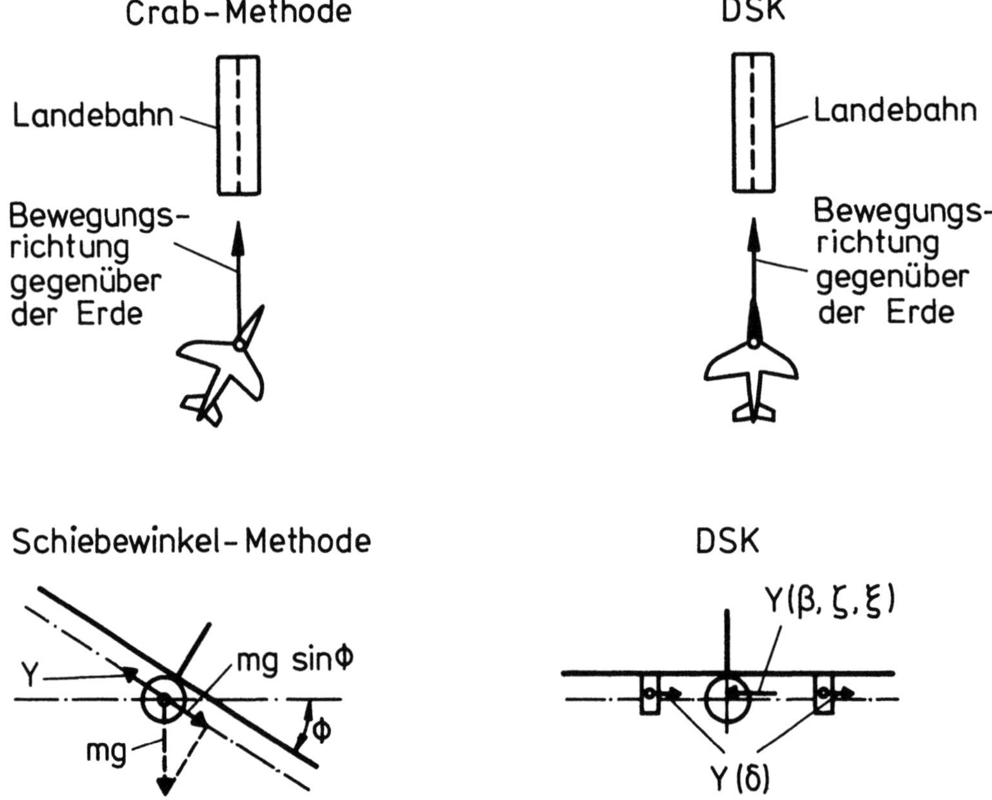

Bild 2.3.22. Seitenwindlandung: Vergleich der direkten Seitenkraftsteuerung (DSK) mit den konventionellen Methoden

$$\begin{pmatrix} C_{Y\delta} & C_{Y\zeta} & C_{Y\xi} \\ C_{Y\delta}(x_S - x_\delta)/s & C_{n\zeta} & C_{n\xi} \\ -C_{Y\delta}z_\delta/s & C_{l\zeta} & C_{l\xi} \end{pmatrix} \begin{pmatrix} \delta \\ \zeta \\ \xi \end{pmatrix} = - \begin{pmatrix} C_{Y\beta} \\ C_{n\beta} \\ C_{l\beta} \end{pmatrix} \beta \ . \qquad (2.3.31)$$

Mit der Zählerdeterminante

$$D_{\beta,\delta} = -C_{Y\beta}(C_{n\zeta}C_{l\xi}-C_{l\zeta}C_{n\xi})+C_{n\beta}(C_{Y\zeta}C_{l\xi}-C_{l\zeta}C_{Y\xi})-C_{l\beta}(C_{Y\zeta}C_{n\xi}-C_{n\zeta}C_{Y\xi}) \qquad (2.3.32a)$$

und der Nennerdeterminante

$$D = C_{Y\delta}\left[C_{n\zeta}C_{l\xi}-C_{l\zeta}C_{n\xi}+ \frac{x_\delta-x_S}{s}(C_{Y\zeta}C_{l\xi}-C_{l\zeta}C_{Y\xi})-\frac{z_\delta}{s}(C_{Y\zeta}C_{n\xi}-C_{n\zeta}C_{Y\xi})\right] \qquad (2.3.32b)$$

errechnet sich der für einen bestimmten Schiebewinkel erforderliche
Ausschlag der Seitenkraftsteuerfläche zu

$$\delta = \frac{D_{\beta,\delta}}{D}\,\beta \ . \qquad (2.3.33a)$$

Bei Vernachlässigbarkeit der Querruder-Terme $C_{Y\xi}$ und $C_{n\xi}$ ergibt sich
mit (2.3.29) der folgende Ausdruck

$$\delta = - \frac{C_{Y\beta} + (s/r_S)C_{n\beta}}{C_{Y\delta}\left(1 + (x_S - x_\delta)/r_S\right)}\,\beta \ . \qquad (2.3.33b)$$

In dieser Form wird auch deutlich, daß das Seitenruder wiederum die
Wirkung der Seitenkraftsteuerfläche verstärkt, wenn man eine Anordnung
am Rumpfbug wählt. Außerdem zeigt (2.3.33b), daß die volle Nutzung der
Seitenkraftsteuerflächen bereits dann erreicht wird, wenn der Seitenkraftangriffspunkt im Schwerpunkt liegt. Das heißt, daß der für Kursänderungsmanöver maßgebende Referenzwert $(x_\delta)_{Ref}$ hier keine Bedeutung
mehr hat. Ursache dafür ist die Tatsache, daß die Bewegung geradlinig
erfolgt und daher keine Bahnkrümmungseffekte auftreten.

Kombination mit den konventionellen Methoden

Der Ausgleich der durch den Schiebewinkel hervorgerufenen Seitenkraft
mit der direkten Seitenkraftsteuerung ist bis zu einer bestimmten Grenze
$\beta_{\delta max}$ möglich, die durch den maximalen Steuerflächen-Ausschlag δ_{max} bestimmt ist. Bei darüber liegenden Werten ist dann wiederum ein Hängewin-

kel zum Ausgleich der verbleibenden Schiebewinkel-Seitenkraft oder ein
"Crab"-Winkel erforderlich. Dies entspricht einer Kombination aus direkter Seitenkraftsteuerung und Schiebewinkel- oder "Crab"-Methode. Eine solche Kombination ermöglicht es, den Anflug mit kleineren Hängewin-
keln oder "Crab"-Winkeln durchzuführen als bei alleiniger Anwendung der
konventionellen Methoden.

Für das Kraft- und Momentengleichgewicht bei Kombination mit der Schiebewinkel-Methode gilt

$$Y = -mg \sin\Phi \ ,$$
$$N = 0 \ ,$$
$$L = 0 \ .$$

Mit $\sin\Phi \approx \Phi$ und $mg = C_{A0}(\rho/2)V_0^2 S$ ergibt der Übergang auf die Beiwertschreibweise bei linearen Zusammenhängen:

$$\begin{pmatrix} C_{A0} & C_{Y\zeta} & C_{Y\xi} \\ 0 & C_{n\zeta} & C_{n\xi} \\ 0 & C_{l\zeta} & C_{l\xi} \end{pmatrix} \begin{pmatrix} \Phi \\ \zeta - \zeta_{\delta max} \\ \xi - \xi_{\delta max} \end{pmatrix} = - \begin{pmatrix} C_{Y\beta} \\ C_{n\beta} \\ C_{l\beta} \end{pmatrix} (\beta - \beta_{\delta max}) \ . \quad (2.3.34)$$

Darin stellen $\beta_{\delta max}$ sowie $\zeta_{\delta max}$ und $\xi_{\delta max}$ diejenigen Werte dar, die
sich unter Vorgabe des Maximalwertes δ_{max} der Seitenkraftsteuerflä-
che aus (2.3.31) bzw. (2.3.33a,b) errechnen. Der darüber hinaus erforderliche Hängewinkel Φ kann dann aus (2.3.34) ermittelt werden. Im
Fall vernachlässigbarer Querruder-Terme $C_{Y\xi}$ und $C_{n\xi}$ erhält man

$$\Phi = - \frac{1}{C_{A0}} \left(\frac{s}{r_S} C_{n\beta} + C_{Y\beta} \right) (\beta - \beta_{\delta max}) \ . \quad (2.3.35)$$

2.3.9 Einfluß der Seitenkraftsteuerflächen auf die Stabilität

Derivative der Seitenbewegung - Schiebewinkeleinfluß

Die Seitenkraftsteuerflächen stellen luftkrafterzeugende Flächen dar,
die bei Bewegungsänderungen zu zusätzlichen Kräften und Momenten gegenüber dem Vergleichsfall des Flugzeugs ohne Seitenkraftsteuerflächen
führen. Daher beeinflussen sie auch die Stabilität. Zwei Ursachen für
das Entstehen derartiger Kräfte und Momente sind hierbei zu unterscheiden. Erstens entsteht unmittelbar an der Seitenkraftsteuerfläche infolge

der Bewegung des Flugzeugs eine Kraft, die sich über die isolierte Betrachtung dieses Bauteils näherungsweise erfassen läßt. Die zweite Ursache beruht auf der Interferenz zwischen der Seitenkraftsteuerfläche und dem Rumpf sowie dem Flügel, die - im Vergleich zu der unmittelbar an der Seitenkraftsteuerfläche entstehenden Kraft - von gleich großer Bedeutung sein kann. Die durch Interferenz entstehenden Kräfte und Momente können von konfigurationsbedingten Einzelheiten entscheidend abhängen und sind einer allgemeinen Betrachtungsweise nicht zugänglich. Demgegenüber lassen sich die erstgenannten Auswirkungen auf die im folgenden beschriebene, generelle Weise erfassen.

Ausgangspunkt der Betrachtung ist die Seitenkraft, die infolge eines Schiebewinkels an einer vertikal angeordneten Steuerfläche entsteht, Bild 2.3.23. Hierfür gilt auf linearisierter Basis

$$\Delta Y = Y_{DSK} = (C_{Y\beta})_{DSK} \beta_{DSK} \bar{q} \, S_{DSK}$$

und nach Übergang auf die Beiwertschreibweise (mit $\Delta Y = \Delta C_Y \bar{q} \, S$)

$$\Delta C_Y = (C_{Y\beta})_{DSK} (S_{DSK}/S) \beta_{DSK} \, . \tag{2.3.36}$$

Der Term β_{DSK} stellt darin den effektiven Schiebewinkel an der Steuerfläche dar, der infolge der Beeinflussung durch den Rumpf oder den Flügel vom Wert der freien Anströmung abweicht. Bei linearer Abhängigkeit gilt

$$\beta_{DSK} = \left(1 + \frac{\partial \bar{\beta}_w}{\partial \beta} \right) \beta \, , \tag{2.3.37}$$

wobei der Gradient $\partial \bar{\beta}_w / \partial \beta$ den Beeinflussungsfaktor angibt. Aus (2.3.36) folgt durch Ableitung nach β für die Änderung der Schiebe-Seitenkraft des Gesamtflugzeugs

$$\Delta C_{Y\beta} = \left(1 + \frac{\partial \bar{\beta}_w}{\partial \beta} \right) \frac{S_{DSK}}{S} (C_{Y\beta})_{DSK} \, . \tag{2.3.38a}$$

Setzt man im weiteren voraus, daß die Seitenkraftsteuerfläche voll verstellbar ist, so kann man unter Berücksichtigung der Vorzeichendefinition für δ und β auch schreiben

$$C_{Y\delta} = -(S_{DSK}/S) (C_{Y\beta})_{DSK} \, .$$

Damit gilt

$$\Delta C_{Y\beta} = -\left(1 + \frac{\partial \bar{\beta}_w}{\partial \beta}\right) C_{Y\delta} \ . \qquad (2.3.38b)$$

Ein Beispiel hierzu ist in Bild 2.3.24 dargestellt, das die Schiebe-Seitenkraft unter Einbeziehung der Interferenzeffekte für verschiedene Anordnungen der Steuerfläche am Rumpfbug zeigt.

Mit dem Seitenkraft-Derivativ nach (2.3.38a,b) ist auch die Darstellung des Schiebe-Gier- und Schiebe-Rollmomentes möglich. Für das Schiebe-Giermoment gilt auf linearisierter Basis unter Berücksichtigung des in Bild 2.3.23 dargestellten Hebelarms

$$\Delta N = N_{DSK} = (x_S - x_\delta) Y_{DSK} \ .$$

Der Übergang auf die Beiwertschreibweise liefert (mit $\Delta N = \Delta C_n \bar{q} \, S \, s$):

$$\Delta C_n = \frac{x_S - x_\delta}{s} \Delta C_{Y\beta} \beta \ .$$

Daraus errechnet sich mit (2.3.38b) die Änderung des Schiebe-Giermomentenderivativs zu

$$\Delta C_{n\beta} = - \frac{x_S - x_\delta}{s} \left(1 + \frac{\partial \bar{\beta}_w}{\partial \beta}\right) C_{Y\delta} \ . \qquad (2.3.39)$$

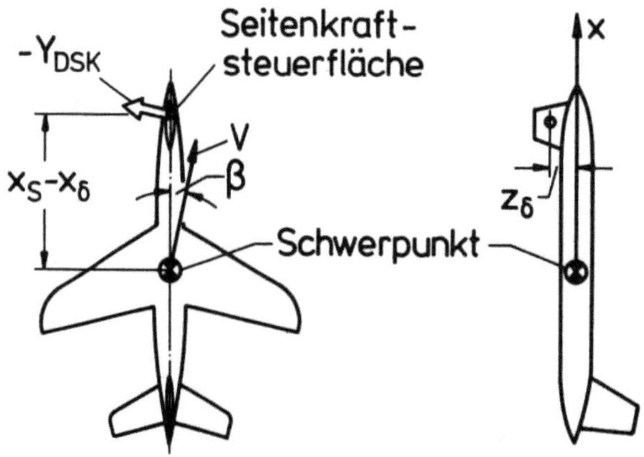

Bild 2.3.23. Schiebe-Seitenkraft der Steuerfläche

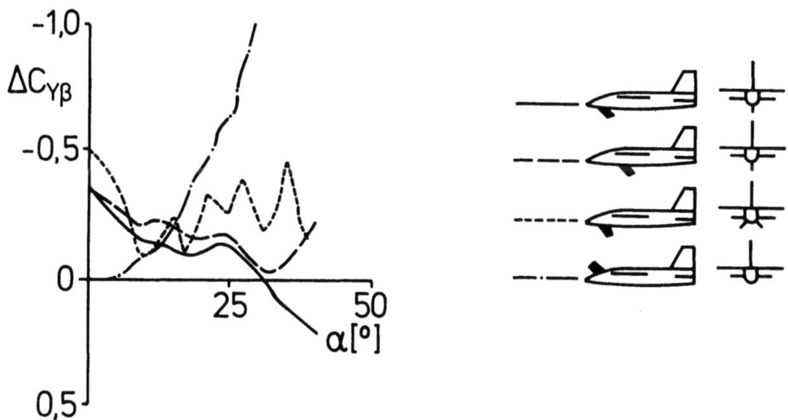

Bild 2.3.24. Schiebe-Seitenkraft von Bugsteuerflächen, nach (61)

Das Schiebe-Rollmoment schreibt sich unter Berücksichtigung des effektiven Hebelarms z_δ, Bild 2.3.23, in der folgenden Form

$$\Delta L = L_{DSK} = -Y_{DSK} z_\delta \ .$$

Die Änderung des zugehörigen Derivativs ergibt sich analog zur Vorgehensweise bei $\Delta C_{n\beta}$ zu

$$\Delta C_{1\beta} = \frac{z_\delta}{s} \left(1 + \frac{\partial \overline{\beta}_w}{\partial \beta}\right) C_{Y\delta} \ . \qquad (2.3.40)$$

Aus den Beziehungen (2.3.39) und (2.3.40) geht hervor, daß die Beeinflussung der Windfahnenstabilität $C_{n\beta}$ und des Schiebe-Rollmomentes $C_{1\beta}$ bei kleinen Hebelarmen unbedeutend ist. Dies trifft insbesondere dann für die Windfahnenstabilität zu, wenn die Steuerflächen in Schwerpunktnähe (bezogen auf die Längsrichtung des Flugzeugs) angeordnet sind und keine Interferenzeffekte auftreten. Ein solcher Fall kann bei Steuerflächen am Flügel vorliegen. Außerdem geht aus (2.3.39) hervor, daß die Anordnung der Seitenkraftsteuerflächen am Rumpfbug die Windfahnenstabilität verringert und somit einen destabilisierenden Einfluß ausübt. Ein Beispiel für die Beeinflussung der Windfahnenstabilität bei dem mit vertikalen Steuerflächen am Rumpfbug ausgerüsteten Flugzeug CCV YF-16 ist in Bild 2.3.25 dargestellt. Die darin gezeigten Werte umfassen die gesamte Wirkung der Seitenkraftsteuerflächen, d.h. sie berücksichtigen auch die Interferenzeffekte. Weiterhin ist in Bild 2.3.26 die Beeinflussung des Schiebe-Rollmomentes für die CCV YF-16 dargestellt. Auch hier beziehen die $C_{1\beta}$-Werte die Interferenzeffekte mit ein.

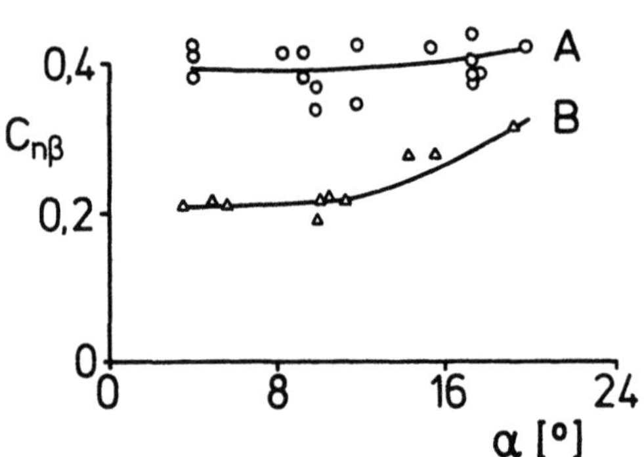

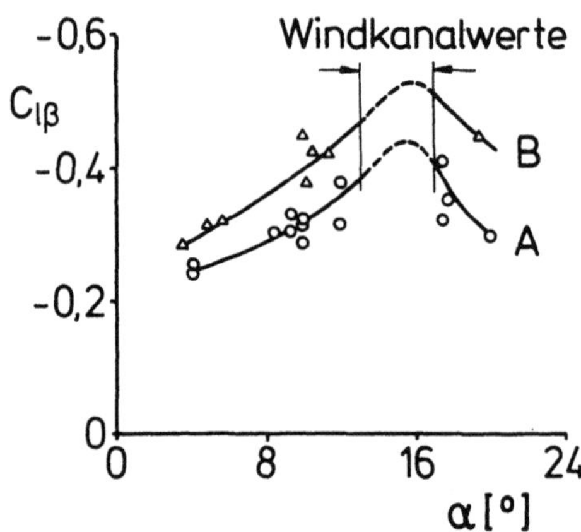

Bild 2.3.25. Einfluß vertikaler
Seitenkraftsteuerflächen auf die
Windfahnenstabilität, Flugversuch
(M = 0,6 ÷ 0,8), nach (72)

A ohne vertikale Steuerflächen
B mit vertikalen Steuerflächen

Bild 2.3.26. Einfluß vertikaler
Seitenkraftsteuerflächen auf das
Schiebe-Rollmoment, Flugversuch
(M = 0,6 ÷ 0,8), nach (72)

A ohne vertikale Steuerflächen
B mit vertikalen Steuerflächen

Derivative der Seitenbewegung - Drehgeschwindigkeitseinfluß

Außer den β-Derivativen ist durch die Seitenkraftsteuerfläche auch eine
Beeinflussung der "dynamischen" Derivative möglich, die die Wirkung von
Gier- und Rollwinkelgeschwindigkeit auf Seitenkraft sowie auf Roll- und
Giermoment beschreiben. Hierbei ist die Gierwinkelgeschwindigkeit der
bedeutsamere Faktor. Die Gierwinkelgeschwindigkeit führt am Ort der Seitenkraftsteuerfläche zu einer Änderung der Anströmung, die sich durch
einen effektiven Schiebewinkel $\beta_{eff}(r)$ erfassen läßt. Wie in Bild
2.3.27 graphisch erläutert, gilt hierfür auf linearisierter Basis

$$\beta_{eff}(r) = \frac{r(x_S - x_\delta)}{V} .$$

(2.3.41)

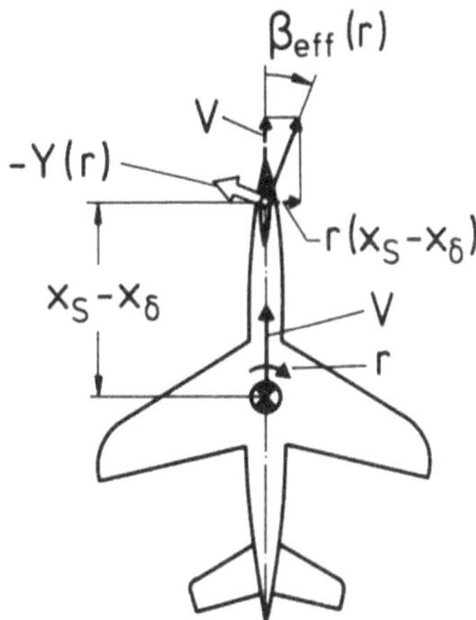

Bild 2.3.27. Anströmrichtung an der Seitenkraftsteuerfläche beim Gieren

Damit läßt sich die Beeinflussung der Kräfte und Momente auf den vorn behandelten Schiebewinkel-Fall zurückführen. Für die Gier-Seitenkraft gilt mit

$$\Delta Y = (C_{Y\beta})_{DSK}\,\beta_{eff}(r)\,\bar{q}\,S_{DSK}$$

dann

$$\Delta Y = (C_{Y\beta})_{DSK}\,(r/V)\,(x_S - x_\delta)\,\bar{q}\,S_{DSK}\;.$$

Der Übergang auf die Beiwertschreibweise ergibt unter Berücksichtigung der Definition des Winkelgeschwindigkeitsderivativs

$$C_{Yr} = \frac{\partial C_Y}{\partial(rs/V)}$$

den folgenden Ausdruck für die Änderung der Gier-Seitenkraft infolge der Steuerfläche

$$\Delta C_{Yr} = \frac{x_S - x_\delta}{s}\,\frac{S_{DSK}}{S}\,(C_{Y\beta})_{DSK}\;. \tag{2.3.42a}$$

Setzt man auch hier voll verstellbare Steuerflächen mit $C_{Y\delta}=-(S_{DSK}/S)\,(C_{Y\beta})_{DSK}$ voraus, so gilt

$$\Delta C_{Yr} = -C_{Y\delta}\,\frac{x_S - x_\delta}{s}\;. \tag{2.3.42b}$$

Die Änderung des Gierdämpfungsderivativs errechnet sich aus der Momentenbeziehung

$$\Delta N = \Delta Y (x_S - x_\delta)$$

zu

$$\Delta C_{nr} = -C_{Y\delta} \left(\frac{x_S - x_\delta}{s}\right)^2 . \qquad (2.3.43)$$

Analog dazu erhält man mit

$$\Delta L = -\Delta Y \, z_\delta$$

für die Änderung des Gier-Rollmomentes

$$\Delta C_{lr} = C_{Y\delta} \, \frac{z_\delta}{s} \, \frac{x_S - x_\delta}{s} . \qquad (2.3.44)$$

Derivative der Längsbewegung - Kopplungseinfluß

Eine Besonderheit stellen Kopplungseffekte dar, die die Seitenkraftsteuerflächen auf die Längsstabilität ausüben können. Ein Beispiel

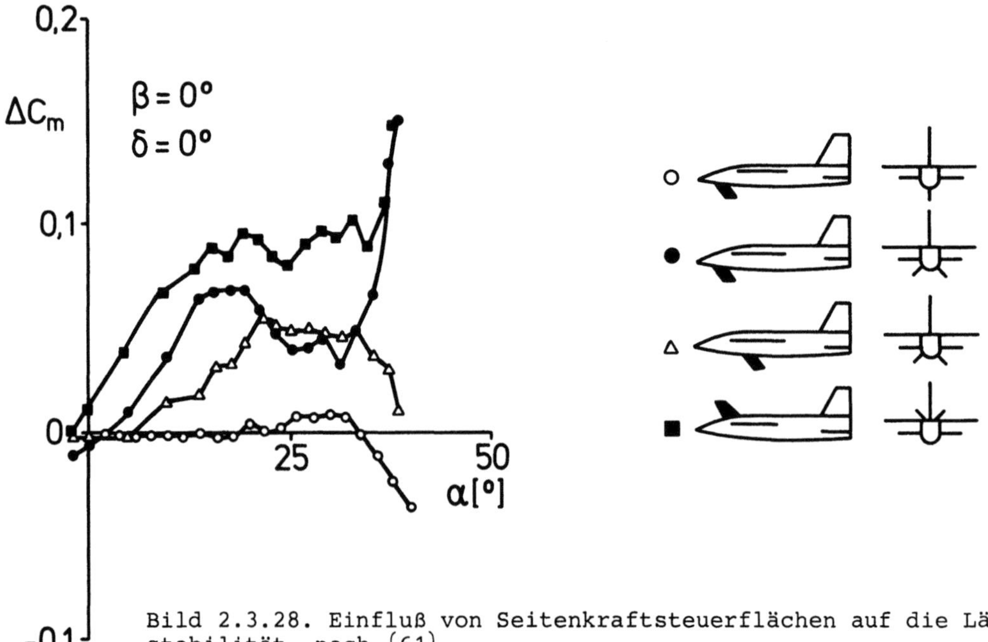

Bild 2.3.28. Einfluß von Seitenkraftsteuerflächen auf die Längsstabilität, nach (61)

hierzu ist in Bild 2.3.28 gezeigt. Dabei weisen diejenigen Konfigurationen, die aus einer Doppelanordnung der Steuerflächen mit V-Stellung bestehen, eine destabilisierende Wirkung im ersten Teil des betrachteten
Anstellwinkelbereichs auf. Demgegenüber verhält sich hier die Einfach-
steuerfläche neutral, da sie vertikal angeordnet ist und keine Flächen-
elemente in der horizontalen Ebene besitzt.

Dynamische Seitenstabilität

Als Folge der im vorangegangenen Abschnitt beschriebenen Änderungen
der aerodynamischen Derivative wird die dynamische Seitenstabilität
beeinflußt. Hierbei geht es um die Frage, welche Änderungen bei den
Eigenwerten und den Eigenbewegungsformen eintreten. Die Seitenbewegung
besteht normalerweise aus den folgenden drei Eigenbewegungen:

- Roll-Gier-Schwingung
- Rollbewegung
- Spiralbewegung

Die zugeordneten Eigenwerte sind näherungsweise durch die folgenden
Beziehungen gegeben (vgl. z.B. auch [45]):

Roll-Gier-Schwingung

$$\omega_{nRG}^2 \approx \frac{V_0^2}{\mu_S i_z^2}(C_{n\beta}+k_L C_{l\beta}) \quad,$$

$$\sigma_{RG} \approx \frac{V_0}{2\mu_S s}\left\{C_{Y\beta}+\left(\frac{s}{i_z}\right)^2(C_{nr}+k_L C_{lr})-\frac{(i_z/i_x)^2 C_{l\beta}/C_{n\beta}+k_L}{1+k_L C_{l\beta}/C_{n\beta}}\left[C_{A0}-\left(\frac{s}{i_z}\right)^2(C_{np}+k_L C_{lp})\right]\right\},$$

$$(2.3.45a)$$

Rollbewegung

$$s_R \approx \frac{V_0/s}{\mu_S}\frac{(s/i_x)^2}{1+k_L C_{l\beta}/C_{n\beta}}\left\{C_{lp}+k_L\left(\frac{i_x}{s}\right)^2 C_{A0}+\frac{C_{l\beta}}{C_{n\beta}}\left[\left(\frac{i_z}{s}\right)^2 C_{A0}-C_{np}\right]\right\} \quad, \quad (2.3.45b)$$

Spiralbewegung

$$s_S \approx -\frac{g}{V_0}\frac{C_{lr}C_{n\beta}-C_{l\beta}C_{nr}}{C_{lp}C_{n\beta}} \quad. \qquad (2.3.45c)$$

Für die darin verwendete Größe k_L gilt

$$k_L = I_{xz}/I_x \; .$$
(2.3.46)

Wenngleich der Gültigkeitsbereich der Näherungen eingeschränkt ist, so ergeben sich dennoch wichtige Aufschlüsse im Hinblick auf den Einfluß der Seitenkraftsteuerflächen. Untersucht man zunächst den Effekt, der sich aus der Änderung der Windfahnenstabilität $C_{n\beta}$ ergibt, so folgt aus (2.3.45a,b,c), daß hiervon insbesondere die Frequenz der Roll-Gier-Schwingung betroffen ist. Die für die Anordnung am Rumpfbug typische Verringerung der Windfahnenstabilität führt nach (2.3.45a) zu einer Verkleinerung von ω_{nRG}. Die Änderungen der Schiebe-Seitenkraft und des Schiebe-Rollmoments infolge der Seitenkraftsteuerfläche beeinflussen insbesondere die Dämpfung der Roll-Gier-Schwingung. Wie aus (2.3.45a) hervorgeht, bewirken die üblicherweise negativen $\Delta C_{Y\beta}$-Werte der Seitenkraftsteuerfläche eine Dämpfungserhöhung. Dies gilt auch in dem Fall, in dem Seitenkraftsteuerfläche am Flügel angebracht ist und sonst keine weiteren Auswirkungen auf die Gier- und Rollmomente vorhanden sind. Bei Verringerung des negativen $C_{l\beta}$-Wertes tritt normalerweise eine dämpfungserhöhende Änderung ein. Andererseits ergibt sich jedoch aufgrund der bekannten Wechselwirkung zwischen der Dämpfung der Roll-Gier-Schwingung und der Spiralbewegung eine Destabilisierung der letzteren Eigenbewegung.

Im Hinblick auf die Auswirkungen der dynamischen Derivative ist insbesondere die Änderung der Gierdämpfung C_{nr} zu berücksichtigen. Wie aus (2.3.43) hervorgeht, führt die Seitenkraftsteuerfläche zu einer betragsmäßigen Vergrößerung dieses Derivativs. Dies hat zur Folge, daß die Dämpfung der Roll-Gier-Schwingung erhöht wird.

Insgesamt gesehen bleibt festzustellen, daß unterschiedliche Auswirkungen möglich sind, wobei aus der Sicht der statischen Stabilität (Windfahnenstabilität) für die Bugsteueranordnung eine destabilisierende Wirkung vorherrscht, der in dynamischer Hinsicht die Verringerung der Frequenz der Roll-Gier-Schwingung entspricht. Demgegenüber kann die Dämpfung der Roll-Gier-Schwingung auf mehrfache Weise erhöht werden. Abschließend sind in Bild 2.3.29 die Auswirkungen der Seitenkraftsteuerfläche auf die dynamische Stabilität eines Flugzeugs am Beispiel der Roll-Gier-Schwingung gezeigt, die nach den vorangegangenen Näherungsbetrachtungen vergleichsweise stark betroffen ist. Hierbei sind zwei Konfigurationen betrachtet, von denen die eine mit Steuerflächen am Flügel und die andere mit Steuerflächen am Rumpfbug ausgerüstet ist.

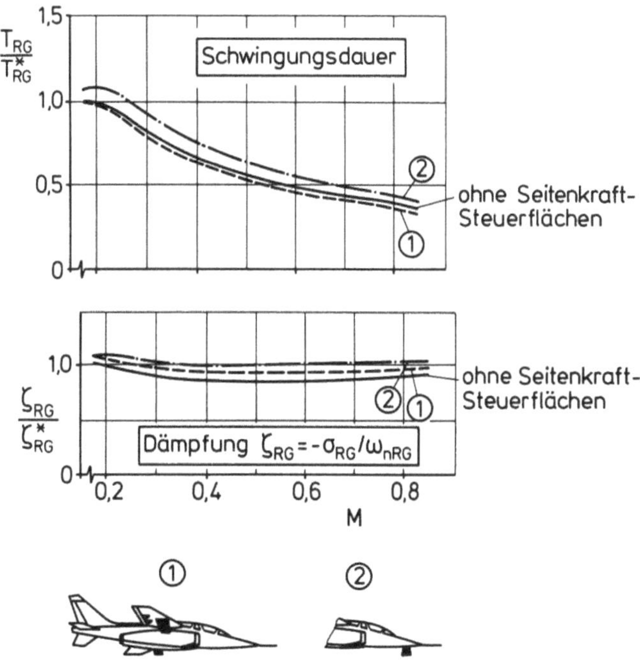

Bild 2.3.29. Einfluß von Seitenkraftsteuerflächen auf Schwingungsdauer T_{RG} und Dämpfungszahl ζ_{RG} der Roll-Gier-Schwingung, nach (3) (T_{RG}^{*} und ζ_{RG}^{*}: Werte des Flugzeugs ohne Seitenkraftsteuerflächen bei M=0,2)

2.4 Direkte Widerstandssteuerung

Die direkte Widerstandssteuerung stellt eine unmittelbare Beeinflussung der bahnparallelen Kräftebilanz dar, wie sie bereits in ähnlicher Weise mit Luftbremsen praktiziert wird. Damit sind Verzögerungsflüge mit großer negativer Beschleunigung oder steilere Landeanflüge unter Beibehaltung eines ausreichenden Schubniveaus möglich. Außerdem kann die direkte Einflußnahme auf den Widerstand zur Steuerung des Gleitwegs sowie zur Steuerung der Geschwindigkeit bei großen negativen Bahnwinkeln (Sturzflug) verwendet werden. Für eine wirksame Beeinflussung der

bahnparallelen Kräftebilanz kommen aerodynamische Steuerflächen sowie
auch verstellbare Flächen zur Umlenkung des Triebwerksstrahls in Betracht
(vgl. z.B. auch (14, 19, 38, 57)). Dabei ist auch eine Kombination mit
Steuerflächen möglich, die für andere Steuerungszwecke verwendbar sind.

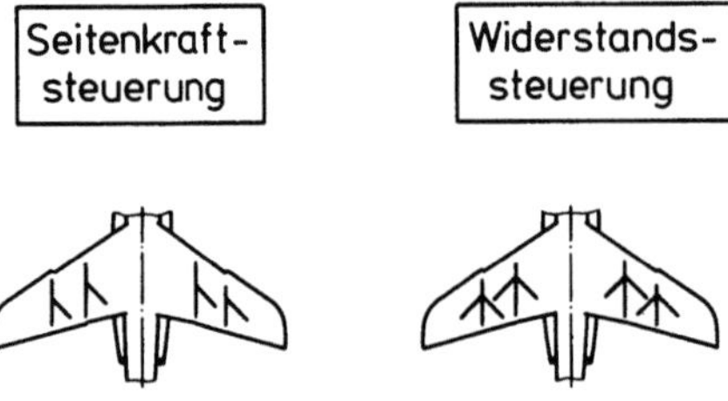

Bild 2.4.1. Verwendung von Spreizklappen zur Seitenkraft- und Widerstandssteuerung, nach (14)

Ein Beispiel hierzu ist in Bild 2.4.1 dargestellt, das die für den Alpha-
Jet untersuchte Möglichkeit zur direkten Kraftbeeinflussung zeigt. Hierzu
sind die am Flügel vorhandenen Pylons mit Spreizklappen ausgerüstet. Werden die Spreizklappen - wie im linken Bildteil dargestellt - nach einer
Seite hin ausgeschlagen, so wirkt auf das Flugzeug eine Seitenkraft, die
zur Anwendung für die direkte Seitenkraftsteuerung geeignet ist. Werden jedoch alle, beidseitig an den Pylons angebrachten Spreizklappen ausgeschlagen (rechter Bildteil), so entsteht ein Widerstand, der für die direkte Widerstandssteuerung nutzbar ist. Dies ist in Bild 2.4.2 näher erläutert, wo die erreichbaren Widerstandsbeiwerte sowie die Beeinflussung
des Nickmoments als Funktion des Spreizklappenausschlags dargestellt sind.
Der Vergleich mit dem Wert der Luftbremse macht die große Wirsamkeit
der Spreizklappen als Widerstandserzeuger deutlich.

Die erzielbaren Verzögerungen bestimmen sich aus der bahnparallelen
Kräftegleichung

$$m\,\dot{V} = F - W - mg\,\sin\gamma \ . \qquad\qquad (2.4.1)$$

Geht man von dem stationären Zustand

$$F_0 - W_0 - mg\,\sin\gamma_0 = 0$$

aus, so tritt - wenn man nur eine Widerstandsänderung ΔW bei Konstant-

haltung von Schub und Bahnwinkel betrachtet - die folgende Verzögerung
auf:

$$m\ \dot{V} = -\Delta W\ . \qquad\qquad (2.4.2)$$

Definiert man den in x-Richtung wirkenden Lastfaktor $n_x=\dot{V}/g$, der die
Verzögerung als Vielfaches der Erdbeschleunigung g angibt, so erhält
man aus (2.4.2)

$$n_x = -\ \frac{\Delta W}{mg}\ . \qquad\qquad (2.4.3)$$

Berücksichtigt man nun die Voraussetzung des konstanten Auftriebs

$$A = C_A\,(\rho/2)\,V^2 S = mg\ \cos\gamma_0\ ,$$

so gilt mit der Widerstandsbeeinflussung infolge des Ausschlags δ der
Widerstandssteuerfläche,

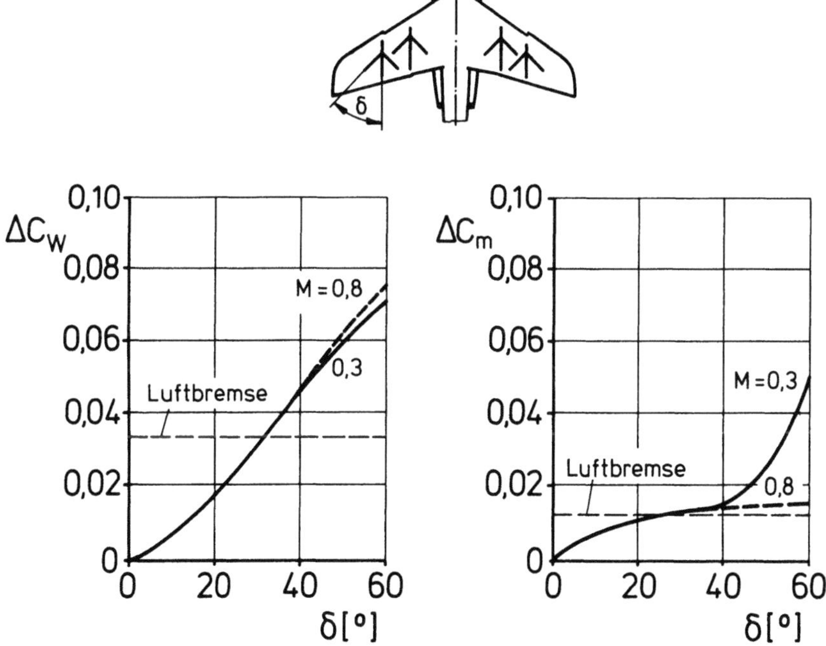

Bild 2.4.2. Einfluß symmetrischer Spreizklappenausschläge auf Widerstand und Nickmoment, nach (14)

$$\Delta W = \Delta C_W(\delta)\,(\rho/2)\,V^2 S \; ,$$

für den x-Lastfaktor beim Flug mit kleinem Bahnwinkel $(\cos\gamma_0 \approx 1)$

$$n_x = -\,\frac{\Delta C_W(\delta)}{C_A} \; . \tag{2.4.4}$$

Wie daraus hervorgeht, hängt die Verzögerung von C_A bzw. vom Staudruck ab. Dies bedeutet bei festem $\Delta C_W(\delta)$, daß die erzielbaren Verzögerungswerte mit Zunahme von C_A bzw. mit Verringerung der Geschwindigkeit zurückgehen. Mit der in Bild 2.4.2 dargestellten Widerstandsbeeinflussung ist es beim Alpha-Jet möglich, im bodennahen Flug bei einer Machzahl von M=0,6 Verzögerungen bis zu n_x=-1,25 g zu erzielen.

Literatur

1   Anders, H.: Untersuchungen zur Integration aktiver Steuerelemente
    in das Hochauftriebssystem eines Transporterflügels zur Manöver-,
    Böenlast- und direkten Auftriebssteuerung. Deutscher Luft- und
    Raumfahrt-Kongreß, DGLR-Nr. 78-111, 1978.

2   Barnes, A.G.; Haughton, D.E.A.; Colclough, C.: A simulator Study
    of Direct Lift Control. A.R.C. C.P. Nr. 1199, 1972.

3   Benner, W.; Wünnenberg, H.: Problematik und Realisierungsmöglich-
    keiten einer direkten Seitenkraftsteuerung bei Kampfflugzeugen.
    DGLR-Jahrestagung, DGLR-Nr. 74-84, 1974.

4   Boothe, E.M.; Ledder, H.J.: Direct Side Force Control for STOL
    Crosswind Landings. Journal of Aircraft, Band 10, S. 631-638, 1974.

5   Brockhaus, R.: Möglichkeiten der Entkopplung der Flugzeuglängsbe-
    wegung bei Einführung direkter Auftriebssteuerung. Zeitschrift für
    Flugwissenschaften, 18. Jahrg., S. 401-407, 1970.

6   Brulle, R.V.: Dive Bombing Simulation Results Using Direct Side
    Force Control Modes. AIAA Paper 77-1118, 1977.

7   Brüning, G.; Hafer, X.: Flugleistungen. Berlin, Heidelberg, New
    York: Springer 1978.

8   Carlson, E.F.: Direct Sideforce Control for Improved Weapon Delivery
    Accuracy. AIAA Paper Nr. 74-70, 1974.

9   Chalk, C.R.; Neal, T.P.; Harris, T.M.; Pritchard, F.E.: Background
    Information and User Guide for MIL-F-8785B (ASG), AFFDL TR 69-72,
    1969.

Literatur 217

10 Cleveland, F.A.: Size Effects in Conventional Aircraft Design.
   Journal of Aircraft, Band 7, S. 483-512, 1970.

11 Craig, A.: Flying Sideways during Landing Maneuvers. AIAA 2nd
   Atmospheric Flight Mechanics Conference, Informal Session, 1972.

12 Douglas Aircraft Company, Inc.: Simulator Study of Direct Lift Control
   during Carrier Landing Approaches. Report Nr. LB-31253, 1963.

13 Drake, D.E.: Direct Lift Control during Landing Approaches. AIAA
   Paper Nr. 65-316, 1965.

14 Esch, P.; Wünnenberg, H.: Direct Side Force and Drag Control with
   the Aid of Pylon Split Flaps. AGARD-CCP-262, S. 14-1 - 14-9, 1979.

15 Etheridge, J.D.; Mattlage, C.E.: Direct Lift Control as a Landing
   Approach Aid in the F-8C Airplane - Simulator and Flight Tests.
   Ling-Temco-Vought, Report Nr. 2-53310/4 R-175, 1964.

16 Ettinger, R.C.; Thigpen, D.: Flight Testing the Fighter CCV. The
   Society of Experimental Test Pilots, Technical Review, S. 60-78,
   1976.

17 Flora, C.C.: Dynamic Motions of Aircraft - Survey and Introduction.
   AGARD-CP-17, S. 3-20, 1966.

18 Gilbert, J.W.: A Theoretical and Flight Simulator Investigation
   of a Direct Lift Control System for a BAC One-Eleven Aircraft.
   ARC-Aero/S & C/160, 1972.

19 Gibbons, T.A.; Ostroff, H.H.: Vectored Lift Advanced Fighter
   Technology Integrator. SAE Paper Nr. 751079, 1975.

20 Gool, M.F.C.v.; Hanke, D.; Lange, H.-H.: Flight Path Angle Tracking
   Experiments in the DFVLR HFB 320 Equipped with Direct Lift Control.
   DFVLR, IB 154-75/32, 1975.

21 Hafer, X.: Flugeigenschaftsprobleme zukünftiger Transportflugzeug-
   entwicklungen. 13. Otto-Lilienthal-Vorlesung, Paris, 1972, in:
   Jahrbuch der DGLR, S. 27-50, 1972, und in: L'Aeronautique et
   l'Astronautique, Nr. 43, S. 37-52, 1973 (französische Fassung).

22 Hall, G.W.: A Flight Test Investigation of Direct Side Force Control.
   The Society of Experimental Test Pilots, Technical Review, Band 11,
   S. 74-89, 1972.

23 Hall, G.W.: A Flight Test Investigation of Direct Side Force Control.
   AFFDL-TR-71-106, 1971.

24 Hall, G.W.; Weingarten, N.C.; Lockenour, J.L.: An In-Flight
   Investigation of the Influence of Flying Qualities on Precision
   Weapons Delivery. AIAA Paper Nr. 73-783, 1973.

25 Hamel, P.G.; Wilhelm, K.K.; Hanke, D.H.; Lange, H.-H.: Steep Approach
   Flight Test Results of a Business-Type Aircraft with Direct Lift
   Control. AGARD-CP-160, S. 21-1 - 21-10, 1975.

26 Hanke, D.; Lange, H.-H.: Flugmechanische Probleme beim Landeanflug
   mit direkter Auftriebssteuerung am Beispiel der HFB 320 HANSA.
   DLR-Mitt. 74-10, S. 14-1 - 14-19, 1974.

27 Hanke, D.; Lange, H.-H.: Fliegbarkeitsuntersuchungen zur Anwendung der
    direkten Kraftsteuerung in der Längsbewegung. DGLR-Symposium "CCV-
    Technologien", DGLR-Nr. 76-238, 1976.

28 Hanke, D.; Lange, H.-H.: In-Flight Handling Qualities Investigation
    of Various Longitudinal Short Term Dynamics and Direct Lift Control
    Combinations for Flight Path Tracking Using the DFVLR HFB 320
    Variable Stability Aircraft. AGARD-CP-260, S. 21-1 - 21-10, 1979.

29 Heilmann, K.; Heumann, H.: CCV - Die Steuerung als Mittel beim Flug-
    zeugbau. Wehrtechnik, Nr. 2, S. 78-84, und Nr. 3, S. 26-29, 1976.

30 Jansen, G.R.: Flight Evaluation of Direct Lift Control on the
    DC-8 Super 63. The Society of Experimental Test Pilots, Technical
    Review, Band 9, S. 117-127, 1968.

31 Jenkins, H.W.M.: Direct Sideforce Control for STOL Transport Aircraft.
    AIAA Paper 73-887, 1973.

32 Johannes, R.P.; Whitmoyer, R.A.: AFFDL Experience in Active Control
    Technology. AGARD-CPP-262, S. 10-1 - 10-20, 1979.

33 Kehrer, W.T.: Longitudinal Stability and Control of Large Supersonic
    Aircraft at Low Speeds. AIAA Paper 64-586, 1964.

34 Kelley, W.W.: Simulator Evaluation of a Flight-Path-Angle Control
    System for a Transport Airplane with Direct Lift Control. NASA
    Technical Paper 1116, 1978.

35 Kohlman, D.L.; Ellis, D.R.: Direct Force Control for Light Airplanes.
    AIAA Paper Nr. 74-862, 1974.

36 Kohlman, D.L.; Brainerd, C.H.: Evaluation of Spoilers for Light
    Aircraft Flight Path Control. Journal of Aircraft, Band 11, S. 449-
    456, 1974.

37 Kriechbaum, G.K.L.; Larson, R.R.: A Study of Dedicated Control
    Surfaces for Direct Sideforce Control. AIAA 2nd Atmospheric Flight
    Mechanics Conference, Informal Session, 1972.

38 Kubbat, W.J.: Investigations on Direct Force Control for CCV
    Aircraft during Approach and Landing. AGARD-CP-160, S. 13-1 - 13-11,
    1975.

39 Kubbat, W.; Sensburg, O.: Recent Developments in Active Control
    Technology. AIAA Paper Nr. 79-0708, 1979.

40 La Burthe, C.; Petit, J.P.; Guillard, A.: Use of Direct Forces -
    Predictions and Flight Tests on a Light 6 Axis Variable Stability
    Aircraft of Princeton University. AGARD Flight Mechanics Panel
    Symposium "Stability and Control", Ottawa, Kanada, 1978.

41 Lee, J.A.; Johannes, R.P.: LAMS B-52 Flight Experiments in Direct
    Lift Control. SAE Paper 690406, 1969.

42 Lorenzetti, R.C.; Nelsen, G.L.; Johnson, R.W.: Computerized Design
    of Optimal Direct Lift Controller. Journal of Aircraft, Band 6,
    S. 137-143, 1969.

43 Lykken, L.O.; Shah, N.M.: Direct Lift Control for Improved Automatic
    Landing and Performance of Transport Aircraft. Journal of Aircraft,
    Band 9, S. 325-332, 1972.

44 McNeill, W.E.; Gerdes, R.M.; Innis, R.C.; Ratcliff, J.D.: A Flight
    Study of the Use of Direct-Lift-Control Flaps to Improve Station
    Keeping during In-Flight Refueling. NASA-TM-X-2936, 1973.

45 McRuer, D.; Ashkenas, I.; Graham, D.: Aircraft Dynamics and Automatic
    Control. Princeton: Princeton University Press, 1973.

46 Mercier, D.; Duffy, R.: Application of Direct Side Force Control to
    Commercial Transport. AIAA Paper Nr. 73-886, 1973.

47 Merkel, P.A.; Whitmoyer, R.A.: Development and Evaluation of
    Precision Control Modes for Fighter Aircraft. AIAA Paper Nr. 76-1950,
    1976.

48 Munser, H.J.; Sachs, G.; Wünnenberg, H.: Simulationsuntersuchungen
    zur direkten Seitenkraftsteuerung. Dornier Bericht Do 4.18/2, 1975.

49 Pinsker, W.J.G.: Direct Lift Control. The Aeronautical Journal of the
    Royal Aeronautical Society, Band 74, S. 817-825, 1970.

50 Pinsker, W.J.G.: The Control Characteristics of Aircraft Employing
    Direct-Lift Control. RAE Technical Report 68140, 1968, bzw. ARC R & M
    3629, 1970.

51 Poisson-Quinton, Ph.: Aerodynamic Controls for C.C.V. Aircraft.
    In: VKI Lecture Series "Active Control Technology", Von Karman
    Institute for Fluid Dynamics, Brüssel, 1978.

52 Poisson-Quinton, Ph.; Wanner, J.-C.: Evolution de la conception
    des avions grâce aux commandes automatiques généraliseés.
    L'Aeronautique et l'Astronautique, Nr. 71, S. 11-41, 1978.

53 Ramage, J.K.; Swortzel, F.R.: Design Considerations for Implementing
    Integrated Mission-Tailored Flight Control Modes. AGARD-CP-257,
    S. 16-1 - 16-18, 1978.

54 Re, R.J.; Capone, F.J.: An Investigation of a Close-Coupled Canard
    as a Direct Side-Force Generator on a Fighter Model at Mach
    Numbers from 0.40 to 0.90. NASA-TN-D-8510, 1977.

55 Rix, O.; Hanke, D.: In-Flight Measured Characteristics of Combined
    Flap-Spoiler Direct Lift Controls. AGARD-CPP-262, S. 16-1 - 16-22,
    1979.

56 Rolls, L.S.; Cook, A.M.; Innis, R.C.: Flight-Determined Aerodynamic
    Properties of a Jet-Augmented, Auxiliary-Flap, Direct-Lift-Control
    System Including Correlation with Wind-Tunnel Results. NASA-TN-D-
    5128, 1969.

57 Rosenthal, G.: Fairchild Republic Advanced Fighter Technology
    Integrator, (AFTI)-Phase 1, Program Review. SAE Paper Nr. 751077,
    1975.

58 Schänzer, G.: Direct Lift Control for Flight Path Control and Gust
    Alleviation. AGARD-CP-160, S. 26-1 - 26-14, 1978

59 Smith, M.R.: Direct Lift Control Applications to Transport Aircraft
    - A U.K. Viewpoint. AGARD-CP-160, S. 12-1 - 12-5, 1975.

60 Smith, L.R.; Prilliman, F.W.; Slingerland, R.D.: Direct Lift Control
    as a Landing Approach Aid. AIAA Paper Nr. 66-14, 1966.

61 Sonnleitner, W.: Parametrische Untersuchungen zur Anwendbarkeit von
    Kinnrudern bei größeren Anstellwinkeln. DGLR/HOG Jahrestagung,
    DGLR-Nr. 78-112, 1978.

62 Sonnleitner, W.: Windtunnel Investigations of Controls for DF on a
    Fighter-Type Configuration at Higher Angles of Attack. AGARD Fluid
    Dynamics Panel Symposium "Aerodynamic Characteristics of Controls",
    Neapel, 1979.

63 Stickle, J.W.; Patton, J.M.: Flight Tests of a Direct Lift Control
    System during Approach and Landing. NASA-TN-D-4854, 1968.

64 Stumpfl, S.C.; Whitmoyer, R.A.: Horizontal Canards for Two-Axis CCV
    Fighter Control. AGARD-CP-157, S. 6-1 - 6-8, 1975.

65 Swortzel, F.R.; Barfield, A.F.: The Fighter CCV Program - Demonstrating
    New Control Methods for Tactical Aircraft. AIAA Paper Nr. 76-889, 1976.

66 Swortzel, F.R.; McAllister, J.D.: Design Guidance from Fighter CCV
    Flight Evaluations. AGARD-CP-260, S. 18-1 - 18-21, 1979.

67 Thigpen, D.J.; Whitmoyer, R.A.; Merkel, P.A.: Flight Test Status of
    the Fighter CCV. AIAA Paper Nr. 76-884, 1976.

68 Tomlinson, B.N.: Direct Lift Control in a Large Transport Aircraft
    - A Simulator Study of Proportional DLC. RAE Technical Report 72154,
    1972.

69 Watson, J.H.; McAllister, J.D.: Direct-Force Flight-Path Control -
    The New Way to Fly. AIAA Paper Nr. 77-1119, 1977.

70 Weise,K.; Griem, H.: Führungs- und Fliegbarkeitsverbesserung im
    flughafennahen Bereich und bei der Landung. Statusseminar 1977
    "Luftfahrtforschung und Luftfahrttechnologie", Bundesministerium
    für Forschung und Technologie, S. 152-171, 1978.

71 Wendl, M.J.: Additional Degrees of Freedom. AGARD-LS-89, S. 7-1 -
    7-19, 1977.

72 Whitmoyer, R.A.: Aerodynamic Interactions on the Fighter CCV Test
    Aircraft. AGARD-CP-235, S. 16-1 - 16-13, 1978.

73 Wünnenberg, H.; Kubbat, W.: Advanced Control Concepts for Future
    Fighter Aircraft. AGARD-CP-241, S. 8-1 - 8-15, 1978.

74 Wünnenberg, H.; Sachs, G.: Direkte Seitenkraftsteuerung - Möglich-
    keiten und Probleme einer Anwendung bei Kampfflugzeugen. DGLR-
    Symposium "CCV-Technologien", DGLR Nr. 76-239, 1976.

75 Military Specification - Flying Qualities of Piloted Airplanes.
    MIL-F-8785B(ASG), 1969.

3 Weitere Anwendungsmöglichkeiten der aktiven Steuerungstechnologie

3.1 Überblick

Die aktive Steuerungstechnologie bietet weitere Anwendungsmöglichkeiten, die zur Verbesserung der Flugleistungen, der Flugeigenschaften oder der Manövrierbarkeit sowie zur Ausweitung des Flugbereichs geeignet sind. Sie sind in der folgenden Zusammenstellung angegeben:

- Künstliche Seitenstabilität

- Automatische Manöverklappen / variable Flügelwölbung

- Manöverlaststeuerung

- Böenabminderung

- Aktive Flatterunterdrückung

Zu diesen Anwendungsmöglichkeiten sowie auch zu weitergehenden Fragen liegt eine Vielzahl von Untersuchungen vor, (1-7, 9-14, 16-20, 22, 25-60, 62-65, 67, 69-75). Die folgenden Kapitel befassen sich mit den Hauptmerkmalen der einzelnen Konzeptionen und geben einen Überblick über Wirkungsweise und Anwendungsbereich. Die hier gesondert betrachteten Konzeptionen sind in Kombination miteinander sowie auch mit den Entwurfsüberlegungen in den vorangegangenen Kapiteln zu sehen, da dann der größte Nutzen zu erwarten ist.

3.2 Künstliche Seitenstabilität

3.2.1 Stabilitäts- und Trimmforderungen

Das Seitenleitwerk hat zwei Arten von Forderungen zu erfüllen. Erstens muß es die zur Stabilisierung des Gesamtflugzeugs erforderlichen Rückstellmomente aufbringen, um insbesondere dem instabilen Rumpfmoment

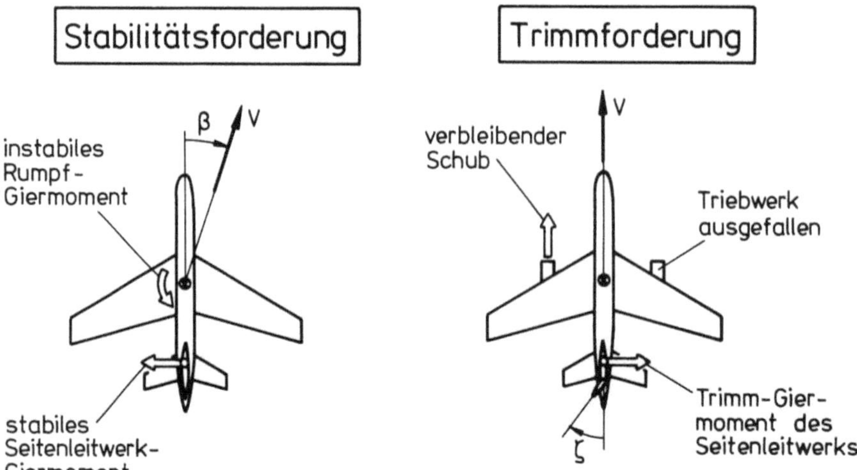

Bild 3.2.1. Stabilitäts- und Trimm-Giermoment des Seitenleitwerks

entgegenzuwirken und darüber hinaus für ein ausreichendes Stabilitätsniveau zu sorgen (vgl. hierzu Bild 3.2.1, linker Teil). Zweitens muß
das Leitwerk ausreichende Trimm-Giermomente aufbringen können, um bestimmte unsymmetrische Flugzustände auszusteuern. Als Beispiel hierfür
ist im rechten Teil von Bild 3.2.1 der unsymmetrische Triebwerksausfall
dargestellt. Sofern die Trimmforderung für die Bemessung der Seiten-
leitwerksgröße bestimmend ist, ist eine Verkleinerung des Seitenleitwerks durch den Übergang auf künstliche Seitenstabilität nicht möglich.
Ist dagegen die Stabilitätsforderung für die Dimensionierung des Seitenleitwerks maßgebend, so kann die bei künstlicher Stabilisierung
mögliche Verkleinerung des Seitenleitwerks zur Verbesserung der Flugleistungen genutzt werden. Dies führt zu einer Verringerung des Wider-
standsbeitrags des Seitenleitwerks infolge Verkleinerung der benetzten
Oberfläche sowie zu einer Reduzierung des Strukturgewichts.

Die grundsätzliche Wirkungsweise eines künstlichen Stabilisierungssy-
stems ist in Bild 3.2.2 erläutert. Zunächst ist dort im linken Bildteil der Fall natürlicher Stabilität gezeigt. Hier führt die Schräg-
anströmung des Leitwerks zu einem Rückführmoment, das der Auslenkung
des Flugzeugs aus der Bahnrichtung entgegenwirkt. Die stabilisierende
Wirkung des Leitwerks hängt dabei von der Relation des örtlichen
Schiebewinkels $\beta_{\text{örtl}}$ zum Wert β der freien Anströmung ab. Durch Interferenzeinflüsse der Flügel-Rumpf-Umströmung kann der Seitenwindfaktor

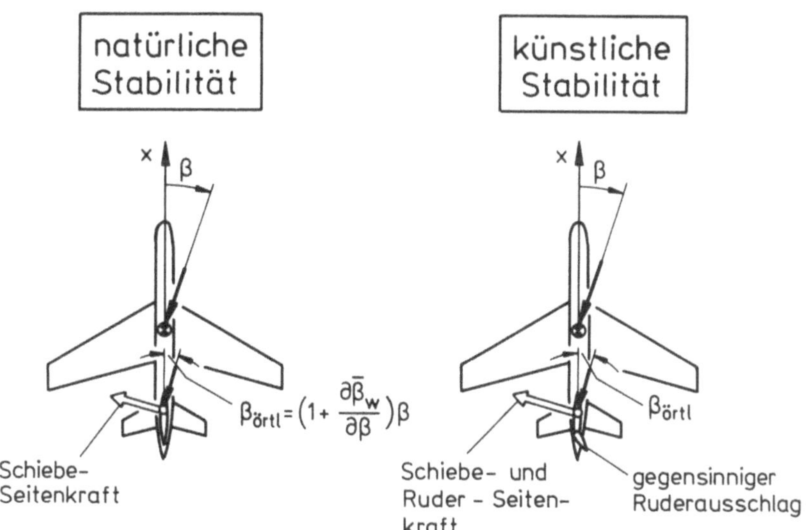

Bild 3.2.2. Natürliche und künstliche Seitenstabilität

$\partial \overline{\beta}_w / \partial \beta$ ein positives oder negatives Vorzeichen haben (vgl. z.B. (61)).
Bei künstlicher Stabilisierung wird - wie im rechten Bildteil gezeigt
ist - das Ruder gegensinnig zum Schiebewinkel ausgeschlagen. Daher
tritt hier eine größere Seitenkraft als bei alleiniger Wirkung des
Seitenleitwerks mit festem Ruder ein. Bemerkenswert ist hierbei, daß
die Ruder-Seitenkraft von den örtlichen Seitenwindverhältnissen unabhängig ist, so daß auch bei ungünstiger Anströmung ihre Wirkung voll
erhalten bleibt. Der beschriebene Effekt des künstlich aufgebrachten
Ruderausschlags kann nun dazu genutzt werden, das Seitenleitwerk zu
verkleinern und trotzdem ein ausreichendes Stabilitätsniveau zu erzielen.

3.2.2 Flug mit hohem Anstellwinkel und Überschallbereich

In zwei Flugbereichen werden zur Erzielung ausreichender Richtungsstabilität besonders hohe Anforderungen an die notwendige Größe des
Seitenleitwerks gestellt, dementsprechend fallen hier die erzielbaren
Einsparungen an Leitwerksfläche beim Übergang auf künstliche Richtungsstabilität stärker ins Gewicht. Diese beiden Flugbereiche sind
der Flug mit hohem Anstellwinkel und der Flug bei Überschall-Machzah-
len. Beim Flug mit hohem Anstellwinkel liegen dic vom Rumpf abgehen-
den Wirbel relativ hoch zum Seitenleitwerk, wodurch - wie in Bild

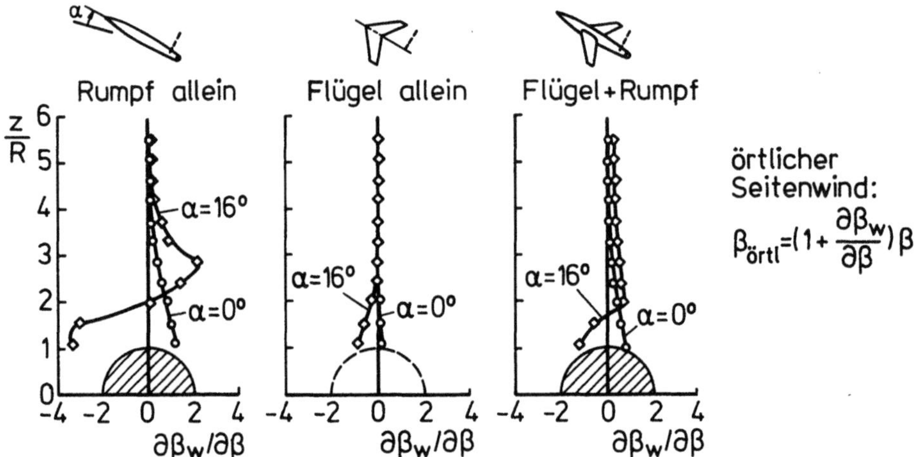

Bild 3.2.3. Destabilisierender Seitenwind am Seitenleitwerk bei hohen Anstellwinkeln, nach (66)

3.2.3 erläutert ist - der untere Teil des Seitenleitwerks zunehmend unwirksam gemacht wird. Dies kann sogar dazu führen, daß hier ein instabiler Beitrag entsteht. Daher nimmt im hohen Anstellwinkelbereich die Windfahnenstabilität des Flugzeugs ab. Ein Beispiel hierzu ist in Bild 3.2.4 dargestellt. Außerdem gilt für diesen Fall, daß die Ruderwirsamkeit nahezu unverändert bleibt. Dies bedeutet, daß ein künstliches Stabiliserungssystem, das zum Beispiel schiebewinkelproportionale Gegenruderausschläge erzeugt, die Wirkung des Seitenruders unvermindert nutzen kann. Hier liegt demnach - wie vorn angedeutet - ein günstiger Effekt für die Realisierung der künstlichen Richtungsstabilität insofern vor, als die erzeugbaren Stabilisierungsmomente von den Seitenwindverhältnissen weniger abhängig sind, da das Seitenruder weiterhin wirksam bleibt. Dies bedeutet, daß in einem solchen Fall der Übergang auf künstliche Stabilität besonders deutliche Leitwerksverkleinerungen ermöglicht.

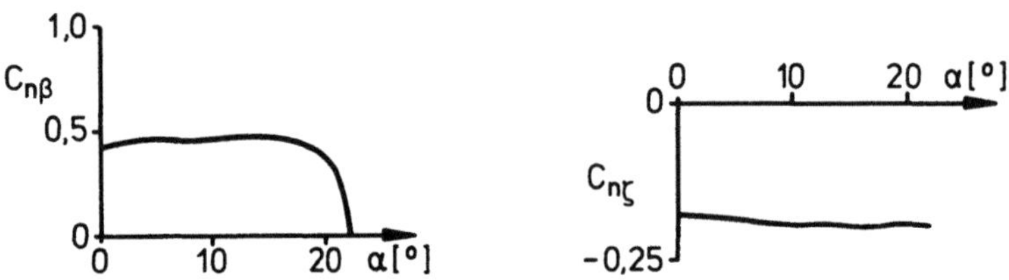

Bild 3.2.4. Einfluß des Anstellwinkels auf Windfahnenstabilität $C_{n\beta}$ und Seitenruderwirksamkeit $C_{n\zeta}$ am Beispiel eines Hochleistungsflugzeugs, nach (68)

Der zweite Flugbereich, bei dem infolge Verringerung der natürlichen
Windfahnenstabilität große Leitwerksflächen notwendig werden, ist der
Flug im Überschall. Ursache hierfür ist die Tatsache, daß im Überschall ganz allgemein eine Verringerung des aerodynamischen Kraft-
gradienten einer auftriebserzeugenden Fläche eintritt. Für das Seitenleitwerk bedeutet dies, daß der Seitenkraftgradient bezüglich des
Schiebewinkels β zurückgeht und daher der stabilisierende Beitrag zum
Gesamtgiermoment mit wachsender Machzahl deutlich abnimmt. Ein Beispiel hierzu ist in Bild 3.2.5 dargestellt. Im Gegensatz zur Abnahme
des Seitenleitwerksmomentes wird das instabile Rumpfmoment weniger
stark geändert. Dies äußert sich - wie ebenfalls in Bild 3.2.5 gezeigt - darin, daß der Gesamtwert des Schiebe-Giermomentes weitgehend
der Abnahme des Seitenleitwerksbeitrags folgt. Bei der in Bild 3.2.5
dargestellten Giermomentencharakteristik, die im Rahmen des Boeing-
Überschallprojekts untersucht wurde, wäre nach (40) eine Vergrößerung
der Seitenleitwerksfläche auf etwa den dreifachen Wert notwendig ge-
wesen, um bei M=2,7 das gleiche natürliche Stabilitätsniveau zu erreichen wie bei M=0,9. Aus diesen Angaben wird deutlich, daß auch
hier der Übergang auf künstliche Stabilität die Anforderungen an die
notwendige Leitwerksgröße erheblich verringern kann. Dies gilt auch
bei Berücksichtigung der Tatsache, daß die Ruderwirksamkeit im Überschall ebenfalls zurückgeht (vgl. hierzu Bild 3.2.6). Diesem Effekt
der verringerten Ruderwirksamkeit kann man jedoch dadurch entgegenwirken, daß das Stabilisierungssystem den Betrag des Ruderausschlags
ζ entsprechend der Reduzierung der Ruderwirksamkeit $C_{n\zeta}$ erhöht, so daß
das künstliche $\Delta C_n(\zeta)=C_{n\zeta}\zeta$ auf einem insgesamt ausreichenden Niveau
gehalten wird.

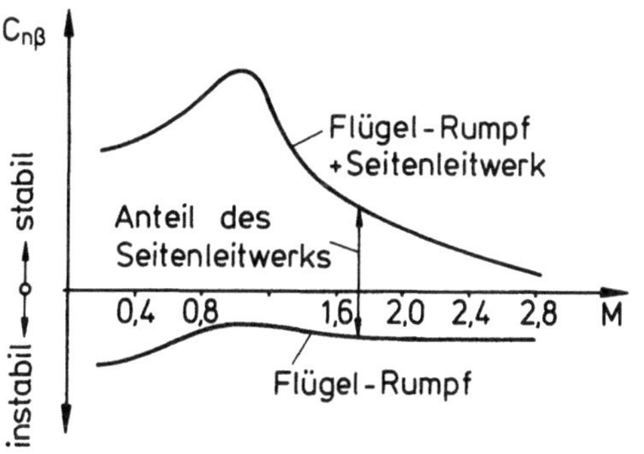

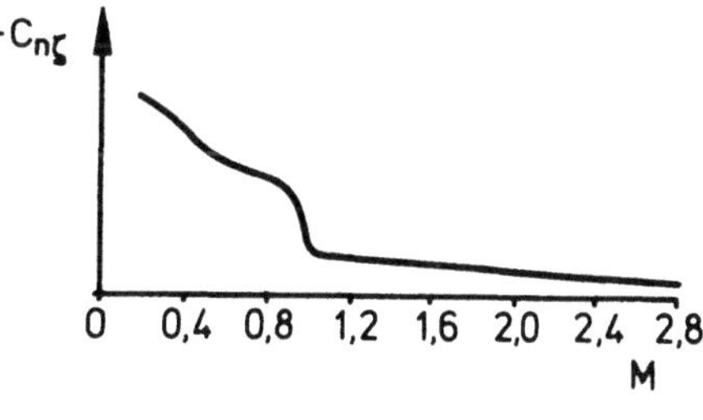

Bild 3.2.5. Abnahme der Windfahnenstabilität im Überschall,
nach (40)

Bild 3.2.6. Ruderwirksamkeit
im Überschall, nach (40)

3.3 Automatische Manöverklappen, variable Flügelwölbung

3.3.1 Flugleistungsbetrachtung

Bei bestimmten Flugaufgaben und Manövern ist ein hoher Auftriebsbeiwert erforderlich. Gleichzeitig kommt es darauf an, den Widerstand
gering zu halten, um bestmögliche Flugleistungen zu erzielen. Ein Beispiel hierzu ist der Kurvenflug, wenn - insbesondere im Hinblick auf
den Manöverflug bei höheren Unterschallmachzahlen - eine möglichst
schnelle Kursänderung bei hohem Auftriebsbeiwert erzielt werden soll.
Auch der Steigflug unmittelbar nach dem Abheben stellt ein Beispiel
für einen Flug mit hohem Auftriebsbeiwert dar, bei dem zur Erzielung
möglichst guter Steigleistungen ein geringer Widerstand erforderlich
ist. Die angeschnittenen Fragen seien für den Kurvenflug näher erläutert. Ein wichtiger Flugleistungsparameter ist hier die erzielbare
Wendegeschwindigkeit, wobei die Abhängigkeit von der Gleitzahl c_W/c_A
bei vorgegebener Geschwindigkeit zu untersuchen ist. Auch der Treibstoffverbrauch spielt in dem betrachteten Zusammenhang eine Rolle, da
er bei länger andauernden Manöver- bzw. Kurvenflügen für die Gesamt-
flugdauer zu berücksichtigen ist.

Die Kursänderungsgeschwindigkeit ergibt sich aus der Fliehkraftglei-
chung (vgl. hierzu auch Bild 2.3.3)

$$Z = A \sin\Phi$$

mit

$$Z = m \, V \dot{\chi}$$

zu

$$\dot{\chi} = \frac{A}{m \, V} \sin\Phi \; . \tag{3.3.1}$$

Mit

$$A \cos\Phi = mg$$

und der Lastfaktor-Beziehung

$$A = n \, mg$$

erhält man

$$\dot{\chi} = \frac{g}{V} \sqrt{n^2 - 1} \; . \tag{3.3.2}$$

Berücksichtigt man das bahnparallele Kraftgleichgewicht

$$F = W \; ,$$

das wegen A=nmg auch in der Form

$$\frac{F}{mg} = n\,\frac{W}{A} = n\,\frac{C_W}{C_A}$$

geschrieben werden kann, so erhält man durch Elimination von n aus
(3.3.2) die folgende Beziehung für die Wendegeschwindigkeit:

$$\dot{\chi} = \frac{g}{V}\,\sqrt{\left(\frac{F}{mg}\right)^2 - \left(\frac{C_W}{C_A}\right)^2}\,\frac{C_A}{C_W}\;.\qquad\qquad(3.3.3)$$

Diese Beziehung sagt aus, daß - bei vorgegebenen Werten von V und C_A -
die erzielbare Kursänderungsgeschwindigkeit um so größer ist, je kleiner die Gleitzahl C_W/C_A ist, wobei aufgrund des nichtlinearen Zusam-
menhangs die Steigerung von $\dot{\chi}$ infolge einer Reduktion von C_W/C_A überproportional anwächst. Dieser Effekt geht auch aus der Darstellung von
Bild 3.3.1 hervor, das die auf g/V bezogene Wendegeschwindigkeit $\dot{\chi}$ als
Funktion von C_W/C_A zeigt.

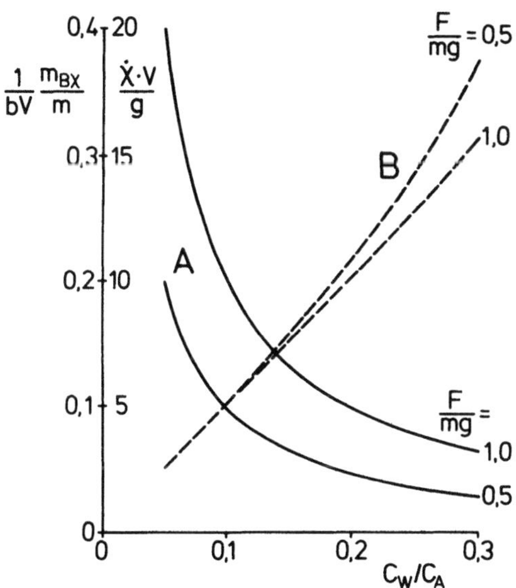

Bild 3.3.1. Einfluß von Widerstand und Schub auf die erreichbaren
Kurvenflugleistungen

A Wendegeschwindigkeit $\dot{\chi}V/g$

B Kraftstoffverbrauch $(m_{B\chi}/m)/(bV)$

Der zweite zu untersuchende Kurven-Flugleistungsparameter ist der
Kraftstoffverbrauch. Mit der Zeit t zum Erzielen einer Kursänderung
$\chi=\dot{\chi}t$ gilt für den Kraftstoffverbrauch

$$m_B = \dot{m}_B t \; . \tag{3.3.4}$$

Darin kennzeichnet $\dot{m}_B$ den zeitlichen Kraftstoffdurchsatz, der mit dem
spezifischen Verbrauch b und dem Schub auf folgende Weise verknüpft
ist

$$\dot{m}_B = b \, F \; .$$

Bezieht man nun den Kraftstoffverbrauch auf den Kurswinkel χ,

$$m_{B\chi} = m_B / \chi \; ,$$

und berücksichtigt die beim stationären Kurvenflug gültige Relation

$$\chi = \dot{\chi}t \; ,$$

so schreibt sich

$$m_{B\chi} = b \, \frac{F}{\dot{\chi}} \; . \tag{3.3.5}$$

Damit kann die oben hergeleitete Beziehung (3.3.3) für die Wendegeschwindigkeit auch hier angewandt werden. Man erhält für den auf die
Flugzeugmasse m bezogenen Kraftstoffverbrauch pro Winkeleinheit Kursänderung

$$\frac{m_{B\chi}}{m} = \frac{b \, V}{\sqrt{\left(\dfrac{F}{mg}\right)^2 - \left(\dfrac{C_W}{C_A}\right)^2}} \; \frac{F}{mg} \, \frac{C_W}{C_A} \; . \tag{3.3.6}$$

Für kleine Gleitzahlen C_W/C_A oder für sehr schubstarke Flugzeuge mit
$F^2/(mg)^2 \gg (C_W/C_A)^2$ verschwindet der Schubeinfluß und man kann näherungsweise schreiben

$$\frac{m_{B\chi}}{m} \approx b \, V \, \frac{C_W}{C_A} \; .$$

Hier ist wiederum - wie auch aus Bild 3.3.1 hervorgeht - die Gleitzahl
C_W/C_A von maßgeblichem Einfluß.

3.3.2 Widerstand und Auftrieb

Nunmehr stellt sich die Frage, auf welche Weise die jeweils bestmögliche
Gleitzahl eines Flugzeugs bei größeren c_A-Werten erzielt werden kann.
Hierzu ist in Bild 3.3.2 die Polare eines Flugzeugs bei ein- und ausgefahrenen Klappen dargestellt. Daraus geht hervor, daß bei niedrigen Auftriebsbeiwerten die Konfiguration "Klappen eingefahren" ($\eta_K=0$) die beste
Gleitzahl aufweist. Bei höheren Auftriebsbeiwerten jedoch verschieben
sich die jeweils besten Gleitzahlen mehr und mehr zugunsten der Konfigurationen "Klappen ausgefahren". Hierbei tritt eine schrittweise Verbesserung ein, die durch die Stufung der einzelnen Klappenausschläge bedingt ist. Die Einhüllende zu den einzelnen Polaren stellt dann die bestmögliche Zuordnung von Widerstand und Auftrieb dar. Um die beschriebene
Verbesserung nutzen zu können, ist eine Verstellung der Klappe während
des Manöverflugs erforderlich, die in Abhängigkeit vom Auftriebsbeiwert
und damit vom Anstellwinkel zu erfolgen hat. Bei kontinuierlicher Anpassung der Klappenstellung ist es möglich, die Einhüllende als die bestmögliche Wertekombination zu erreichen. Im kompressiblen Bereich ist außer dem Anstellwinkel auch noch die Machzahl als Einflußgröße bei der
Klappenverstellung zu berücksichtigen. Ein Beispiel für mögliche Verbesserungen ist in Bild 3.3.3 dargestellt, das die Polaren der F-18 bei
zwei unterschiedlichen Machzahlen zeigt. Hierbei handelt es sich um einen Flügel mit Vorder- und Hinterkantenklappen. Das Steuergesetz für
die Klappenverstellung des betrachteten Flugzeugs, das den Einfluß von
Anstellwinkel und Machzahl berücksichtigt, ist in Bild 3.3.4 dargestellt.

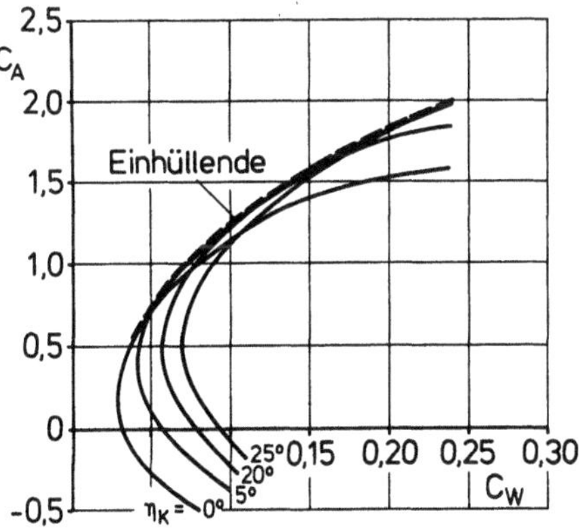

Bild 3.3.2. Einfluß der Klappenstellung auf die Widerstandspolare,
nach (8)

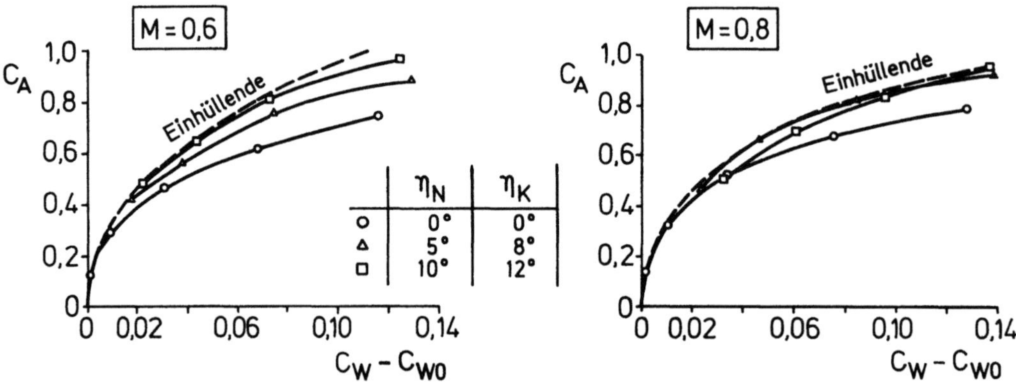

Bild 3.3.3. Getrimmte Widerstandspolaren der F-18 (abzüglich des Widerstands bei Nullauftrieb), nach (63)
η_N: Vorderkantenklappenausschlag, η_K: Hinterkantenklappenausschlag

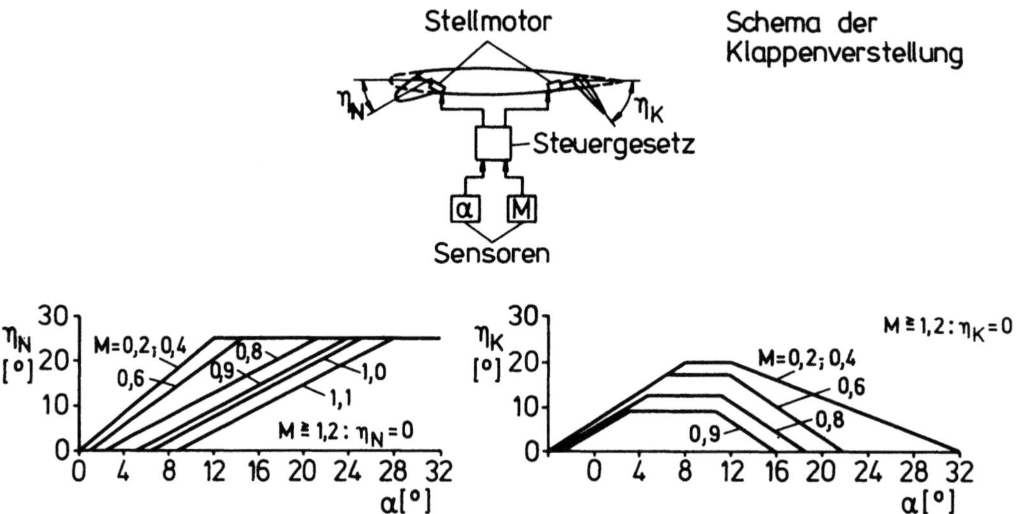

Bild 3.3.4. Steuergesetz für die Manöverklappen der F-18, nach (63)
η_N: Vorderkantenklappenausschlag, η_K: Hinterkantenklappenausschlag

Die bisher betrachtete, automatische Verstellung einfacher Hinterkanten- und/oder Vorderkantenklappen stellt die Grundform eines Flügels variabler Wölbung dar. Eine Verfeinerung ist möglich, wenn man auf eine kontinuierliche Änderung der Profilkontur übergeht. Ein Beispiel hierzu ist in Bild 3.3.5 dargestellt. Die Wölbungsänderung erfolgt hier in den Bereichen von Vorder- und Hinterkante, die nicht

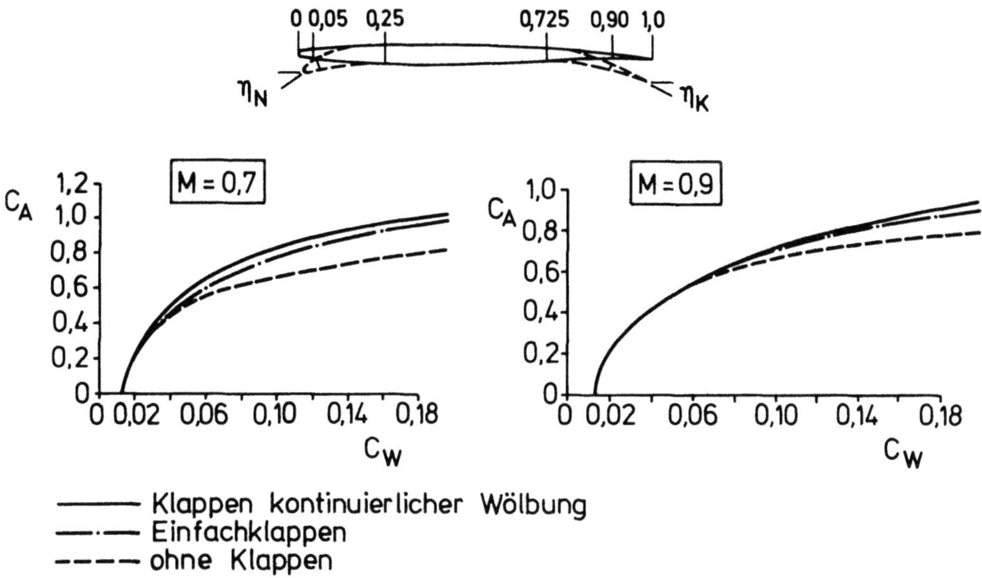

Bild 3.3.5. Einfluß von Klappen mit kontinuierlicher Wölbung auf die getrimmte Polare, nach (63)

als starre Klappen ausgebildet sind, sondern in Form kontinuierlich veränderbarer Flächenteile (vgl. auch den oberen Bildteil). Der untere Bildteil zeigt den Verlauf von Auftrieb und Widerstand. Daraus geht hervor, daß Klappen mit kontinuierlicher Wölbung noch eine Verbesserung gegenüber den starren Klappen ermöglichen, die ihrerseits dem Flügel ohne Klappen überlegen sind.

Eine Besonderheit betrifft die Reduzierung der Klappenwirkung im unmittelbar schallnahen Bereich. Um dies zu verdeutlichen, ist der Fall M=0,9 mit in Bild 3.3.5 aufgenommen worden. Der Vergleich mit M=0,7 zeigt, daß bei M=0,9 die Wirkung sowohl der Einfachklappen als auch der Klappen mit kontinuierlicher Wölbung erheblich reduziert ist. Dieser Effekt zeigte sich auch bei Flugzeugen, die bisher mit automatischen Manöverklappen ausgerüstet wurden (63).

Außer diesen Arten variabler Wölbung, die durch die Verwendung von Vorder- und Hinterkantenklappen auf den vorderen und hinteren Teil der Profiltiefe beschränkt sind, werden auch Möglichkeiten diskutiert, die zu einer noch weitergehenden Änderung der Profil- und/oder Flügelgeometrie führen. Hierzu zählen etwa auch die Änderung der Profildicke oder ausfahrbare Zusatzflügel großer Pfeilung im Rumpfbereich

(Strakes). Auch die Änderung der Flügelgeometrie durch variable Pfeilung in Kombination mit variabler Wölbung bzw. automatischen Manöverklappen ist in diesem Zusammenhang zu nennen.

Ein weiterer Effekt der automatischen Manöverklappen bzw. des Flügels
variabler Wölbung betrifft den nutzbaren Maximalauftrieb im Manöverflug. Auch hier sind Flugleistungsverbesserungen möglich. Dies ist in
Bild 3.3.6 an einem Beispiel dargestellt, dem der gleiche Flügel zugrunde liegt wie Bild 3.3.5. Das Bild macht deutlich, daß die kontinuierlich veränderbare Wölbung eine zum Teil erhebliche Steigerung
des nutzbaren Maximalauftriebs ermöglicht, wobei auch die als "Buf-
feting" bezeichneten Schütteleffekte des Flügels bzw. des Flugzeugs
berücksichtigt sind.

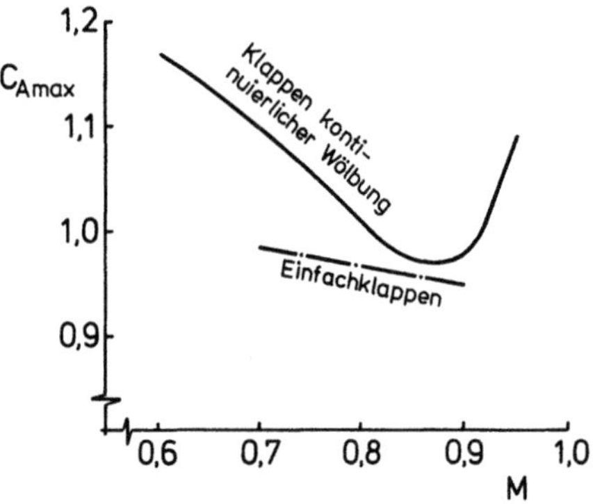

Bild 3.3.6. Einfluß von Klappen mit kontinuierlicher Wölbung auf den
nutzbaren Maximalauftrieb c_{Amax}, nach (63)

3.3.3 Anwendung bei Unterschall-Verkehrsflugzeugen

Auch für Unterschall-Verkehrsflugzeuge bietet die variable Flügelwölbung ein beachtliches Potential zur Leistungsverbesserung. Dies
wird im folgenden unter Verwendung von Ergebnissen aus (29) erläutert.

In Bild 3.3.7 ist für den Flügel des Airbus A 300 gezeigt, wie durch
Modifizierung des vorhandenen Klappensystems die variable Wölbung
erreicht werden kann. Durch Aufteilung der Hinterkantenklappe in
mehrere Segmente ist darüber hinaus eine Variation der Wölbung
längs der Spannweite möglich. Die in Bild 3.3.7 dargestellte Lösung

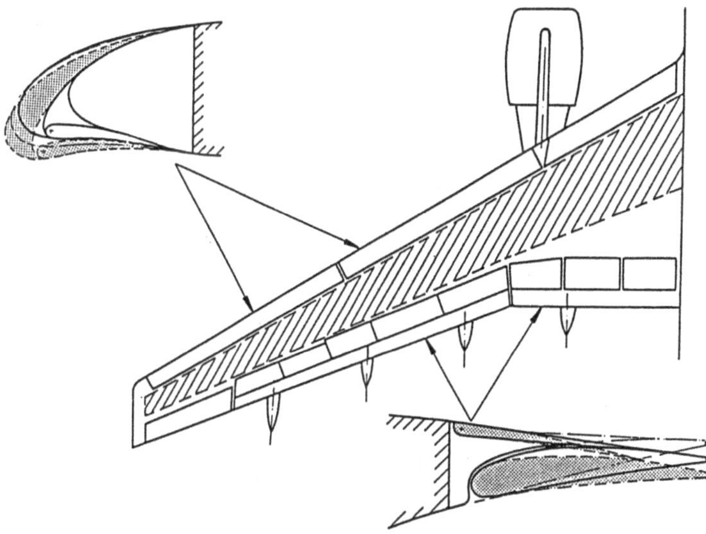

Bild 3.3.7. Lösungsvorschlag zur variablen Wölbung (nach (29))

einer kombinierten Verstellung von Vorderkante und Hinterkante er-
wies sich von der konstruktiven Ausführung her als aufwendig. Aber
auch die Beschränkung auf die Hinterkantenklappenverstellung allein
bietet genügend Vorteile im aerodynamischen Standard und in der
Einsatzflexibilität, um eine Realisierung sinnvoll erscheinen zu
lassen. Dies wird an Hand der Auswirkungen auf die im Windkanal ge-
messenen Polaren in Bild 3.3.8 veranschaulicht. Daraus wird deutlich,
daß mit zunehmender Wölbung erwartungsgemäß der Auftriebsbeiwert bei
Nullanstellung steigt und die Auftriebsgrenzen erheblich nach oben
ausgedehnt werden. Wichtig für die dimensionierenden Lasten ist auch
der Hinweis, daß die größere Wölbung, in Bild 3.3.8 gekennzeichnet
durch das Δ-Symbol, nur im oberen Auftriebsbereich, also bei großen
Flughöhen angestrebt wird. In diesem Bereich sind die Widerstands-
gewinne erheblich.

Bei einer Übertragung der Windkanalergebnisse an einem Konzept mit
variabler Wölbung im Hinterkantenbereich auf die Großausführung
ergeben sich die in Bild 3.3.9 dargestellten Veränderungen in der
Auftriebs-Widerstands-Charakteristik.

Die damit erreicht größere Einsatzflexibilität, dargestellt durch
die für die Reichweite maßgebende Größe $M(A/W)_{opt}$ in Abhängigkeit
von der Reisemachzahl, zeigt Bild 3.3.10.

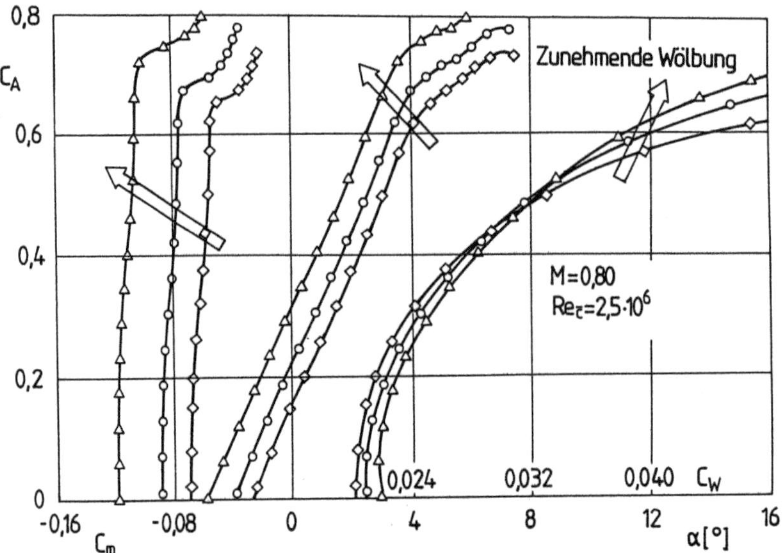

Bild 3.3.8. Wölbungseffekte auf Auftrieb, Nickmoment und Widerstand (nach (29))

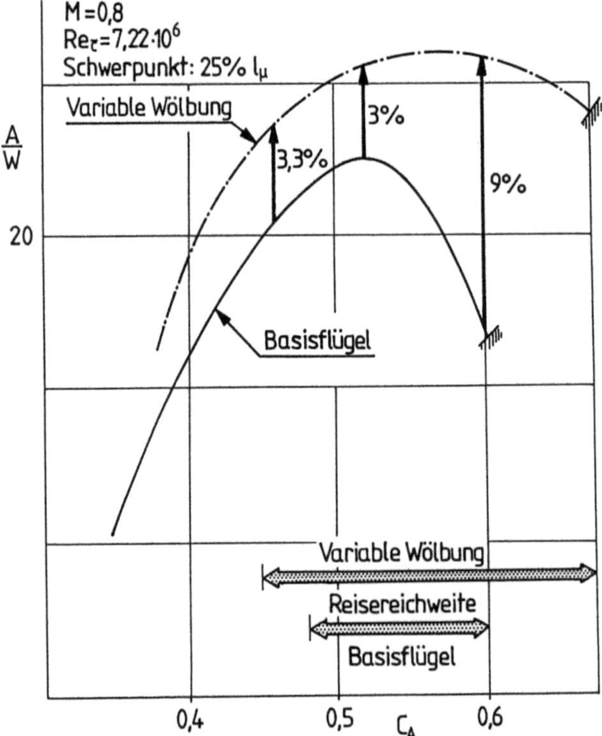

Bild 3.3.9. Einfluß der variablen Wölbung auf die Gleitgüte A/W (nach (29))

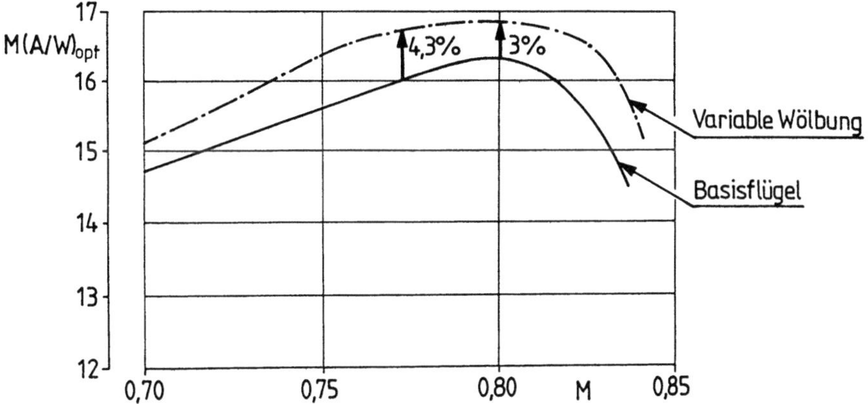

Bild 3.3.10. Erhöhung der aerodynamischen Effizienz durch variable Wölbung (nach [29])

Positiv wirkt sich die Wölbungsvergrößerung auch auf die Erhöhung der Schüttelgrenze aus. Die erfliegbaren Auftriebsbeiwerte erhöhen sich im vorliegenden Beispiel bei $M = 0,75$ um 15% und bei $M = 0,85$ um 10%.

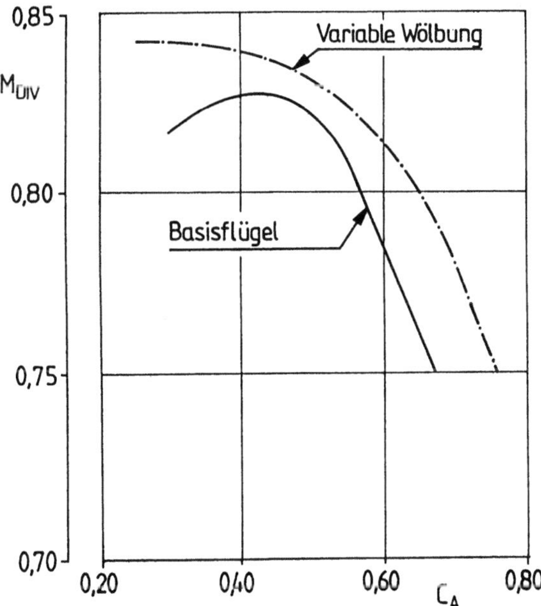

Bild 3.3.11. Erhöhung der widerstandsdivergenten Machzahl (nach [29])

Ein weiterer wichtiger Einfluß ist die Erhöhung der Machzahl, bei
der der machzahlbedingte Anstieg des Widerstandsbeiwerts eine be-
stimmte Größe erreicht (hier z.B. $\partial C_W/\partial M_\infty \geq 0,10$) und die auch als
"widerstandsdivergente" Machzahl bezeichnet wird. Bild 3.3.11 zeigt
für das betrachtete Beispielflugzeug die Verbesserungsmöglichkeiten
der variablen Wölbung.

3.4 Manöverlaststeuerung

3.4.1 Anwendungsmöglichkeiten

Die Manöverlaststeuerung stellt eine Möglichkeit dar, durch Änderung
der im Manöverflug auftretenden Lastverteilung das Strukturgewicht
des Flügels zu verringern. Für die Dimensionierung der Flügelstruktur sind die größten Belastungsfälle maßgebend. Hierzu zählt insbesondere der Manöverflug (Abfangbogen und Kurvenflug), bei dem der
größte Belastungsfall durch den Flug mit maximalem Lastfaktor n_{max}
gegeben ist. Dabei nimmt das Biegemoment an der Flügelwurzel seinen
größten Wert an. Eine anschauliche Darstellung hierzu zeigt Bild
3.4.1. Mit den dort angegebenen Bezeichnungen gilt für das Wurzel-
Biegemoment im Horizontalflug infolge der aerodynamischen Last

$$M_{BHor} = \frac{1}{2} \int_{y_R}^{b/2} \frac{dA}{dy} \, y \, dy = (1/2)A_{Hor}y_A \ , \qquad (3.4.1)$$

wobei y_A den Abstand des Angriffspunkts des resultierenden Auftriebs
auf einer Flügelhälfte von der Flügelwurzel darstellt. Geht man für
die hier vorzunehmende Grundsatzbetrachtung davon aus, daß sich bei
Erhöhung des Anstellwinkels die Auftriebsverteilung auf geometrisch
ähnliche Weise verändert, so bleibt der resultierende Auftriebsangriffspunkt konstant. Dann gilt für das Wurzel-Biegemoment im Manöverflug

$$M_B = (1/2)n \, A_{Hor}y_A = n \, M_{BHor} \ . \qquad (3.4.2)$$

Aus dieser Beziehung folgt, daß das Wurzel-Biegemoment und damit auch
die Belastung proportional zum Lastfaktor anwachsen. Daher tritt die
größte Belastung im Manöverflug mit n_{max} auf.

Ändert man nun für den Manöverflug die Auftriebsverteilung so ab, daß
zwar der Gesamtauftrieb unverändert bleibt, jedoch eine Konzentration
der Verteilung zur Mitte hin erfolgt, so verringert sich dadurch der
effektive Hebelarm y_A des resultierenden Auftriebs. Damit ist eine

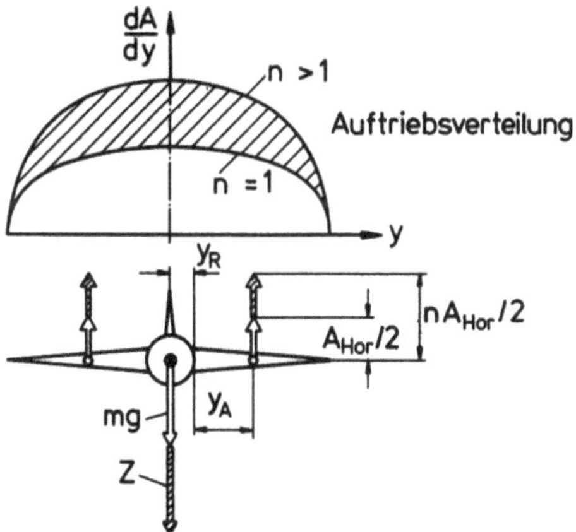

Bild 3.4.1. Auftriebsverteilung und Biegemoment im geradlinigen
Horizontal- und im Manöverflug

n=1: Horizontalflug, n>1: Manöverflug

Verringerung des Wurzel-Biegemomentes verbunden. Dies ist in Bild
3.4.2 erläutert. Hier zeigt der Fall (1) die Auftriebsverteilung, die
sich üblicherweise im Manöverflug einstellt. Der mit (2) bezeichnete
Fall entspricht der Konzentration der Auftriebsverteilung des Manöverflugs im Flügelmittenbereich. Dies ist zum Beispiel dadurch möglich,
daß gleichzeitig mit der zum Manöverflug erforderlichen Vergrößerung
des Anstellwinkels die beiden Querruder symmetrisch in Abhängigkeit

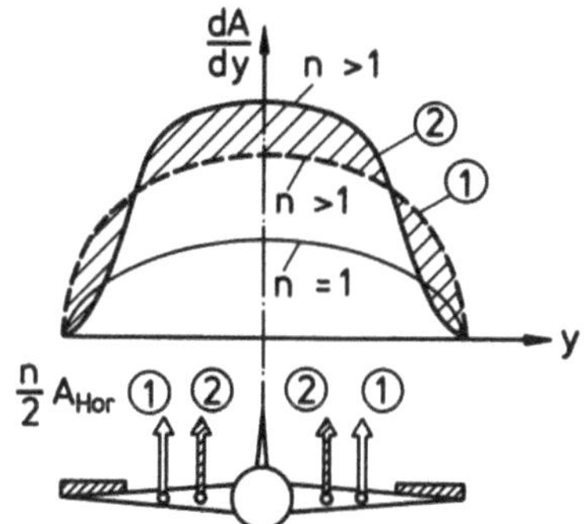

Bild 3.4.2. Beeinflussung der Auftriebsverteilung durch symmetrischen
Querruderausschlag

n=1: Horizontalflug

n>1: Manöverflug { (1) ohne Querruderausschlag
                    (2) mit Querruderausschlag

vom Lastfaktor ausgeschlagen werden, und zwar in dem Sinne, daß sie
eine entlastende Wirkung haben (vgl. hierzu auch die Darstellung von
Bild 3.4.2). Mit der beschriebenen Maßnahme wird die Maximalbelastung
des Flügels im Manöverflug abgebaut. Dies ermöglicht eine Verringerung
des Strukturgewichts, die einer Verbesserung der Flugleistungen unmittelbar zugute kommt (Gewichtseinsparung bzw. Verringerung des Kraft-
stoffverbrauchs).

Außer den symmetrisch ausgeschlagenen Querrudern kommen noch weitere
Möglichkeiten zur Änderung der Auftriebsverteilung im Manöverflug in
Betracht. Eine Übersicht hierzu gibt Bild 3.4.3. Daraus geht hervor,
daß mit Klappen im Flügel-Innenbereich ebenfalls eine Konzentration
der Auftriebsverteilung zur Mitte hin erzielt werden kann. Hierbei
werden die Klappen - anders als die Querruder - in einem auftriebser-
höhenden Sinn ausgeschlagen. Die auf der Basis eines Großraumflugzeugs durchgeführte Untersuchung ergab, daß hier die Reduzierung des
Strukturgewichts bei Verwendung von Klappen im Flügelinnenbereich zur
Manöverlaststeuerung geringer ausfällt als bei der Verwendung von
Querrudern. Als besonders wirksam erweist es sich, den gesamten Flü-
gelaußenteil beweglich zu gestalten, Bild 3.4.3. Allerdings erhöht
dies die Komplexität insofern, als neue und zusätzliche Verstellmög-

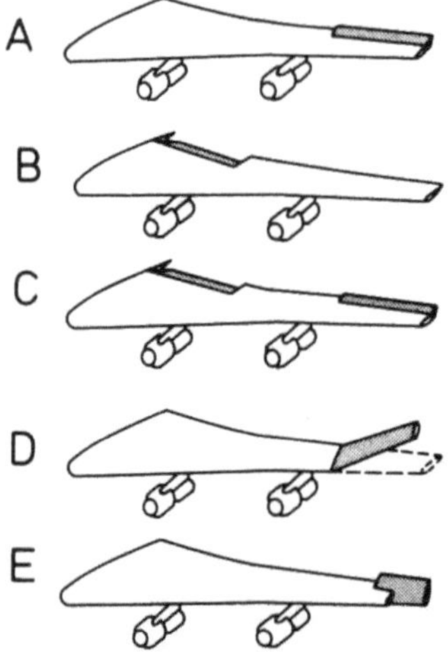

Bild 3.4.3. Stellflächen zur Manöverlaststeuerung, nach (72)

Strukturgewichtseinsparung der tragenden Flügelstruktur:
A: 8,2 %   B: 4,4 %   C: 12,2 %   D: 14,8 %   E: 16,8 %

lichkeiten erforderlich werden und nicht die bereits für andere Zwecke
vorhandenen Querruder oder Klappen mitbenutzt werden können.

Ein weiteres Beispiel für die mögliche Verringerung der Strukturbelastung ist in Bild 3.4.4 an Hand von Flugversuchsergebnissen veranschaulicht. Die dort gezeigten Ergebnisse wurden mit einem Flugzeug vom Typ
Boeing B 52 erzielt, das für die Untersuchung von aktiven Steuersystemen umgerüstet wurde (46). Im Teil a) des Bildes sind qualitativ die
Auftriebs- und Lastverteilung in Spannweitenrichtung dargestellt, die
sich bei der Manöverlaststeuerung (hier: Kombination aus Klappen und
Außen-Querruder) ergeben. Teil b) zeigt die erzielten Verbesserungen,
und zwar sowohl in bezug auf die Spitzenbelastung während der Einleitung des Manövers als auch auf den stationären Wert.

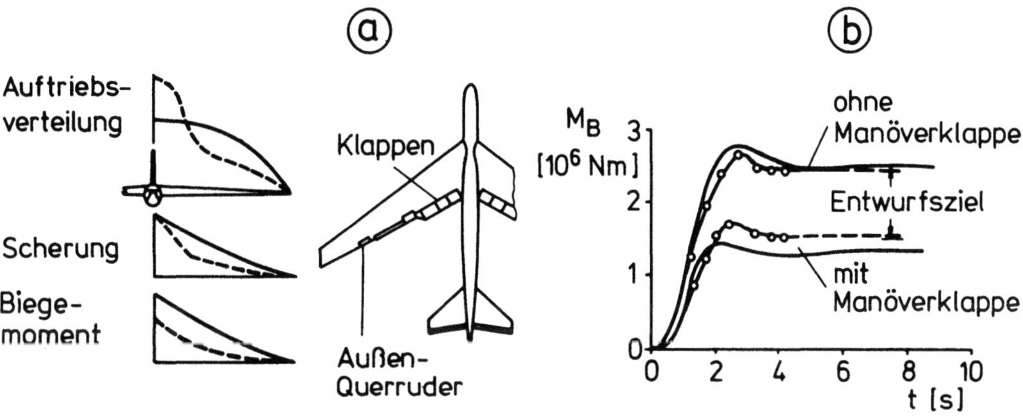

Bild 3.4.4. Verringerung der Strukturbelastung durch Manöverlaststeuerung, nach (46)

ⓐ Auftrieb- und Lastverteilung in Spannweitenrichtung
   ——— konventionell   ---- mit Manöverklappen

ⓑ Wurzel-Biegemoment M_B: Spitzenbelastung und stationärer Wert
   ($\Delta n = 1$)
   ——— Rechnung   —o—o— Flugversuch

Das in Abschnitt 3.3.3 erläuterte Konzept der variablen Wölbung
für das Flugzeug A 300 kann auch dazu verwendet werden, über unterschiedliche Wölbungsänderungen in Spannweitenrichtung die Lastverteilung zu verbessern. Hierzu ist in Bild 3.4.5 der örtliche Auftriebsbeiwert c_A in Abhängigkeit von der dimensionslosen Spannweite dargestellt. Für das betrachtete Beispiel wird es dadurch

möglich, das Wurzelbiegemoment bei gleichem Auftrieb um 12,8% zu
verringern. Der Innenflügel ist gegenüber dem Außenflügel stärker
gewölbt und damit auch aerodynamisch besser genutzt.

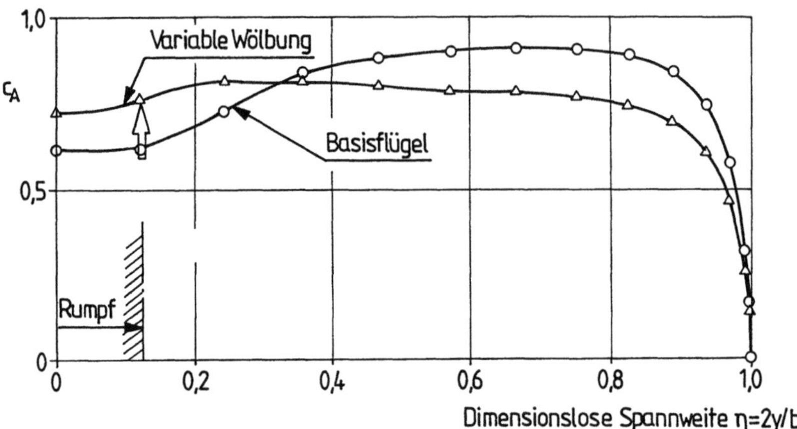

Bild 3.4.5. Manöverlaststeuerung durch variable Wölbung (M = 0,80;
C_A = 0,765), nach [29]

3.4.2 Nachteile der Lastverschiebung zur Flügelmitte

Aus aerodynamischer Sicht sind zwei Nachteile durch Konzentration der
Auftriebsverteilung im Flügelmittenbereich möglich, die zu Einschrän-
kungen in der Anwendung der Manöverlaststeuerung führen können. Dies
sind

- Erhöhung des Widerstands im Manöverflug,

- Verringerung des im Manöverflug nutzbaren Maximalauftriebs.

Der Widerstand wird auf zwei Arten durch die Steuerflächen der Manöverlaststeuerung beeinflußt. Erstens tritt eine Änderung des Form-
bzw. Nullwiderstands ein, die durch die Änderung der Profilkontur
bei Ausschlag der Steuerflächen und durch mögliche Diskontinuitäten
zwischen Steuerflächen und festem Flügelteil (in Spannweitenrichtung)
bedingt ist. Dies führt normalerweise zu einer Widerstandszunahme.
Zweitens wird der induzierte Widerstand vergrößert, falls der für
die Manöverlaststeuerung erforderliche Steuerflächenausschlag dazu
führt, daß die tatsächliche Auftriebsverteilung stärker vom Idealwert der elliptischen Verteilung abweicht als im Fall ohne Manöverlaststeuerung.

Bei Widerstandsvergrößerung und der damit verbundenen Gleitzahlver-
schlechterung stehen für hochmanövrierfähige Flugzeuge, die in grö-
ßerem Umfang Kurvenflugmanöver durchzuführen haben, die leistungsmä-
ßigen Nachteile einer Anwendung der Manöverlaststeuerung entgegen.
Dies betrifft - ähnlich wie in Kap. 3.3 im Zusammenhang mit den
automatischen Manöverklappen dargelegt - sowohl die leistungsmäßig
erfliegbaren Bestwerte (z.B. Wendegeschwindigkeit) als auch den Treibstoffverbrauch während des Manöverflugs. Demgegenüber sind für Transportflugzeuge, bei denen die Manöverflugphasen nur einen geringen Anteil an der gesamten Flugzeit ausmachen, die Widerstandserhöhungen im
Manöverflug sehr viel weniger wichtig, so daß hier die aus der Reduzierung der Strukturbelastung herrührenden Vorteile praktisch voll
genutzt werden können.

Der zweite Nachteil der Manöverlaststeuerung aus aerodynamischer Sicht
betrifft die Reduzierung des nutzbaren Maximalauftriebs im Manöverflug. Eine anschauliche Darstellung hierzu zeigt Bild 3.4.6. Dort ist
qualitativ die Auftriebsverteilung bei dem größtmöglichen Auftrieb
aufgetragen. Hierbei wird vorausgesetzt, daß dieser Fall durch das Ab-
reißen der Strömung im Flügelmittenbereich bestimmt ist, wobei die
gleichen Maximalwerte der örtlichen Auftriebsbeiwerte für den Flügel
mit und ohne Manöverlaststeuerung gelten. Aus der Tatsache, daß im
Fall mit Manöverlaststeuerung die Außenbereiche des Flügels weniger
Auftrieb erzeugen, folgt nun, daß dann auch insgesamt weniger Auftrieb
zur Verfügung steht. Dies bedeutet, daß für hochmanövrierfähige Flugzeuge, bei denen die Kurvenflugleistungen in einem Teil des Flugbereichs durch den erreichbaren Maximalauftrieb begrenzt werden, wiederum bei Anwendung der Manöverlaststeuerung Nachteile eintreten, die
partiell die erzielbaren Flugleistungen verringern. Demgegenüber sind
bei Transportflugzeugen derartige Fragen von sekundärer Bedeutung.

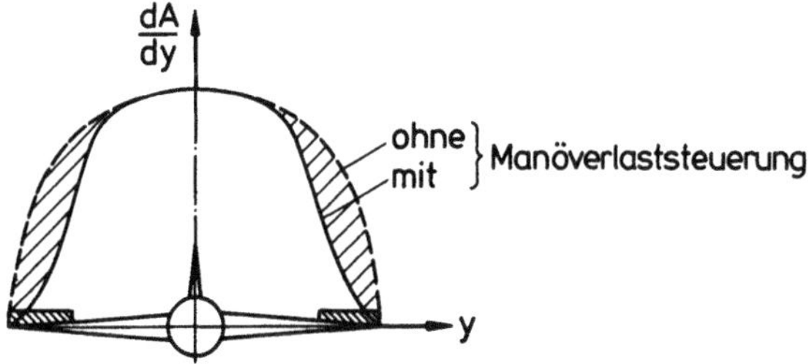

Bild 3.4.6. Nutzbarer Maximalauftrieb bei Anwendung der Manöverlaststeuerung

3.4.3 Manöverlaststeuerung für sehr große Flugzeuge

Die bisherigen Ausführungen machen deutlich, daß die Manöverlaststeuerung insbesondere für Transportflugzeuge von Interesse ist. Abschließend sei nun noch dargelegt, daß dies in verstärktem Maße auf große
Flugzeuge bzw. bei Vergrößerung von Flugzeugen zutrifft. Zur Abschätzung der Größeneffekte kann man davon ausgehen, daß bei einer Vergrößerung von Flugzeugen die Zuordnung von Flügelfläche S und Flugzeugmasse m auf der Basis konstanter Flächenbelastung m/S=const oder konstanter Flugzeugmassendichte $\mu=2m/(\rho S\,l_\mu)$=const erfolgt (vgl. hierzu
auch (23)). In (15) wurden die Auswirkungen der Vergrößerung auf die
Belastung des Flügelkastens unter Konstanthaltung der Flächenbelastung sowie bei geometrischer Ähnlichkeit betrachtet. Danach ergibt
sich der in Bild 3.4.7 dargestellte Zusammenhang. Hieraus geht hervor, daß die Lastintensität (Kraft pro Länge) des Flügelkastens etwa
mit der Quadratwurzel aus der Massenvergrößerung zunimmt. Unter Berücksichtigung der vollen Materialausnutzung der für die jetzigen
Großraumflugzeuge geeigneten Werkstoffe erhält man dann eine Zunahme
des Flügelkastengewichts, die etwas geringer ist als die 1,5-te Po-
tenz des Gesamtgewichtsanstiegs. Dies bedeutet, daß das Strukturgewicht des Flügels überproportional anwächst. Daher ist jede Maßnahme,
die auf die Verringerung des Flügelstrukturgewichts abzielt, insbesondere bei großen Flugzeugen von Vorteil.

	Ausgangs- flugzeug	Vergrößerung m /S = const
Flugzeugmasse	1	2
Kastentiefe l_K	1	$\sqrt{2}$
Kastenhöhe h_K	1	$\sqrt{2}$
Biegemoment M_B	1	$2\sqrt{2}$
Lastintensität $p\approx\dfrac{M_B}{l_K h_K}$	1	$\sqrt{2}$

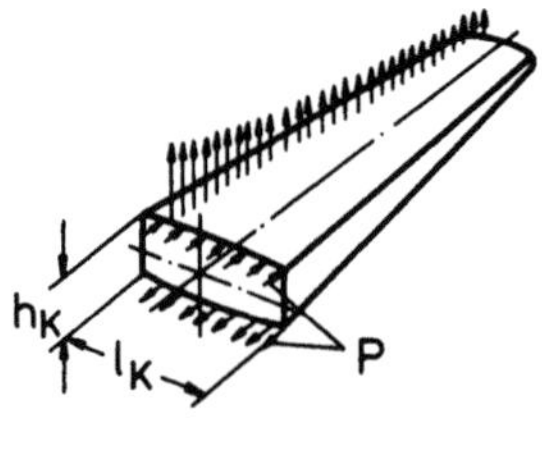

Bild 3.4.7. Zunahme der Lastintensität infolge einer Massenverdoppe-
lung, nach (15)

Skalierungsbasis: konstante Flächenbelastung, geometrische Ähnlichkeit

3.5 Böenabminderung

3.5.1 Anwendungsmöglichkeiten

Aktive Steuersysteme zur Abminderung von Böeneinwirkungen auf das Flugzeug kommen für die folgenden Aufgaben in Betracht:

- Verringerung der Strukturbelastung

- Verringerung der Pilotenbeanspruchung durch Reduzierung der Beschleunigungen am Ort des Piloten

- Erhöhung des Passagierkomforts

3.5.2 Verringerung der Strukturbelastung

Bei der ersten Aufgabe geht es ähnlich wie bei der Manöverlaststeuerung um eine Verringerung der auf die Struktur wirkenden Last, die
deshalb auch häufig in Kombination miteinander betrachtet und konzi-
piert werden. Hierbei entsteht durch die Böeneinwirkung eine zusätzliche Auftriebsverteilung, die qualitativ einen ähnlichen Verlauf
hat wie die Manöverlast in Bild 3.4.1. Durch Steuerflächen wird über
einen gegensinnigen Ausschlag eine Entlastung herbeigeführt. Stärker
als bei der Manöverlaststeuerung sind bei der Böenabminderung die
zeitlichen Änderungen der Luftkräfte sowie die Strukturschwingungen
und damit die Belastungsänderungen zu berücksichtigen, die eine
schnelle Folgsamkeit der Steuerflächen erfordern. Dementsprechend
ist bei solchen Systemen vorgesehen, nicht nur die statischen, sondern auch die dynamischen Belastungen zu verringern.

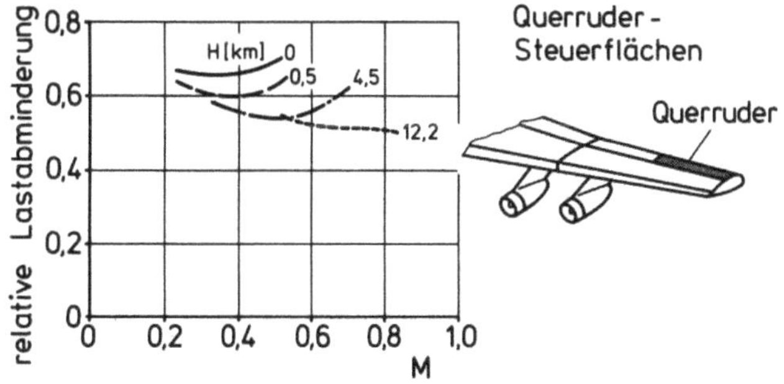

Bild 3.5.1. Verringerung des Flügelwurzel-Biegemoments durch ein Böenabminderungssystem (quadratischer Mittelwert), nach [25]

Ein Beispiel stellt das "Aktive Auftriebs-Verteilungssystem" des
Großraumflugzeugs Lockheed C-5A dar, das zur Böenabminderung und Manöverlaststeuerung entwickelt wurde, um die Flügelbelastung sowohl im
Hinblick auf maximal auftretende Lasten wie auch auf Materialermüdung
zu reduzieren. In Bild 3.5.1 sind Ergebnisse über die Verringerung
der Böenwirkung aufgetragen, die im Rahmen der Entwicklung dieses
Systems erzielt wurden. Hierbei dienen die Querruder als Steuerflächen
für die Auftriebsbeeinflussung. Als Sensoren werden Beschleunigungsgeber verwendet, die die Vertikalbeschleunigung am Flügel messen.

3.5.3 Verringerung der Pilotenbelastung

Ein zweites Anwendungsgebiet für Böenabminderungssysteme ist die Verringerung des Beschleunigungsniveaus am Ort des Piloten. Eine Abminderung der hier auftretenden Strukturvibrationen bzw. Beschleunigungen
ist besonders für den Tiefflug mit großen Geschwindigkeiten wichtig,
da aufgrund der starken Turbulenz und hohen Dichte der bodennahen

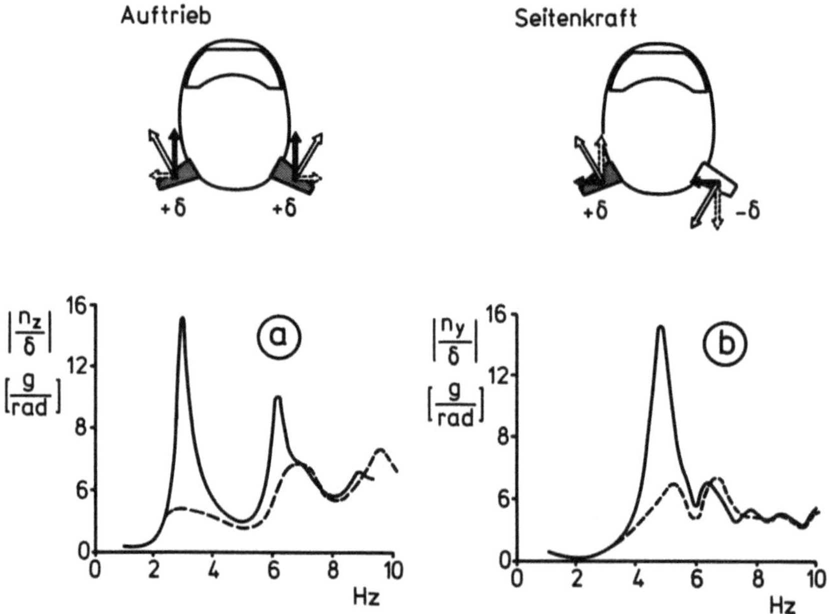

Bild 3.5.2. Abminderung der Beschleunigung am Ort des Piloten (Flugversuch; M=0,85), nach [75]

ⓐ Vertikalbeschleunigung   ⓑ Seitenbeschleunigung
Abminderungssystem: —— ausgeschaltet   ---- eingeschaltet

Luftschicht große Beschleunigungswerte möglich sind, die für den Piloten ein unzulässig hohes Niveau annehmen können. Der Abbau der Beschleunigungen am Ort des Piloten ist durch spezielle Steuerflächen
im Cockpitbereich erzielbar, die unmittelbar den Auswirkungen der
Böen entgegenarbeiten. Eine solche Methode bietet gegenüber der Alter-
nativmöglichkeit einer Erhöhung der Struktursteifigkeit den Vorzug von
erheblichen Gewichtseinsparungen. Ein Beispiel hierzu ist in Bild
3.5.2 dargestellt, das die bei dem Flugzeug B-1 angewandte Methode
zeigt. Wie im oberen Bildteil erläutert ist, sind die aerodynamischen
Steuerflächen V-förmig im Cockpitbereich angeordnet, so daß bei symmetrischem Ausschlag eine Auftriebsänderung und bei unsymmetrischem
Ausschlag eine Seitenkraft erzeugt wird. Dadurch ist es möglich, den
Beschleunigungen am Ort des Piloten sowohl in der Längs- als auch Seitenebene entgegenzuwirken. Der untere Bildteil zeigt die im Flugversuch erreichte Abminderung der Beschleunigungen in den beiden Richtungen.

3.5.4 Erhöhung des Passagierkomforts

Diese Anwendung betrifft besonders Flugzeuge kleiner Flächenbelastung,
die von der Konfiguration her böenempfindlich sind und im unteren Höhenbereich fliegen. Hier ist die Luft stärker turbulent als in den oberen Höhenschichten, in denen sich zum Beispiel die Strahl-Verkehrsflug-
zeuge bewegen. Anders als bei den vorher betrachteten Systemen zur Böenabminderung an einer bestimmten Stelle des Rumpfes (Cockpit) muß hier
der gesamte Rumpf von den Böeneinwirkungen entlastet werden. Für die
Empfindlichkeit eines Flugzeugs gegenüber Böen sind bestimmte konfigurationsbedingte Merkmale maßgebend, die in der folgenden Betrachtung
dargelegt werden. Hierbei wird vereinfachend vorausgesetzt, daß das
Flugzeug beim Durchfliegen der Böe keine translatorische und rotatori-
sche Eigendynamik besitzt. Für die Auftriebsänderung beim Auftreten einer Böe mit der Vertikalgeschwindigkeit $w_{B\ddot{o}}$ gilt mit dem Zusatzanstell-
winkel $\Delta\alpha_{B\ddot{o}}=w_{B\ddot{o}}/V$

$$\Delta A = C_{A\alpha}\,\Delta\alpha_{B\ddot{o}}\,\bar{q}\,S \ . \qquad\qquad (3.5.1)$$

Die Lastfaktoränderung infolge der Bö,

$$\Delta n_{B\ddot{o}} = \frac{\Delta A}{mg} \ ,$$

errechnet sich mit dem Staudruck $\bar{q}=(\rho/2)V^2$ zu

$$\frac{\Delta n_{B\ddot{o}}}{w_{B\ddot{o}}} = \frac{\rho}{2} \, V \, \frac{C_{A\alpha}}{mg/S} \; . \tag{3.5.2}$$

Führt man in (3.5.2) die normierte Masse μ nach (1.5.33) ein, so kann man auch schreiben

$$\frac{\Delta n_{B\ddot{o}}}{w_{B\ddot{o}}} = \frac{V}{l_\mu g} \, \frac{C_{A\alpha}}{\mu} \; . \tag{3.5.3}$$

Eine Berücksichtigung der Ausweichbewegungen in vertikaler Richtung und durch Nicken ergibt eine nicht unbeträchtliche Minderung der auftretenden Maximalbeschleunigung und damit der Lastfaktoränderung $\Delta n_{B\ddot{o}}$. Sie soll durch Einführen eines Abminderungsfaktors $\eta_{B\ddot{o}}$ erfolgen, der das Verhältnis der Lastfaktoränderung unter Einschluß der Ausweichbewegungen zu dem Wert nach (3.5.2) bzw. (3.5.3) darstellt. Damit gilt

$$\frac{\Delta n_{B\ddot{o}}}{w_{B\ddot{o}}} = \eta_{B\ddot{o}} \, \frac{V}{l_\mu g} \, \frac{C_{A\alpha}}{\mu} \; . \tag{3.5.4}$$

Systematische Rechnungen zu dieser Frage sind in (24) durchgeführt worden. Für das Beispiel eines $\sin^2$-Böenprofils gibt Bild 3.5.3 die Änderung des Abminderungsfaktors infolge der vertikalen Ausweichbewegung, gekennzeichnet durch die Größe $\mu/C_{A\alpha}$, und infolge der Drehbewegung, gekennzeichnet durch die Größe $K = (i_y/l_\mu)^2/(\Delta x_N/l_\mu)$ mit $\Delta x_N = x_N - x_S$, wieder.

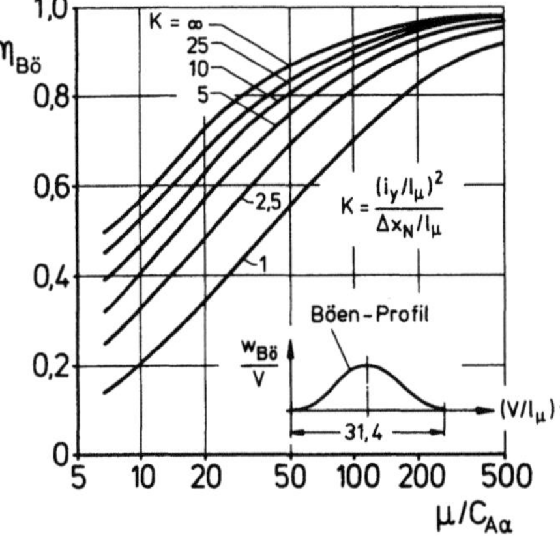

Bild 3.5.3. Abminderungsfaktor, nach (24)

Aus Beziehung (3.5.2) folgt, daß große Auftriebsanstiege $C_{A\alpha}$ und niedrige Flächenbelastungen mg/S zu hoher Böenempfindlichkeit führen. Ein großer Auftriebsanstieg ist charakteristisch für Flügel mit großer Streckung und kleiner Pfeilung. Dies trifft zusammen mit niedriger Flächenbelastung insbesondere auf Flugzeuge zu, die Zubringerdienste leisten und gute Start- und Landeleistungen besitzen. Da solche Flugzeuge außerdem im unteren Höhenbereich fliegen, in dem die Luft stärker turbulent ist, sind sie besonders den Wirkungen von Böen ausgesetzt.

Ein ideal arbeitendes Böenabminderungssystem muß die Auftriebsänderung infolge der Bö vollständig ausgleichen, d.h. durch einen geeigneten Steuerflächenausschlag eine gleich große, jedoch entgegengerichtete Auftriebsänderung erzeugen. Als Steuerflächen hierfür kommen schnell verstellbare Klappen am Flügel oder auch Querruder in Betracht, die um einen mittleren Arbeitspunkt betrieben werden müssen, um sowohl positive wie negative Auftriebsänderungen erzeugen zu können. Die vom Prinzip her auch mögliche Verwendung von Spoilern hat den Nachteil, daß sie in der stationären Stellung des mittleren Arbeitspunktes den Widerstand erhöht und dadurch die Wirtschaftlichkeit im Reiseflug ungünstig beeinflußt.

Ein Beispiel für die Möglichkeiten eines Böenabminderungssystems ist in Bild 3.5.4 dargestellt, das im Hinblick auf eine Anwendung bei einem modifizierten Flugzeug vom Typ Dornier Do-28 untersucht wurde. Das Bild macht deutlich, daß eine erhebliche Abminderung der böenbedingten Beschleunigungen erzielbar ist. Dies gilt insbesondere auch unter Berücksichtigung der begrenzten Verstellgeschwindigkeit der aerodynamischen Steuerfläche, deren Effekt mit in die Untersuchung von Bild 3.5.4 einbezogen ist. Als Steuerflächen werden dabei Querruder verwendet, die symmetrisch ausgeschlagen werden.

Die in diesem Kapitel beschriebene Abminderung von Böenauswirkungen mit dem Ziel einer Verringerung der Piloten- und Passagierbeanspruchung ist den unter der amerikanischen Bezeichnungsweise bekannten "Ride Qualities" zuzurechnen und wird dementsprechend auch "Ride Control" genannt. Allgemein kann man dies als eine Methode bezeichnen, die eine Verringerung der Beanspruchung bzw. Erhöhung des Komforts von Besatzung und Passagieren dadurch erreicht, daß sie ein zu hohes Maß von Starrkörper- oder Strukturvibrationen über aktive Steuerflächen abmindert.

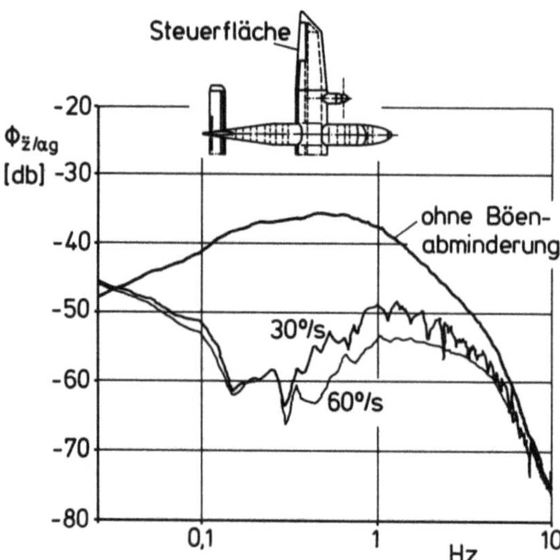

Bild 3.5.4. Böenabminderung - Antwortleistungsspektrum der Vertikalbeschleunigung, nach (9)

————— ohne Böenabminderung

————— $\dot{\xi}_{max}$=30 °/s $\Big\}$ max. Stellgeschwindigkeit des Querruderantriebs
————— $\dot{\xi}_{max}$=60 °/s

3.6 Aktive Flatterunterdrückung

Flattern stellt ein dynamisches aeroelastisches Instabilitätsproblem
dar, das auf der Kopplung instationärer elastischer Deformationen mit
den durch diese Deformationen hervorgerufenen aerodynamischen Lasten
beruht. Das Auftreten des Flatterns würde zu einer Einschränkung des
Flugbereichs führen, falls keine Gegenmaßnahmen möglich wären. Derartige, auch als passive Flatterbeeinflussung bezeichnete Gegenmaßnahmen
bestehen in einer Änderung der Steifigkeits- und Massenverteilung der
Struktur. Sie führen normalerweise zu einer merklichen Gewichtserhö-
hung, so daß sie negative Auswirkungen auf die erzielbaren Flugleistungen zur Folge haben.

Die auftretenden Flatterformen sind vielfältig und können auf kompli-
zierten physikalischen Zusammenhängen beruhen (vgl. auch (21)). Zur
Einführung in die grundsätzliche Problematik eignet sich die Betrachtung der gekoppelten Biegungs- und Torsionsschwingung eines Rechteckflügels, die auf eine anschauliche Weise darstellbar ist. Dies ist in
Bild 3.6.1 graphisch erläutert. Dort sind in Bildteil a) die beiden
Schwingungsformen Biegung und Torsion gezeigt. In Bildteil b) ist qualitativ der Verlauf von Frequenz und Dämpfung der beiden Schwingungsformen in Abhängigkeit von der Fluggeschwindigkeit dargestellt. Dabei
zeigt sich, daß beide Frequenzen zunächst deutlich voneinander getrennt sind. Mit Zunahme der Geschwindigkeit tritt jedoch eine Annäherung ein. Dies entspricht einer Kopplung der beiden Schwingungen. Der
zeitliche Verlauf der Bewegungen ist dann in Bild 3.6.2 als Fall (1)
näher erläutert. Dort ist gezeigt, daß nun Biegung und Torsion mit
gleicher Frequenz erfolgen, wobei sie eine Phasendifferenz von 90°
aufweisen. Aufgrund dieser Phasendifferenz wirkt die aerodynamische
Kraft infolge der Torsionsbewegung auf die Biegebewegung zurück. Die
Darstellung von Bild 3.6.2 macht deutlich, daß dieser Effekt eine die
Auslenkung verstärkende Wirkung hat. Die daraus resultierende Instabilität wird als Biege-Torsionsflattern bezeichnet. Die Möglichkeit
zur aktiven Flatterunterdrückung ergibt sich nun anschaulich auf die

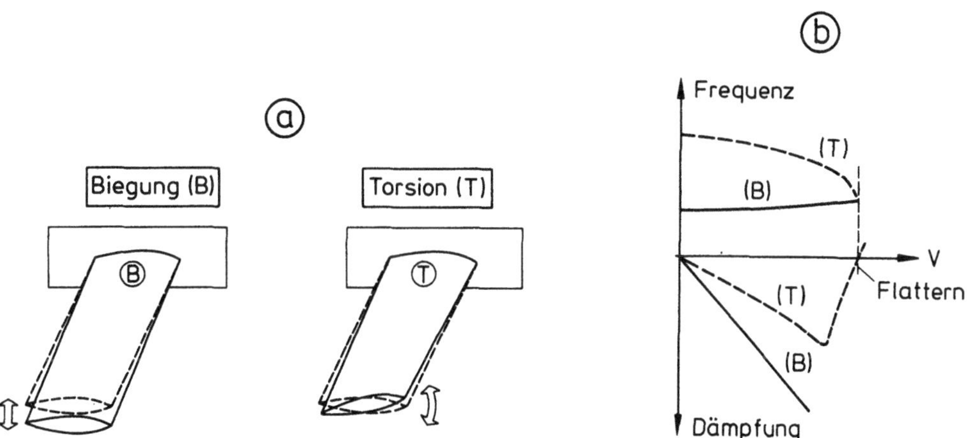

Bild 3.6.1. Biegung Ⓑ und Torsion Ⓣ eines Rechteckflügels,
nach (57)

a) Darstellung der Bewegungsform

b) Frequenz und Dämpfung der beiden Bewegungsformen in Abhängigkeit
   von der Fluggeschwindigkeit

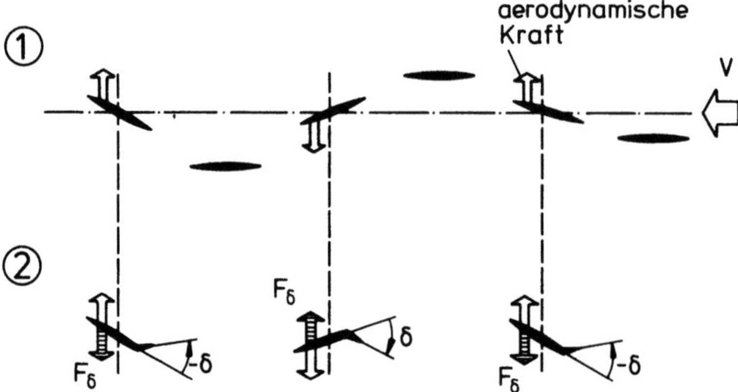

Bild 3.6.2. Aktive Flatterunterdrückung am Beispiel eines Rechteckflügels, nach (57)

① Kopplung von Biegung und Torsion ohne Flatterdämpfung
② Aktive Flatterunterdrückung durch Steuerflächenausschlag δ

im Fall ② dargestellte Weise. Durch einen koordinierten Ausschlag
einer aktiven Steuerfläche δ wird eine aerodynamische Kraft erzeugt,
die der durch die Torsionsbewegung hervorgerufenen aerodynamischen
Kraft entgegenwirkt. Dadurch ist es möglich, die die Instabilität ver-
ursachende aerodynamische Kraft zu kompensieren, so daß das Entstehen
des Flatterns vermieden werden kann.

Nach dieser exemplarischen Darstellung der aktiven Flatterunterdrük-
kung ist im folgenden eine Reihe von Punkten zusammengestellt, die
bei der praktischen Realisierung eine maßgebliche Rolle spielen.

Aufgrund des hohen Frequenzniveaus der Bewegungsformen sind die Anforderungen an die Verstellgeschwindigkeit der Steuerflächen und Stellmotore sehr groß. Die hohen Verstellgeschwindigkeiten wiederum erfordern
eine genaue Kenntnis der instationären aerodynamischen Kräfte. Dies
gilt sowohl für Amplitude als auch Phasenlage.

Die Sensoren (Beschleunigungsgeber) zur Bestimmung der Strukturbewe-
gungen erfordern eine hohe Meßgenauigkeit sowie einen geeigneten Anbringungsort für eine bestmögliche Nutzung. Die Flugsicherheit darf
nicht beeinträchtigt werden. Dies gilt einerseits für die Funktion des
Gesamtsystems selbst, bei der insbesondere auch die richtige Phasenzu-
ordnung eine entscheidende Rolle spielt. Zum anderen gilt die Forde-

rung nach Sicherheit auch bei Fehlfunktion bzw. Ausfall, die entsprechende Absicherungen durch redundante Auslegung und Fehlererkennung notwendig macht.

Mit einem geeigneten Steuergesetz für Regler bzw. Rechner zur Ansteuerung der Stellmotore ist es möglich, eine optimale Anpassung des Flatterunterdrückungssystems an die unterschiedlichen Konfigurationen eines Flugzeugs zu erreichen. Solche Konfigurationsänderungen, die die Flattereigenschaften eines Flugzeugs in starkem Maße beeinflussen können, sind zum Beispiel die unterschiedlichen Außenlastfälle oder auch die verschiedenen Pfeilstellungen bei schwenkbaren Flügeln. Hierbei kann ein aktives Flatterunterdrückungssystem eine optimale Wirkung im gesamten Bereich erzielen, während die passive Flatterbeeinflussung durch Änderung der Massen- und Steifigkeitsverteilung die unterschiedlichen Anforderungen nur in einem mehr pauschalen Sinne berücksichtigen kann und somit weit weniger flexibel ist.

Die praktische Durchführbarkeit der aktiven Flatterunterdrückung ist in Flugversuchen nachgewiesen worden. Ein Beispiel hierzu ist in Bild 3.6.3 dargestellt, aus dem die dämpfungserhöhende Wirkung des aktiven Steuersystems deutlich hervorgeht.

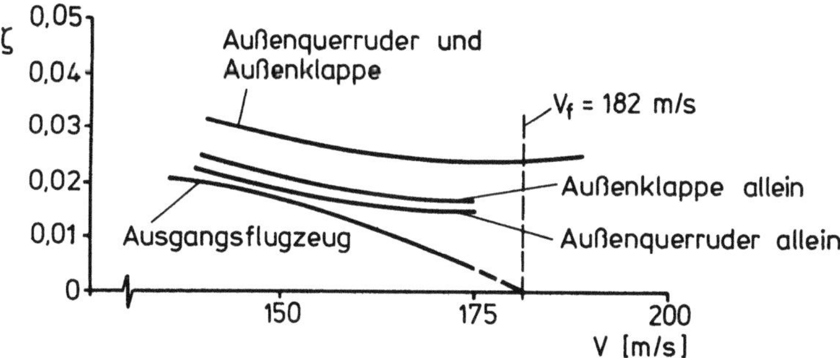

Bild 3.6.3. Flugversuchsergebnisse mit einem aktiven Flatterunterdrückungssystem (ζ: Dämpfungszahl; Flugzeugmasse 120 t; Flughöhe 6400 m), nach (46)

Literatur

1 Alford, W.J.,Jr.: Advanced Aerodynamics and Active Controls
   Technology. NASA-CP-2036, Teil II, S. 523-531, 1978.

2 Allison, R.L.; Perkin, B.R.; Schoenman, R.L: Application of
   Winglets and/or Wing Tip Extensions with Active Load Control on
   the Boeing 747. NASA-CP-2036, Teil II, S. 625-646, 1978.

3 Anders, H.: Untersuchungen zur Integration aktiver Steuerelemente
   in das Hochauftriebssystem eines Transporterflügels zur Manöver-,
   Böenlast- und direkten Auftriebssteuerung. Deutscher Luft- und
   Raumfahrt-Kongreß, DGLR-Nr. 78-111, 1978.

4 Anderson, C.A.: F-16 Multi-National Fighter. AGARD-AG-234, S. 4-1 -
   4-15, 1978.

5 Anderson, D.C.; Berger, R.L.; Hess, J.R.,Jr.: Maneuver Load
   Control and Relaxed Static Stability Applied to a Contemporary
   Fighter Aircraft. Journal of Aircraft, Band 10, S. 112-120, 1973.

6 Arnold, J.I., Murphy, F.B.: B-52 Control Configured Vehicles: Flight
   Test Results. NASA TM X-3409, S. 75-89, 1976.

7 Beh, H.; Korte, U.; Löbert, G.: Stability and Control Aspects of
   the CCV-F104G. AGARD-CP-260, S. 17-1 - 17-18, 1979.

8 Brüning, G.; Hafer, X.: Flugleistungen. Berlin, Heidelberg, New
   York: Springer 1978.

9 Buchstaller, M.; Schröder, J.; Wüst, P.; Wünnenberg, H.: Böenabminderungssystem nach dem Prinzip der offenen Steuerkette. Dornier-
   Bericht 77/8/B, 1977.

10 Buckner, J.K.; Hill, P.W.; Benepe, D.: Aerodynamic Design Evolution
   of the YF-16. AIAA Paper Nr. 74-935, 1974.

11 Burcham, W.F.,Jr.: Propulsion-Flight Control Integration Technology.
   AGARD-AG-234, S. 7-1 - 7-9, 1978.

12 Burns, B.R.A.: Control-Configured Combat Aircraft. AGARD-AG-234,
   S. 3-1 - 3-17, 1978.

13 Burns, B.R.A.: Active Controls for Combat Aircraft. In: VKI Lecture
   Series on "Active Control Technology", Von Karman Institute for
   Fluid Dynamics, Brüssel, 1978.

14 Butter, V.; Krag, B.: Manöverlaststeuerung und Böenerleichterung -
   Auslegung und Anwendungsmöglichkeiten. DGLR-Symposium "CCV-Techno-
   logien", DGLR-Nr. 76-240, 1976.

15 Clevelend, F.A.: Size Effects in Conventional Aircraft Design.
   Journal of Aircraft, Band 7, S. 483-512, 1970.

16 Conner, D.W.; Thompson, G.O.: Potential Benefits to Short-Haul
   Transports through Use of Active Controls. AGARD-CP-157, S. 3-1 -
   3-10, 1975.

17 Deets, D.A.; Crother, C.A.: Highly Maneuverable Aircraft Technology.
   AGARD-AG-234, S. 6-1 - 6-14, 1978.

18 Disney, T.E.: C-5A Load Alleviation. AGARD-AG-234, S. 10-1 - 10-16,
    1978.

19 Duc, J.M.: La conception des Aeronefs utilizant de controle
    automatique generalise. AGARD-AG-234, S. 1-1 - 1-6, 1978.

20 Doggett, R.V.,Jr.; Abel, I.; Ruhlin, C.L.: Some Experiences Using
    Wind-Tunnel Models in Active Control Studies. NASA-TM-X-3409,
    S. 831 - 892, 1976.

21 Försching, H.W.: Grundlagen der Aeroelastik. Berlin, Heidelberg,
    New York: Springer 1974.

22 Grosser, W.F.; Hollenbeck, W.W.; Eckhard, D.C.: The C-5A Active
    Lift Distribution Control System. AGARD-CP-157, S. 24-1 - 24-18,
    1975.

23 Hafer, X.: Flugeigenschaftsprobleme zukünftiger Transportflugzeug-
    entwicklungen. 13. Otto-Lilienthal-Vorlesung, Paris, 1972, in:
    Jahrbuch der DGLR, S. 27-50, 1972, und in: L'Aeronautique et
    l'Astronautique, Nr. 43, S. 37-52, 1973, (französische Fassung).

24 Hafer, X.: Störanfälligkeit von Überschalljägern bei symmetrischem
    Flugzustand. Bericht Nr. 111-228 der Firma Heinkel-Flugzeugbau v.
    11.6.1957, auszugsweise veröffentlicht im Lueger Lexikon der Technik,
    Band 12, S. 95, 1967.

25 Hargrove, W.J.: The C-5A Active Lift Distribution Control System.
    NASA-TM-X-3409, S. 325-351, 1976.

26 Harris, R.B.; Rickard, W.W.: Active-Control Design Criteria.
    AGARD-AG-234, S. 2-1 - 2-13, 1978.

27 Hartmann, G.L.; Stein, G.; Szalai, K.J.; Brown, S.R.; Petersen, K.L.:
    F-8 Active Control. AGARD-AG-234, S. 5-1 - 5-28, 1978.

28 Herbst, W.: Advancements in Future Fighter Aircraft. AGARD-CP-147,
    S. 25-1 - 25-7, 1974.

29 Hilbig, R.; Körner, H.: Aerodynamische Entwicklungsrichtungen
    für Verkehrsflugzeuge. DGLR-Jahrbuch, S. 82-1 - 82-52, 1984.

30 Holloway, R.B.; Shomber, H.A.: Establishing Confidence in CCV/ACT
    Technology. NASA-TM-X-3409, S. 661-674, 1976.

31 Holloway, R.B.: Introduction of CCV Technology into Airplane Design.
    AGARD-CP-147, S. 23-1 - 23-16, 1974.

32 Holloway, R.B.; Burris, P.M.; Johannes, R.P.: Aircraft Performance
    Benefits from Modern Control Systems Technology. Journal of Aircraft,
    Band 7, S. 550-553, 1970.

33 Hood, R.V.: A Summary of the Application of Active Controls
    Technology in the ATT System Studies. NASA-TM-X-3409, S. 603-637,
    1976.

34 Hood, R.V., Jr.: The Aircraft Energy Efficiency Active Controls
    Technology Program. AIAA Paper Nr. 77-1076, 1977.

35 Hoy, J.M.; Arnold, J.M.: Active Controls Technology to Maximize
    Structural Efficiency. NASA-CP-2036, Teil II, S. 709-732, 1978.

36 Hunt, G.H.: The Evolution of Fly-by-Wire Control Techniques in the
    UK. The Aeronautical Journal, Band 83, S. 165-174, 1979.

37 Jenny, R.B.; Krachmalnick, F.M.; La Favor, S.A.: Air Superiority
    with Control Configured Fighters. Journal of Aircraft, Band 9,
    S. 370-377, 1972.

38 Johannes, R.P.; Whitmoyer, R.A.: AFFDL Experience in Active Control
    Technology. AGARD-CPP-262, S. 10-1 - 10-20, 1979.

39 Johnston, J.F.; Urie, D.M.: Development and Flight Evaluation of
    Active Controls in the L-1011. NASA-CP-2036, Teil II, S. 647-685,
    1978.

40 Kehrer, W.T.: The Performance Benefits Derived for the Supersonic
    Transport through a New Approach to Stability Augmentation. AIAA
    Paper Nr. 71-785, 1971.

41 Kissel, G.K.: Flugmechanische und regelungstechnische Gesichts-
    punkte für Flugzeuge künstlicher Stabilität. DLR Mitt. 72-05,
    S. 187-197, 1972.

42 Kleinberg, J.M.: Technology for Aircraft Energy Efficiency. Inter-
    national Air Transportation Conference, Proceedings, American
    Society of Civil Engineers, S. 127-171, 1977.

43 Kubbat, W.: Regelungstechnische Aspekte eines Flugzeugs künstlicher
    Stabilität (CCV) unter besonderer Berücksichtigung der Manöverlast-
    steuerung. DLR Mitt. 74-11, S. 7-32, 1974.

44 Kubbat, W.; Sensburg, O.: Recent Developments in Active Control
    Technology. AIAA Paper Nr. 79-0708, 1978.

45 Kujawski, B.T.; Jenkins, J.E.; Eckholdt, D.C.: Longitudinal Analysis
    of Two CCV Design Concepts. AIAA Paper Nr. 71-786, 1971.

46 Kujawski, B.T.: Control Configured Vehicles B-52 Program Results.
    AGARD-CP-157, S. 14-1 - 14-8, 1975.

47 Kurzhals, P.R.: System Implications of Active Controls.
    AGARD-CP-260, S. 1-1 - 1-16, 1979.

48 Löbert, G.: Reglergestützter Flugzeugentwurf. DGLR-Jahrestagung,
    DGLR-Nr. 72-094, 1972.

49 Löbert, G.: Möglichkeiten und Lösungsansätze der CCV-Technologie.
    DGLR-Symposium "CCV-Technologien", DGLR-Nr. 76-236, 1976

50 Melling, R.: Active Control Technology - A Military Aircraft
    Designer's Viewpoint. AGARD-CP-157, S. 7-1 - 7-16, 1975.

51 Newberry, C.F.: Design Freedom Offered by Fly-by-Wire. SAE Paper
    Nr. 751044, 1975.

52 Pasley, L.H.; Rohling, W.J.; Wattman, W.J.: Compatibility of
    Maneuver Load Control and Relaxed Static Stability. AIAA Paper
    Nr. 73-791, 1973.

53 Patierno, J.: YF-17 Design Concepts. AIAA Paper Nr. 74-336, 1974.

54 Pinsker, W.J.G.: Active Control as an Integral Tool in Advanced
    Aircraft Design. AGARD-CP-157, S. 2-1 - 2-12, 1975.

55 Pinsker, W.J.G.: The Flying Qualities of Aircraft with Augmented
    Longitudinal and Directional Stability. In: VKI Lecture Series on
    "Active Control Technology", Von Karman Institute for Fluid
    Dynamics, Brüssel, 1978.

56 Poisson-Quinton, Ph.: Energy Conservation Aircraft Design and
    Operational Procedures. ONERA TP Nr. 1978-107 (AGARD-LS-96), 1978.

57 Poisson-Quinton, Ph.: Aerodynamic Controls for CCV. Aircraft. In:
    VKI Lecture Series on "Active Control Technology", Von Karman
    Institute for Fluid Dynamics, Brüssel, 1978.

58 Poisson-Quinton, Ph.; Wanner, J.-G.: Evolution de la conception
    des avions grâce aux commandes automatiques généralisées.
    L'Aeronautique et l'Astronautique, Nr. 71, S. 11-41, 1978.

59 Poisson-Quinton, Ph.: Technologies pour le transport aérien de
    demain. ICARE, Paris, Heft 72, S. 81-100, 1975.

60 Pratt, K.G.: A Survey of Active Controls Benefits to Supersonic
    Transports. NASA-TM-X-3409, S. 639-659, 1976.

61 Schlichting, H.; Truckenbrodt, E.: Aerodynamik des Flugzeugs.
    2. Band, Berlin, Heidelberg, New York: Springer 1969.

62 Schoenmann, R.L.; Shomber, H.A.: Impact of Active Controls on
    Future Transport Design, Performance, and Operation. SAE Paper
    Nr. 751051, 1975.

63 Siewert, R.F.; Whitehead, R.E.: Analysis of Advanced Variable
    Camber Concepts. AGARD-CP-241, S. 14-1 - 14-21, 1978.

64 Simpson, A.; Hitch, H.P.Y.: Active Control Technology. The
    Aeronautical Journal, Band 81, S. 231-246, 1977.

65 Stauffer, W.A.; Foss, R.L.; Lewolt, J.G.: Fuel Conservative
    Subsonic Transport. AGARD-AG-234, S. 9-1 - 9-13, 1978.

66 Stone, R.W., Jr.; Polhamus, E.C.: Some Effects of Shed Vortices on
    the Flow Fields around Stabilizing Tail Surfaces. AGARD Rep. 108, 1957.

67 Taylor, B.A.: Advanced Aerodynamics and Active Controls for a Next
    Generation Transport. NASA-CP-2036, Teil II, S. 687-708, 1978.

68 Titriga, A.,Jr.; Ackerman, J.S.; Skow, A.M.: Design Technology for
    Departure Resistance of Fighter Aircraft. AGARD-CP-199, S. 5-1 -
    5-14, 1976.

69 Wanner, J.-C.: Le concept CCV.. L'Aeronautique et l'Astronautique,
    Band 5, S. 7-15, 1975.

70 Wanner, J.-C.: Concept CCV. et specifications. AGARD-CP-147,
    S. 22-1 - 22-6, 1975.

71 Wanner, J.-C.: Une nouvelle façon de concevoir les avions: Les
    techniques "C.C.V." ou "C.A.G". Revue de la Défense Nationale,
    S. 117-136, Mai 1977.

72 White, R.J.: Improving the Airplane Efficiency by Use of Wing
    Maneuver Load Alleviation. Journal of Aircraft, Band 8, S. 769-
    775, 1971.

73 Williams, P.R.G.; Campion, B.S.: Impact of Active Control Technology on Aircraft Design. AGARD-CP-157, S. 5-1 - 5-6, 1975.

74 Woodcock, R.J.; George, F.L.: Handling Qualities Requirements for Control Configured Vehicles. NASA-TM-X-3409, S. 735-746, 1976.

75 Wykes, J.H.; Borland, C.J.: B-1 Ride Control. AGARD-AG-234, S. 11-1 - 11-15, 1978.

Anhang

A1 Interferenzwiderstand von Flügel und Höhenleitwerk

<u>Unterschall</u>

Das Flugzeug stellt ein Auftrieb erzeugendes Tragwerksystem dar, das
man in die "Flügel-Rumpf-Kombination" und das "Leitwerk" unterteilen
kann. Für den induzierten Widerstand C_{Wi} eines derartigen Tragwerksystems gilt nach (1)

$$C_{Wi} = k_{FR} C_{AFR}^2 + \frac{\bar{q}_H S_H}{\bar{q}\, S}\, k_H C_{AH}^2 + C_{WInt}\; . \qquad (A1.1)$$

Diese Beziehung sagt aus, daß sich der gesamte induzierte Widerstand
aus zwei Beiträgen zusammensetzt. Der erste stellt den induzierten
Widerstand der für sich allein betrachteten Teile des Tragwerksystems
dar (in (A1.1): $k_{FR} C_{AFR}^2$ und $k_H C_{AH}^2$). Der zweite Beitrag entsteht durch
die gegenseitige Induktionswirkung der Zirkulationsverteilungen der
betrachteten Teile. Er wird deshalb als Interferenzwiderstand bezeichnet und ist in (A1.1) durch den Term C_{WInt} gekennzeichnet.

Im folgenden wird nun eine Beziehung für den Interferenzwiderstand
hergeleitet (2). Hierfür ist erstens der Widerstandsbeitrag zu bestimmen, der dadurch entsteht, daß das Leitwerk nicht mit der Richtung der
ungestörten Strömung angeblasen wird, sondern in einem durch die Flü-
gel-Rumpf-Zirkulation hervorgerufenen Abwindfeld liegt. Zweitens ist
der entsprechende Widerstandsbeitrag am Flügel zu bestimmen, da auch
der Flügel nicht mit der Richtung der ungestörten Strömung, sondern
mit einem durch das Auf- oder Abwindfeld des Leitwerks geänderten Wert
angeblasen wird. Betrachtet man nun ein Element des Leitwerks, so gilt
für den dort entstehenden Widerstandsbeitrag $d^2 W_{H-F}$ infolge des Abwindes dw_{H-F} der Flügel-Rumpf-Kombination (vgl. auch Bild A1.1):

$$d^2 W_{H-F} = \rho\; \Gamma_H dy_H dw_{H-F}\; . \qquad (A1.2a)$$

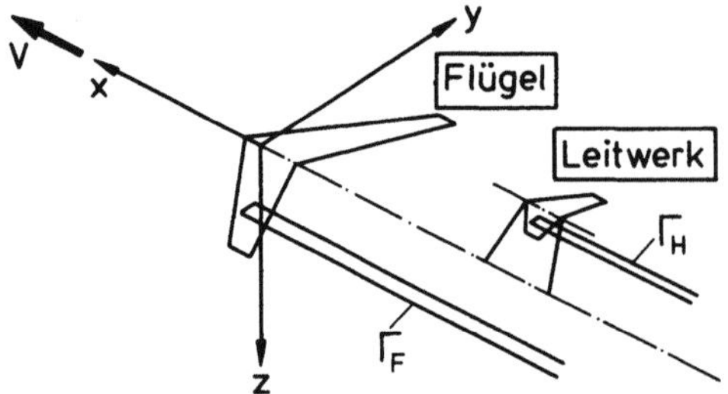

Bild A1.1. Zur Berechnung der Interferenz von Flügel und Leitwerk

Der Abwind dw_{H-F} infolge des Flügel-Rumpf-Elementes ist gegeben durch

$$dw_{H-F} = \frac{\Gamma_F dy_F}{4\pi} \left[\left(1 + \frac{x_H - x_F}{r}\right) \frac{(y_H - y_F)^2 - (z_H - z_F)^2}{r_x^4} + \frac{(z_H - z_F)^2}{r_x^2} \frac{x_H - x_F}{r^3} \right]$$

(A1.2b)

mit

$$r = \sqrt{(x_H - x_F)^2 + (y_H - y_F)^2 + (z_H - z_F)^2} \ ,$$

$$r_x = \sqrt{(y_H - y_F)^2 + (z_H - z_F)^2} \ .$$

Auf entsprechende Weise ergibt sich der Widerstandsbeitrag d^2W_{F-H} am Flügel durch den Auf- bzw. Abwind dw_{F-H} infolge der Leitwerkszirkulation zu:

$$d^2W_{F-H} = \rho \ \Gamma_F dy_F dw_{F-H}$$

(A1.3a)

mit

$$dw_{F-H} = \frac{\Gamma_H dy_H}{4\pi} \left[\left(1 - \frac{x_H - x_F}{r}\right) \frac{(y_H - y_F)^2 - (z_H - z_F)^2}{r_x^4} - \frac{(z_H - z_F)^2}{r_x^2} \frac{x_H - x_F}{r^3} \right] \ .$$

(A1.3b)

Die Zusammenfassung der beiden Teile zum Gesamt-Interferenzwiderstand $d^2W_{Int} = d^2W_{F-H} + d^2W_{H-F}$ liefert dann

$$W_{Int} = \frac{\rho}{2\pi} \int_{-s_H}^{s_H} \Gamma_H dy_H \int_{-s}^{s} \Gamma_F \frac{(y_H - y_F)^2 - (z_H - z_F)^2}{\left((y_H - y_F)^2 + (z_H - z_F)^2\right)^2} dy_F \ .$$

(A1.4)

Die Beziehung nach (A1.4) sagt aus, daß bei Vorgabe der Zirkulationsverteilungen der Abstand von Flügel und Leitwerk in x-Richtung keine Rolle spielt. Dieses Ergebnis entspricht unmittelbar dem Munkschen Verschiebungssatz, wonach die Zirkulationsverteilung in Längsrichtung keinen Einfluß auf den induzierten Widerstand hat, [1].Das zweite Integral in (A1.4) kann als der induzierte Abwindwinkel $\alpha_{w\infty}$ interpretiert werden, der durch die Flügelzirkulation weit hinter dem Flügel ($|x_H-x_F|\rightarrow\infty$) hervorgerufen wird. Hierfür gilt

$$\alpha_{w\infty}(y_H,z_H) = \frac{1}{2\pi V} \int_{-s}^{s} \Gamma_F \frac{(y_H - y_F)^2 - (z_H - z_F)^2}{\left((y_H - y_F)^2 + (z_H - z_F)^2\right)^2} \, dy_F \ . \tag{A1.5}$$

Mit dieser Beziehung schreibt sich

$$W_{Int} = \rho\, V \int_{-s_H}^{s_H} \alpha_{w\infty} \Gamma_H dy_H \ . \tag{A1.6}$$

Für die weitere Betrachtung kann man davon ausgehen, daß sich der Flügel-Abwind $\alpha_{w\infty}$ innerhalb des Integrationsbereichs (d.h. innerhalb der Spannweitenerstreckung des Leitwerks) nur wenig ändert, da das Leitwerk eine erheblich kleinere Spannweite hat als der Flügel. Damit läßt sich $\alpha_{w\infty}$ durch einen Effektivwert $\bar{\alpha}_{w\infty}$ erfassen. Hierfür gilt (im Sinne des verallgemeinerten Mittelwertsatzes der Integralrechnung)

$$W_{Int} = \bar{\alpha}_{w\infty}\, \rho\, V \int_{-s_H}^{s_H} \Gamma_H dy_H \ . \tag{A1.7}$$

Mit der Beziehung zwischen Auftrieb und Zirkulation,

$$A_H = \rho\, V \int_{-s_H}^{s_H} \Gamma_H dy_H \ , \tag{A1.8}$$

erhält man für die endgültige Form des Interferenzwiderstandes:

$$W_{Int} = \bar{\alpha}_{w\infty} A_H \ . \tag{A1.9}$$

Der Übergang auf die Beiwertschreibweise ergibt sich aus den folgenden Beziehungen

$$A_H = C_{A_H} \bar{q}_H S_H \ ,$$

$$W_{Int} = C_{W_{Int}} \bar{q}\, S \ . \tag{A1.10}$$

Die Auftriebsgleichung berücksichtigt dabei näherungsweise die möglichen
Effekte, die bei Abweichung des für das Leitwerk maßgebenden Staudrucks
$\bar{q}_H$ von dem Wert $\bar{q}$ für die Flügel-Rumpf-Kombination entstehen. Mit diesen
beiden Beziehungen erhält man aus (A1.9)

$$C_{WInt} = \frac{\bar{q}_H S_H}{\bar{q}\, S}\, \bar{\alpha}_{w\infty} C_{AH} \; . \qquad (A1.11)$$

Überschall

Im Überschall tritt für den Interferenzwiderstand eine Änderung dadurch
ein, daß die Strömungsverhältnisse des Leitwerks keine Rückwirkung mehr
auf den Flügel haben. Daher ist hier der Interferenzwiderstand unmittelbar durch die - von der Flügel-Rumpf-Kombination her vorgegebenen -
Strömungsverhältnisse am Ort des Höhenleitwerks bestimmt. Aus der Darstellung von Bild A1.2 geht anschaulich hervor, daß aufgrund des örtlichen Abwindwinkels $\bar{\alpha}_w$ der Leitwerksauftrieb A_H eine Komponente in
Richtung der Anströmung des Flügels hat, d.h. in derjenigen Richtung,
in der auch der Widerstand des Gesamtflugzeugs gezählt wird. Daher gilt
für den Beitrag ΔW des Leitwerks zum Gesamtwiderstand

$$\Delta W = W_H \cos\bar{\alpha}_w + A_H \sin\bar{\alpha}_w \; . \qquad (A1.12a)$$

Die Linearisierung ergibt

$$\Delta W = W_H + \bar{\alpha}_w A_H \; . \qquad (A1.12b)$$

Der erste Term auf der rechten Seite entspricht dem Beitrag des für
sich allein betrachteten Leitwerks. Der zweite Term stellt den Inter-

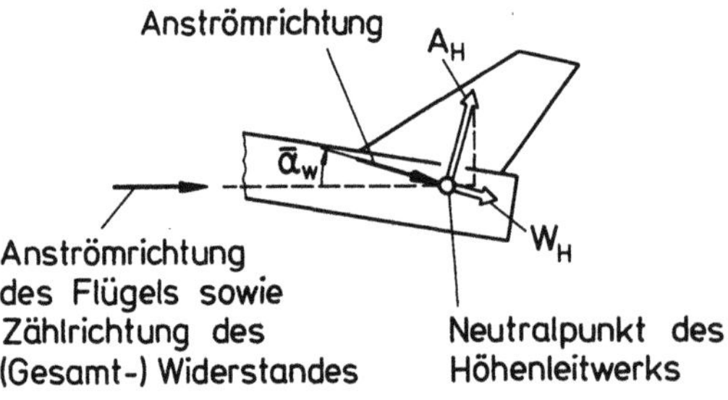

Bild A1.2. Zur Berechnung des Interferenzwiderstandes im Überschall

ferenzwiderstand dar, der durch Vorhandensein der Flügel-Rumpf-Kombination hervorgerufen wird, d.h. es gilt

$$W_{Int} = \bar{\alpha}_w A_H \; .$$

(A1.13)

Der Übergang auf die Beiwertschreibweise mit $W_{Int}=C_{WInt}\bar{q}\,S$ und $A_H= C_{AH}\bar{q}_H S_H$ liefert dann

$$C_{WInt} = \frac{q_H S_H}{\bar{q}\,S}\,\bar{\alpha}_w C_{AH} \; .$$

(A1.14)

A2 Verschiebung der widerstandsoptimalen Schwerpunktlage im Manöverflug

Die widerstandsoptimale Schwerpunktlage x_{opt} wurde für den geradlinigen Flug in Kapitel 1.3.4 behandelt. Für Hochleistungsflugzeuge, bei denen der Manöverflug (Kurvenflug) und somit auch der dabei auftretende Widerstand und Treibstoffverbrauch im Rahmen der gesamten Flugaufgaben zu berücksichtigen sind, stellt sich die Frage, ob - und gegebenenfalls welche - Änderungen beim Manöverflug eintreten. Zur Behandlung dieser Frage sind wiederum die Widerstands-, Auftriebs- und Nickmomentengleichung zu betrachten. Hierzu können die Ausgangsgleichungen (1.3.1) und (1.3.7) von Kapitel 1.3.2 für Widerstand und Auftrieb unverändert übernommen werden, während die Momentenbeziehung (1.3.8) einer Modifikation bedarf, die die Krümmung der Strömung im Manöverflug berücksichtigt. Dies ist in Bild A2.1 erläutert. Die Krümmung der Flugbahn führt zu einer Änderung der Anströmrichtung längs der x-Achse des Flugzeugs.

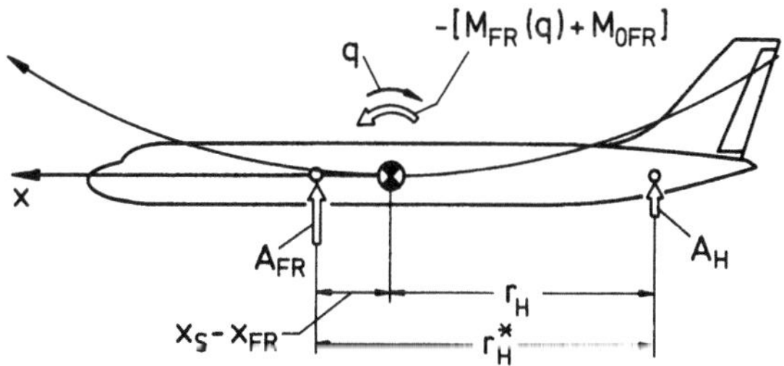

Bild A2.1. Momentengleichgewicht im Manöverflug

Daraus ergibt sich das folgende, zusätzliche Nickmoment gegenüber dem
Vergleichsfall des geradlinigen Flugs:

$$\Delta M(q) = M_{FR}(q) - r_H \Delta A_H(q) \ . \tag{A2.1}$$

Der Anteil des Leitwerks, $r_H \Delta A_H(q)$, bedarf keiner besonderen Hinzufü-
gung in (1.3.8), da er als Teil des Gesamtwertes A_H aufgefaßt werden
kann. Hierbei ist es unerheblich, ob dieser Gesamtwert durch eine
Steuerbetätigung oder durch die geänderte Anströmrichtung am Leitwerk
("Dynamischer Anstellwinkel", vgl. Kapitel 1.5) zustande kommt. Demgegenüber muß der Anteil $M_{FR}(q)$ der Flügel-Rumpf-Kombination zusätzlich
berücksichtigt werden, da er in den bisher betrachteten Flügel-Rumpf-
Momenten $A_{FR}(x_S-x_{FR})$ und M_{0FR} nicht enthalten ist. Das Flügel-Rumpf-
Dämpfungsmoment $M_{FR}(q)$ läßt sich in folgender Beiwertform darstellen

$$M_{FR}(q) = (C_{mq})_{FR} \ \frac{q \ l_\mu}{V} \ (\rho/2)V^2 S \ l_\mu \ . \tag{A2.2}$$

Berücksichtigt man dies in der Ausgangsgleichung (1.3.8) für das Nickmoment, so gilt für das Gleichgewicht im Manöverflug

$$C_m = C_A \ \frac{x_S - x_{FR}}{l_\mu} + C_{mOFR} - C_{AH} \ \frac{q_H S_H}{\bar{q} \ S} \ \frac{r_H^*}{l_\mu} + (C_{mq})_{FR} \ \frac{q \ l_\mu}{V} = 0 \ . \tag{A2.3}$$

Setzt man vereinfachend den Beitrag $(C_{mq})_{FR}$ als konstant in dem hier
zu betrachtenden Schwerpunktbereich voraus, so läßt er sich formal
durch eine Modifikation des Nullmomentes C_{mOFR} erfassen. Hierfür gilt

$$C_{mOFR}^* = C_{mOFR} + (C_{mq})_{FR} q \ l_\mu/V \ . \tag{A2.4}$$

Damit kann die Herleitung der widerstandsoptimalen Schwerpunktlage aus
Kapitel 1.3.4 auch hier angewandt werden, die zu dem folgenden Ergebnis
führt

$$\frac{x_{opt}}{l_\mu} = \frac{(x_{opt})_0}{l_\mu} - \frac{C_{mOFR}^*}{C_A} \ . \tag{A2.5}$$

Daraus ergibt sich nun unmittelbar die Verschiebung der widerstandsoptimalen Schwerpunktlage infolge gekrümmter Strömung im Manöverflug zu

$$\frac{\Delta x_{opt}(q)}{l_\mu} = - \frac{C_{mOFR}^* - C_{mOFR}}{C_A} = - \frac{(C_{mq})_{FR}}{C_A} \ \frac{q \ l_\mu}{V} \ . \tag{A2.6}$$

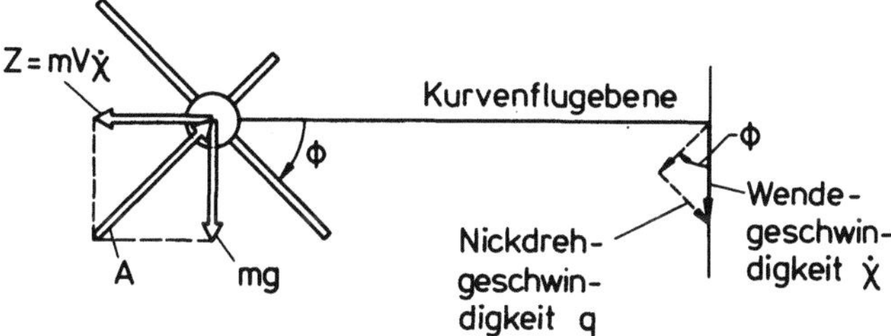

Bild A2.2. Kräfte und Winkelgeschwindigkeiten im Kurvenflug

Dieser Ausdruck läßt sich vereinfachen, wenn man die Beziehung zwischen Nickdrehgeschwindigkeit q und Lastfaktor n berücksichtigt. Im Kurvenflug gelten dabei die in Bild A2.2 dargestellten Zusammenhänge, die zu den folgenden Beziehungen führen:

$$q = \dot{\chi} \sin\Phi ,$$
$$A \cos\Phi = mg ,$$
$$A \sin\Phi = m V \dot{\chi} . \qquad (A2.7)$$

Mit der Lastfaktor-Beziehung

$$n = \frac{A}{mg} = \frac{1}{\cos\Phi}$$

erhält man dann

$$q = \frac{n^2 - 1}{n} \frac{g}{V} . \qquad (A2.8)$$

Berücksichtigt man nun noch die normierte Masse

$$\mu = \frac{2m}{\rho \, S \, l_\mu}$$

und den Auftriebsbeiwert im Kurvenflug

$$C_A = \frac{2 \, n \, m \, g}{\rho \, V^2 \, S} ,$$

so läßt sich die Verschiebung der widerstandsoptimalen Schwerpunktlage im Kurvenflug infolge der gekrümmten Strömung folgendermaßen darstellen

$$\frac{\Delta x_{opt}(n)}{l_\mu} = - \frac{n^2 - 1}{n^2} \frac{(C_{mq})_{FR}}{\mu} . \qquad (A2.9)$$

Diese Beziehung sagt aus, daß die Verschiebungen monoton mit n zunehmen, dabei jedoch schnell dem asymptotischen Grenzwert zustreben. Dies
ist anschaulich in Bild A2.3 erläutert, das die möglichen Auswirkungen
für einen weiten Wertebereich von $(C_{mq})_{FR}$ und μ zeigt. Außerdem macht
die Beziehung von (A2.9) deutlich, daß die größten Verschiebungen im
bodennahen Flug auftreten, da hier die normierte Masse $\mu \sim 1/\rho$ ihren
kleinsten Wert annimmt.

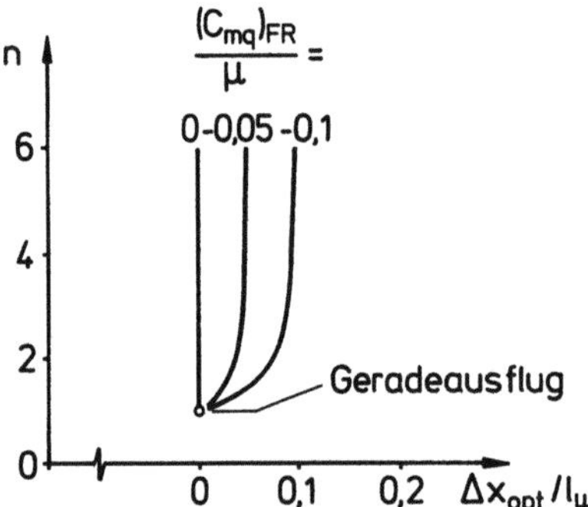

Bild A2.3. Verschiebung der widerstandsoptimalen Schwerpunktlage
infolge der gekrümmten Strömung im Kurvenflug

Literatur

1   Prandtl, L.: Tragflügeltheorie. II. Mitteilung. Gesammelte Abhand-
    lungen, S. 346-372, Berlin: Springer 1961.

2   Sachs, G.: Optimale Leitwerksauslegung für Flugzeuge künstlicher
    Stabilität. Zeitschrift für Flugwissenschaften und Weltraumforschung,
    2. Jahrgang, S. 1-10, 1978.

Sachverzeichnis

G. Brüning, X. Hafer, G. Sachs

Flugleistungen

**Grundlagen, Flugzustände, Flugabschnitte
Aufgaben und Lösungen**

Unter Mitarbeit von W. Jurzig

3., erg. Aufl. 1993. Etwa 430 S.
Geb. DM 98,–; öS 764,40; sFr 108,– ISBN 3-540-56960-X

In der Flugleistungsberechnung wird überprüft, ob ein Flugzeugentwurf der an ihn gestellten Transportaufgabe gerecht
wird. Dieses bewährte Lehrbuch wendet sich einerseits an
Studenten der Luft- und Raumfahrttechnik, für die die
Aufgaben und Lösungen ein nützliches Werkzeug für das
Erlernen des Prüfungsstoffs darstellen. Andererseits vermit-
telt das Buch Methoden und Beziehungen aus der Entwurf-
spraxis, die weit über den Vorlesungsstoff hinausgehen. Es
ist somit gleichermaßen für Ingenieure im Flugzeugbau
geeignet, die sich in dieses Gebiet einarbeiten wollen. Die
dritte Auflage wurde um Anhänge über Flugleistungsdaten
und gültige Vorschriften erweitert, die das Buch zu einem
nützlichen Nachschlagewerk für den Praktiker machen.

Preisänderung vorbehalten.

A. Urlaub

Flugtriebwerke

Grundlagen, Systeme, Komponenten

1991, VIII, 328 S. 160 Abb. (Hochschultext)
Brosch. DM 68,–; öS 530,40; sFr 75,– ISBN 3-540-53864-X

Das in zwei Teile gegliederte Buch behandelt im ersten Teil alle
verfahrenstheoretischen Grundlagen zur Projektierung von Flug-
triebwerksystemen und zur Vorausberechnung ihrer Leistungschar-
akteristiken. Der zweite Teil beschäftigt sich mit weitergehenden
Betrachtungen über das Funktionsverhalten und über die Berechnung und Ausführung einzelner Triebriebwerkskomponenten.
Diese getrennte Stoffdarstellung ermöglicht es dem Leser, sich
zunächst ohne Beschäftigung mit Detailfragen schon durch das
Studium des ersten Teils einen Gesamtüberblick über die Grundlagen
der Flugtriebwerkstechnik zu verschaffen.
Das Hauptziel des Buches besteht darin, den Maschinenbaustudenten
der Fachrichtung „Luft- und Raumfahrttechnik" eine weitere Lern-
hilfe anzbieten. Daneben ist es aber auch für den nicht immer mit
allen Teilproblemen vertrauten Praktiker von Interesse. Für den
Leser bietet es den großen Vorteil, sich in einer sehr komprimierten
und dennoch umfassenden Form sowohl über die Prozeßberechnun-
gen als auch über einige der wichtigsten Fragen der Komponenten-
auslegung und Komponentenberechnung informieren zu können.

Preisänderung vorbehalten.